Hermann Müller

Beobachtungen über Befruchtung der Blumen durch Insekten

Hermann Müller

Beobachtungen über Befruchtung der Blumen durch Insekten

ISBN/EAN: 9783741184451

Hergestellt in Europa, USA, Kanada, Australien, Japan

Cover: Foto ©Klaus-Uwe Gerhardt /pixelio.de

Manufactured and distributed by brebook publishing software
(www.brebook.com)

Hermann Müller

Beobachtungen über Befruchtung der Blumen durch Insekten

Weitere Beobachtungen

über

Befruchtung der Blumen

durch Insekten.

I.

Von

Dr. Hermann Müller

Oberlehrer zu Lippstadt.

Mit einer Tafel.

Berlin

R. Friedländer & Sohn

1879.

Separat-Abdruck aus den Verhandlungen des naturhist. Vereins der preuss. Rheinl. und Westfalens Jahrg. XXXV. 4. Folge. V. Bd.

Weitere Beobachtungen über Befruchtung der Blumen durch Insekten,

mitgetheilt von Dr. Hermann Müller, Oberlehrer an der Realschule zu Lippstadt.

(Mit Taf. VI.)

———

I.

In meinem Buche „die Befruchtung der Blumen durch Insekten und die gegenseitigen Anpassungen beider" (Leipzig, Wilh. Engelmann, 1873) habe ich Beobachtungen über Blütheneinrichtungen und Insektenbesuch mehrerer hundert Blumen niedergelegt, welche ich in den Jahren 1867—72 in Westfalen und Thüringen zu beobachten Gelegenheit hatte, und allgemeine Schlüsse daraus gezogen. Seitdem habe ich diese Beobachtungen zwar bei Gelegenheit zu vervollständigen und zu erweitern gesucht, als Hauptaufgabe - jedoch die Bearbeitung der Alpenflora in gleichem Sinne ins Auge gefasst und durch 5 Alpenreisen und Untersuchung des auf denselben gesammelten Materials auch bereits soweit gefördert, dass ich in den nächsten Jahren auch diese Arbeit zu einem befriedigenden Abschlusse bringen und sodann zur Veröffentlichung fertig stellen zu können hoffe.

Die weiteren Beobachtungen, welche ich in denselben Jahren über die Befruchtung nord- und mitteldeutscher Blumen durch Insekten angestellt und gesammelt habe, sind nicht umfassend genug, um für sich als Grundlage wichtiger neuer allgemeiner Ergebnisse dienen und als abgerundetes Ganze an die Oeffentlichkeit treten zu können. Doch scheinen sie mir hinlänglich wichtig für die Beantwortung mannigfacher auf die Wechselbeziehungen zwischen den Blumen und ihren Kreuzungsvermittlern bezüglicher

Fragen, um ihre Veröffentlichung in loser Aneinander-
reihung, anschliessend an den fortlaufenden Text meines
Werks, zu rechtfertigen.

Ich habe mich deshalb entschlossen, das aufgespei-
cherte Beobachtungsmaterial in den vorliegenden Verhandlungen nach und nach, in dem Maasse als der zu meiner
Verfügung stehende Raum es gestattet, der allgemeinen
Benutzung darzubieten. Bei dieser Gelegenheit gedenke
ich zugleich denjenigen Freunden gerecht zu werden, welche
mir seit Jahren zahlreiche an Blumen gesammelte und zum
grossen Theil in ihrer Blumenthätigkeit beobachtete Insekten zugesendet haben, indem ich die von mir ermittelten
Namen dieser Insekten, die an ihnen gemachten Beobachtungen und die Namen der Beobachter ebenfalls hier mit-
theile.

Auf den nachfolgenden Blättern folgt nun die erste
Lieferung dieser weiteren Beobachtungen.

Bei Angabe der Blumen besuchenden Insekten habe ich mich
folgender Abkürzungen bedient:

hld = Honigleckend, sgd = saugend, Pfd = Pollenfressend, Psd = Pol-
lensammelnd; Tekl, Bo = Teklenburg, Apotheker Borgstette jun.;
N. B. = Nassau, Dr. Buddeberg; H. M. = Hermann Müller, Sohn;
Thür. = Thüringen (Gegend von Mühlberg, Kreis Erfurt);
b. Oberpf. = bairische Oberpfalz (Gegend von Wöllershof bei Neu-
stadt an der Waldnab. Juli 1873).

Alle ohne Ortsangabe verzeichneten Beobachtungen sind bei
Lippstadt, alle ohne Bezeichnung des Beobachters mitgetheilten von
mir selbst angestellt worden.

Nur in denjenigen Fällen, in welchen dieselbe Beobachtung
ausser bei Lippstadt noch an einem anderen Orte gemacht worden
ist, findet sich Lippstadt besonders angedeutet. (L. = Lippstadt.)

Die bereits in meinem Buche vorkommenden Blumen
und Blumenbesucher sind unter denselben Nummern wie
dort auch hier wieder aufgeführt, die neuhinzugekommenen
und von Blumen auch diejenigen, deren Insektenbesuch
hier zum ersten Male mitgetheilt wird, sind im Anschlusse
an mein Buch mit fortlaufenden Ziffern weiter gezählt.

Die Seitenangaben hinter den Pflanzennamen ver-
weisen ebenfalls auf mein Buch, so dass die ganze nach-

folgende Reihe von Beobachtungen am besten mit Zu-
grundelegung desselben gebraucht werden kann.

Iuncaceae (S. 61).

389. Narthecium ossifragum L. Besucher (Tekl, Bo.):

A. *Bienen*: 1) Apis mellifica L. ☿ 2) Halictus rubicundus
Chr. ♀ 3) H. malachurus K. ♀ 4) H. albipes K. ♀; alle 4 Psd.
B. *Fliegen*: 5) Coenomyia mortuorum L. sgd.

Liliaceae (S. 62).

390. Gagea lutea Schult. (silvatica Pers.) hat ein-

fache, offene, regelmässige Blüthen, welche am Grunde jedes
Perigonblattes ein Honigtröpfchen absondern, das den
Winkel zwischen dem Perigonblatt und dem davor stehenden Staubfaden ausfüllt. Die Narben sind schon beim
Oeffnen der Blüthe mit langen haarartigen Papillen versehen, während alle Staubgefässe noch geschlossen sind.
Während des grössten Theils der Blüthezeit aber sind
beiderlei Geschlechtsorgane zugleich funktionsfähig. Bei
reichlichem Insektenbesuche scheint also durch schwach
ausgeprägte Proterogynie Kreuzung gesichert, bei ausbleibendem Insektenbesuche durch Homogamie Sichselbstbefruchtung ermöglicht.

Ich habe nur einzelne Blüthen (am 11./4. 75) auf
dem fast blumenleeren Abhange der .Pöppelsche (Haar) im
Gebüsche beobachtet. Aber in einer dieser Blüthen sassen
nicht weniger als 3 Exemplare Meligethes, jedes in einem
anderen Honigwinkel und in einen 4. Honigwinkel kam
noch ein Halictus nitidus Schenk ♀ geflogen; in einer
anderen Blüthe waren neben einander eine Andrena Gwynana K. ♀ und 2 Halictus leucopus K. ♀ mit Honig-
saugen beschäftigt, so dass es bei sonnigem Wetter an
Kreuzungsvermittlern sicher nicht fehlt.

391. Gagea arvensis Schult. hat dieselbe Honigabson-

derung. Ob sie ebenfalls schwach proterogyn ist, habe ich
nicht beachtet.

Als Besucher beobachtete ich bei sonnigem Wetter
vom 13. bis 16. April 1873 auf Aeckern bei Ichtershausen
in Thüringen folgende:

A. *Bienen:* 1) Apis mellifica L. ☿ sgd. 2) Andrena Gwy-
nana K. ♀ sgd. 3) A. albicrus K. ♂ sgd. 4) Halictus albipes F. ♀
5) H. cylindricus F. ♀ 6) H. nitidiusculus K. ♀ 7) H. flavipes
F. ♀; alle 4 sgd. und Psd.
   B. *Ameisen:* 8) Lasius niger L. ☿ andauernd in demselben
Honigwinkel sitzend, als Kreuzungsvermittler nutzlos.
   C. *Käfer:* 9) Meligethes hld.

392. **Fritillaria imperialis L.**, Kaiserkrone, wird, nach
Borgstette's brieflicher Mittheilung, von der Honigbiene,
Apis mellifica L. ☿, in grosser Häufigkeit besucht. Diese
fliegt auf die Narbe, kriecht von da über die dem Pistill
anliegenden Antheren und Staubfäden bis zum Grunde der
Blüthe, welchen sie nach dem Saugen freischwebend wieder
verlässt, um auf eine andere Blüthe zu fliegen.

393. **Lilium Martagon L.** Die Bestäubungseinrichtung
dieser Pflanze ist bereits von Sprengel (Entdecktes Geheimniss S. 187—189) besprochen worden; es gelang ihm
aber nicht, ins Klare darüber zu kommen. Da er nemlich
von der Voraussetzung ausging, dass der Blumenschöpfer
eine „mechanische Art der Befruchtung" habe vermeiden
und den Blüthenstaub aller honighaltigen Blumen nur
durch Insekten auf die Narben habe bringen lassen wollen,
so musste es ihm höchst räthselhaft und seiner Voraussetzung
widersprechend erscheinen, dass ihn der Versuch Lilium
Martagon als bei Insektenabschluss völlig fruchtbar erkennen
liess, und er war um so weniger im Stande, diesen Widerspruch zu lösen, als es ihm nicht gelungen war, die
Kreuzungsvermittler zu beobachten. Erst in den Jahren
1873 und 74 haben gleichzeitig und unabhängig von einander Delpino bei Florenz und ich in Thüringen und den
Vogesen das Verständniss der Eigenthümlichkeiten dieser
Blume gewonnen und ihre natürlichen Befruchter direct
beobachtet (Nature Vol. XII. p. 50. 51, Fig. 63. 64; Delpino
Ulteriori osservazioni II, fasc. 2. p. 282—283).

Längs der Mittellinie jedes Blumenblattes verläuft,
von der Wurzel desselben beginnend, eine 10—15 mm lange
Honigrinne, welche im Grunde durch die Basis eines Staubfadens, in ihrer ganzen Länge aber durch das Zusammen-
neigen der Rinnenränder und einen dichten Besatz röth-

licher, geknopfter Häärchen verschlossen wird, und nur am
äusseren Ende einen engen Eingang von wenig über 1 mm
Weite offen lässt; sie ist anfangs mit einzelnen Honigtröpfchen besetzt, später ganz mit Honig gefüllt, welcher
in Folge der Engigkeit der Rinne natürlich nur von dem
langen, dünnen Rüssel eines Schmetterlings ausgebeutet
werden kann. Bei Tage verbreiten die Blumen einen
schwachen, des Abends einen erheblich stärkeren, eigen-
thümlichen, süssen Geruch und kennzeichnen sich dadurch
als vorzüglich Abendfaltern angepasst; dabei sind aber
ihre schmutzighellpurpurnen, mit dunkleren Purpurflecken
verzierten Blumenblätter noch auffällig genug, um auch
Tagfalter anzulocken, die jedoch an den Blüthen umherkriechend (wie ich in den Alpen häufig beobachtete) nur
langsam und wenig erfolgreich als Kreuzungsvermittler
fungiren können. Um so erfolgreicher sind die abendlichen
Besuche der Schwärmer. Eine einzige Macroglossa stellatarum, die ich gegen Abend am 5. Juli 1874 im Dorfe
Metzerall in den Vogesen im Gärtchen eines Bauern beobachtete, befruchtete in wenigen Minuten vielleicht sämmtliche an allen Stöcken des Lilium Martagon befindliche
Blüthen. An den mehr oder weniger vollständig nach
unten gekehrten Blumen sind nämlich die Blumen- (oder
Perigon-) blätter mit dem grössten Theile ihrer Fläche so
aufwärts gebogen, dass ein Schwärmer sehr bequem freischwebend seinen Rüssel in die Honigrinnen hinein stecken
kann. Staubgefässe und Stempel stehen nach unten. Der
Griffel aber biegt sich mit seinem kräftigen freien Ende,
welches mit dreilappiger Narbe gekrönt ist, schwach aufwärts und bietet so den Füssen der anfliegenden Schwärmer
schwachen Halt, während die dünnen Enden der Staubfäden und die ihnen lose und leicht drehbar ansitzenden
Staubbeutel dazu wenig geeignet erscheinen. Der von mir
beobachtete Taubenschwanz flog nun mit seiner gewöhnlichen Schnelligkeit und Behendigkeit von Blume zu Blume,
steckte bald an einem, bald an einigen der Blumenblätter
(immer an den am meisten oben stehenden) freischwebend
den Rüssel in die honigführende Rinne und stiess dabei
mit Beinen und Unterseite an Narbe und Staubgefässe,

welche letztern dadurch in schaukelnde Bewegung geriethen und die anstossenden Körpertheile mit Pollen behafteten. Beim Ueberfliegen von Stock zu Stock musste so jedesmal Kreuzung bewirkt werden. — Delpino beobachtete als Kreuzungsvermittler eine Sphinx, vermuthlich euphorbiae. Da die schwach aufgerichtete Narbe in der Regel von selbst mit einem der Staubgefässe sich berührt und mit dem orangefarbenen Pollen derselben behaftet, so findet bei ausbleibendem Insektenbesuche ziemlich regelmässig Sichselbstbefruchtung statt, die nach Sprengels Versuch auch von Erfolg zu sein scheint.

So stellt uns Lilium Martagon eine Schwärmerblume dar, die durch ihre Farbe noch ihre Abstammung von einer Tagblume verräth und die, trotz der schönen Anpassung an Schwärmer, des Nothbehelfs der Selbstbefruchtung nicht ganz entbehren kann, sei es, dass ungünstige Witterung das regelmässige Eintreffen ihrer Kreuzungsvermittler zu häufig verhindert, sei es, dass Tagfalter ihr zu häufig ohne Entgelt ihre Lockspeise, den Honig, rauben.

394. **Muscari botryoides Mill.** (Fig. 1—6). Die meisten Blüthen (Fig. 1—3) sind senkrecht herabhangend, dunkel violett-blau mit weissen Zipfeln, die oberen theils schräg abwärts geneigt, theils (noch weiter oben) wagerecht; die alleTobersten (Fig. 4) sind schräg aufrecht, hellblau, mit ganz verkümmerten Geschlechtsorganen (Fig. 5) und geschlossen bleibender Corolla. Frei abgesonderten Honig konnte ich nicht entdecken; aber sowohl der Fruchtknoten als die Corolla sind äusserst saftreich, und als Anlockungsmittel dient vermuthlich ihr Saft, der erbohrt werden muss. Sowohl die nach innen aufspringenden Staubgefässe, als die Narbe sind schon beim Oeffnen der Blüthe zur Reife entwickelt. Die Fähigkeit, sich von unten an die Blüthen zu hängen und den Kopf oder Rüssel in eine kleine Oeffnung hinein zu stecken, haben von allen blumenbesuchenden Insekten nur die höhlengrabenden Hymenopteren (Grab-wespen, Bienen) erworben, und zwar durch ihre Brutver-sorgungsarbeiten, da sie häufig, z. B. wenn sie in nach unten neigenden dürren Brombeerstengeln nisten, ganz die-selbe Bewegung auszuführen haben. Die nach unten han-

genden kugeligen Glöckchen mit ihren kleinen Eingangs-
öffnungen an der Unterseite sind also als Anpassungen an
höhlengrabende Hymenopteren zu betrachten. In der That
sah ich Muscari botryoides nur von Bienen, und zwar von
der Honigbiene, Apis mellifica L. ⚥, besucht.

395. Muscari racemosum Mill. Auch an dieser Blume
findet sich die Honigbiene, Apis mellifica L. ⚥, sehr zahlreich ein, um zu saugen, einzelne auch Psd. Einmal sah
ich auch einen Tagfalter, Vanessa urticae L., an den Blüthen saugen. (Thür. 14/4 73.)

(2) **Hyacinthus orientalis L.** (S. 63). Nach Linné und
Chr. Conr. Sprengel sondern die Furchen des Fruchtknotens in drei Grübchen Safttröpfchen ab. Ich habe dieselben nicht entdecken können.

Der früheren Besucherliste habe ich hinzuzufügen: A. *Apidae:*
2) Anthophora pilipes F. ♀ ♂ sgd. (N. B.) häufig. 4) Osmia rufa L.
♀ ♂ sgd., sehr häufig. 7) O. cornuta Latr. ♂ sgd. (L.; N. B.)
8) Halictus albipes K. ♀ Psd. (N. B.) 9) Andrena albicans K. ♂ (N. B.).
10) Apis mellifica L. ⚥ zwängt sich tief in die Blüthen
und sammelt Pollen. Ein Exemplar sah ich von
blauen Veilchen (V. odorata) zu ebenso gefärbten
Hyacinthen übergehen und nach Besuch von 2
oder 3 Blüthen derselben wieder zum Veilchen
zurückkehren. Augenscheinlich liess sich hier
die Biene nur durch die Farbe, nicht durch den
Geruch, auch nicht durch die Gestalt der Blume
leiten.

B. *Diptera:* 11) Eristalis sp. Psd. *D. Lepidoptera:* 12) Vanessa
Jo. L. sgd. (31/3 73) 13) Colias (Rhodocera) rhamni L. sgd. häufig.

396. Scilla maritima L. fand mein Sohn Hermann
im Mai 1875 in Jena von zahlreichen Honig saugenden
Bienen besucht, nämlich:

1) Chalicodoma muraria F. ♂ 2) Osmia aurulenta F. ♀ ♂ 3) O.
fusca Chr. (bicolor Schr.) ♀ 4) O. aenea L. ♂ 5) Eucera longicornis
L. ♂ ♀ 6) Anthophora aestivalis Pz. (Haworthana K.) ♂ ♀ sgd.
und Psd. (alle übrigen nur sgd.) 7) Melecta luctuosa Scop. ♂ ♀
8) Andrena parvula K. ♀ 9) Halictus maculatus Sm. ♀ 10) Sphecodes gibbus L. ♀; auch 7—10 sgd.

397. Scilla sibirica. Besucher:

Apis mellifica L. ☿ ♀ sgd. häufig (Thür. 4/4 73).

398. **Allium rotundum L.** (Thür., Mühlberger Schloss-
berg, Juli und Sept. 1873). Fig. 9—11.
Die Blüthen öffnen sich nicht weiter als Fig. 7 darstellt. Nicht nur der sehr versteckt liegende Honig, sondern selbst der Pollen der zwischen den Perigonblättern
versteckt bleibenden Antheren ist daher nur einsichtigeren
Blumenbesuchern erreichbar. Das aufrechte Zusammenschliessen der Blumenblätter, selbst zur Zeit der vollen
Blüthe, ist wesentlich mit bedingt durch die dicken, rauhen
Kiele namentlich der äusseren Perigonblätter. Löst man
die sechs Perigonblätter an ihrem Grunde vorsichtig ab,
so sieht man die sechs, ebenfalls dicht aufrecht zusammen-
schliessenden Staubgefässe (Fig. 8). Die Filamente der drei
über den äusseren Perigonblättern stehenden Staubgefässe
(a¹ Fig. 8) sind schmal lanzettlich und enden mit einer
einfachen Spitze, welcher das Pollenbehältniss aufsitzt. Die
drei über den inneren Perigonblättern stehenden Filamente
(a² Fig. 8) sind blattartig verbreitert und enden in je drei
Fäden, deren mittelster, nur etwa ¹/₈ so lang als das blattartig verbreiterte Stück, das Pollenbehältniss trägt, während
die beiden äusseren, ungefähr von gleicher Länge wie das
blattartig verbreiterte Stück, oben aus der Blüthe heraus-
schauen. Da die Perigonblätter deutlich einen innern und
äussern Blattkreis bilden, so sollte man erwarten, dass es
mit den Staubgefässen ebenso der Fall wäre und dass die
drei über den äussern Perigonblättern stehenden Staubgefässe, welche dann den äussern Antherenkreis bilden würden,
sich früher zur Reife entwickelten als die drei anderen.
In Wirklichkeit ist dies aber nicht der Fall. Vielmehr
entwickeln sich, eines nach dem anderen, erst die drei
über den innern Perigonblättern stehenden (a² Fig. 8), dann
die drei über den äussern Perigonblättern stehenden Staubgefässe (a¹ Fig. 8) zur Reife. In der Blüthe, welche Fig. 8
darstellt, sind z. B. die drei ersteren schon verblüht; von
den drei letzteren ist das eine, links eben noch sichtbare,
aufgesprungen und mit Pollen bedeckt, die beiden anderen
noch geschlossen. Löst man die sechs Filamente ebenfalls
vorsichtig an ihrem Grunde ab (Fig. 9. 10), so wird der

Fruchtknoten sichtbar, und das unterste Drittel desselben zeigt sich von drei schildförmigen, umrandeten, schwach vertieften Flächen umschlossen, welche als Nektarien fungiren und von den blattförmig erweiterten Filamenten vollständig verdeckt werden. Am oberen Ende des Fruchtknotens ist zur Zeit, wann die Antheren sich öffnen, eine Narbe noch nicht sichtbar (Fig. 9). Erst im Verlaufe des Abblühens der Staubgefässe wächst ein Griffel hervor, der erst nach dem völligen Verblühen der Staubgefässe seine volle Länge erreicht und nun mit einem glatten, feuchten, kugligen Narbenknöpfchen gekrönt erscheint (Fig. 10). Die Blüthen sind also ausgeprägt proterandrisch dichogamisch. Die Möglichkeit der Sichselbstbestäubung ist jedoch nicht ausgeschlossen, denn die drei zuletzt zur Reife entwickelten (auf schmalen Filamenten stehenden) Staubgefässe sind, wenn Insektenbesuch ausgeblieben ist, noch mit Pollen behaftet, wenn die Narbe schon empfängnissfähig geworden ist; und da der Griffel sich soweit streckt, dass die Narbe die Höhe dieser Staubgefässe erreicht, so kommen sie leicht von selbst mit der Narbe in Berührung oder lassen Pollen auf dieselbe fallen.

Die Fähigkeit, Kopf und Rüssel oder auch den ganzen Körper zwischen eng zusammenschliessende Theile hineinzuzwängen, haben von den blumenbesuchenden Insekten nur die höhlengrabenden Hymenopteren (Grabwespen, Bienen) . erworben, und zwar eben durch das Anfertigen ihrer Bruthöhlen. Alle Blumen, welche zur Erlangung des Honigs das Hineinzwängen des Kopfes und Rüssels zwischen eng zusammenschliessende Blüthentheile erheischen, geben sich daher schon dadurch als höhlengrabenden Hymenopteren, Grabwespen und Bienen oder auch bloss Bienen, angepasst zu erkennen. Die ganze Bestäubungseinrichtung unseres Allium hat, trotz des weiten verwandtschaftlichen Abstandes, eine gewisse Aehnlichkeit mit der von Reseda. Bei beiden muss eine blattförmige, durch frei hervorragende Fäden sich kenntlich machende Fläche zurückgedrängt werden, um zu dem schildförmigen Nectarium, welches von ihr verdeckt ist, zu gelangen. Beide werden mit besonderer Vorliebe von Prosopisarten und einigen Grabwespen be-

sucht. Die Bedeutung aller Blütheneigenthümlichkeiten
geht aus dem Gesagten hinlänglich deutlich hervor: Die
Bemerkbarmachung der kleinen purpurfarbenen Blüthen
wird durch die dichte Zusammendrängung derselben zu
einer kugeligen Dolde von 30—40 mm Durchmesser, sowie
durch den starken, den selbst stark duftenden Prosopisarten
wahrscheinlich besonders angenehmen Geruch in erfolg-
reichster Weise bewirkt. Die aus der Blüthe hervorragenden Fäden führen die anfliegenden Prosopis (und
andere Bienen und Grabwespen) zu den blattartigen Honig-
decken, hinter welche sie Rüssel und Kopf zu drängen
haben, um zum Honige zu gelangen, und dienen zugleich
den Vorderbeinen als Angriffspunkte für diese Bewegung.
Dadurch, dass die schmalen Filamente die von den breiten
gelassenen Zwischenräume gerade ausfüllen, ist ein Wegstehlen des Honigs von der Seite her sehr erschwert oder
ganz unmöglich gemacht. Drängt aber die Biene ihren
Kopf von oben hinter die Saftdecke, so berührt sie in
jüngeren Blüthen unfehlbar das der Honigdecke aufsitzende
Staubgefäss, in älteren die Narbe. Dadurch ist bei eintretendem Insektenbesuche Fremdbestäubung gesichert.

Die den schmalen Filamenten aufsitzenden Staubgefässe scheinen vorwiegend der Sichselbstbestäubung bei
ausbleibendem Insektenbesuche zu dienen, da sie sich
so viel später entwickeln, dass sie noch zur Zeit der Reife
der Narbe mit Pollen behaftet sind, von welchem ein Theil
leicht von selbst mit derselben in Berührung kommt.

Besucher: (Sept. 1873.) A. Hymenoptera: *Sphegidae:*
1) Cerceris labiata F. ♂ sgd., wiederholt. *Apidae:* 2) Prosopis
obscurata Schenck. ♂ 3) P. angustata Schenck. ♂ 4) P. communis Nyl. ♀ ♂ häufig, alle drei sgd. 5) Halictus leucopus K. ♀ sgd.
6) H. maculatus Sm. ♀ sgd. und Psd. 7) Andrena labialis K. ♂ sgd.
8) Apis mellifica L. ☿ sgd. und Psd. *Formicidae:* 9) Lasius niger
L. ☿ läuft lange an den Blüthen umher, ohne sich in eine hinein-
zufinden. B. Diptera: *Tabanidae:* 10) Tabanus rusticus F., wiederholt, tupft mit dem Rüssel in 6—8 Blüthen, deren Eingang er leicht
findet, zieht aber den Rüssel so rasch wieder zurück, dass er hinter
die Saftdecken gewiss nicht gelangt sein kann. *Muscidae:* 11) Gonia
capitata De G. 12) Ocyptera cylindrica F. 13) Oliviera lateralis Pz.
Diese drei langrüsseligen, blumenstelen Fliegen gelangen zum Honig

und saugen, wenn ich mich nicht sehr getäuscht habe. 14) Ulidia erythrophthalma Mgn. in grosser Zahl vergeblich auf den Blüthen umher suchend. C. Lepidoptera: *Rhopalocera;* 15) Lycaena Damon S. V., sgd. *Sphingidae:* 16) Zygaena achilleae Esp. sgd. D. Coleoptera: *Curculionidae:* 17) Bruchus olivaceus Grm. *Malacodermata:* 18) Danacaea pallipes Pz., beide nicht selten in den Blüthen.

(5) **Anthericum ramosum L.** (S. 63) (Thür., Juli 1873). Weitere Besucher:

A. Hymenoptera: *Apidae:* 1) Apis mellifica L. ☿ sgd. und Psd., sehr häufig, 5) Bombus pratorum L. ☿ sgd. 6) Halictus albipes F. ♂ sgd. 7) H. maculatus Sm. ♀ sgd. und Psd. 8) H. longulus Sm. ♂ sgd. 9) H. pauxillus Schenck ♂ sgd. *Sphegidae:* 10) Cerceris nasuta Kl. sgd. 11) C. variabilis Schrck. ♂ sgd. *Formicidae:* 12) Lasius niger L. ☿ hld. 13) Formica fusca L. ☿ hld.; beide, wie gewöhnlich, andauernd an demselben Nektarium. B. Diptera: *Syrphidae:* 2) Merodon aeneus Mgn., sgd. und Pfd., auch in copula, 14) Volucella bombylans L. sgd. *Muscidae:* 15) Anthomyia sp. sgd. *Empidae:* 16) Empis livida L. sgd., häufig. C. Lepidoptera: *Rhopalocera:* 17) Pieris rapae L. sgd. 18) Coenonympha arcania L. sgd. *Sphingidae:* 19) Ino globulariae Hbn. sgd. 20) Zygaena lonicerae Esp. sgd. 21) Z. achilleae Esp. sgd. D. Coleoptera: *Cerambycidae:* 22) Strangalia bifasciata Müll. sgd. *Malacodermata:* 23) Dasytes flavipes F. sgd. *Oedemeridae:* 24) Oedemera virescens L. sgd.

399. **Anthericum Liliago L.**, Mühlberg in Thüringen, (Juli 1873. Fig. 12.) stimmt in der völlig offenen Lage des aus den drei Furchen des Fruchtknotens abgesonderten Honigs, in dem Hervorragen der Narbe über die Staubgefässe, in der Homogamie und dem entsprechend in der Wahrscheinlichkeit des Insektenbesuches bei eintretendem so wie in der Möglichkeit der Selbstbestäubung bei ausbleibendem Insektenbesuche ganz mit A. ramosum (S. 63) überein.

Besucher (6/7 73. Thür.): A. Hymenoptera: *Apidae:* 1) Apis mellifica L. ☿ sgd. und Psd. B. Diptera: *Empidae:* 2) Rhamphomyia sp. sgd. C. Coleoptera: *Elateridae:* 3) Agriotes gallicus Lap. sgd.

(6) **Asparagus officinalis L.** (S. 64) kommt nicht bloss 1) in rein männlichen Stöcken mit Rudimenten der Pistille, 2) in rein weiblichen Stöcken mit Rudimenten der Staubgefässe, sondern auch 3) in zwitterblüthigen Stöcken vor, welche ausser den Zwitterblüthen Blüthen mit verschiedenen Abstufungen der Stempelverkümmerung, also Zwischenformen zwischen ausgeprägten Zwitterblüthen und aus-

geprägten männlichen Blüthen darbieten. Mein früherer
Schüler Studiosus W. Breitenbach hat mir von ihm ange-
fertigte Zeichnungen der letzteren mitgetheilt.

400. Paris quadrifolia L. Einbeere (S. 65) Fig. 13.
Der mit vier gleichfarbigen Narben gekrönte dunkelpur-
purfarbene Fruchtknoten glänzt, als wenn er mit Flüssigkeit
benetzt wäre und lockt dadurch Dipteren, z. B. Scatophaga
merdaria, an sich, die oft auf die Narben auffliegen, den
Fruchtknoten mit ihren auseinandergelegten Rüsselklappen
betupfen und belecken, an den Staubgefässen in die Höhe
marschirend die Fusssohlen oder, wenn es winzige Arten
sind, auch die ganze Unterseite mit Pollen behaften und
daher auf andere Blüthen fliegend leicht Kreuzung derselben bewirken (Näheres siehe im Kosmos, Bd. III,
Seite 336).

(8) **Convallaria multiflora L.** Mein Sohn Hermann
Müller beobachtete im Mai 1875 bei Jena als Besucher:

Hymenoptera: *Apidae:* 4) Andrena fasciata Wesm. ♀ sgd.
und Psd.

Irideae.

401. **Gladiolus palustris Gaud.** (Boucheanus Schldl.)

Besucher: Hymenoptera *Apidae:* 1) Bombus hortorum
L. ☿ sgd. (Tekl. Borgst.).

402. **Gladiolus communis L.** (Nassau, Buddeberg6/7 73),

Besucher: Hymenoptera *Apidae:* 1) Osmia rufa L. ♀ sgd.
2) O. adunca Latr. ♂ sgd., in Mehrzahl.

Aroideae (S. 72).

403. **Calla palustris L.** (Kosmos Bd. III. S. 321—324.
Fig. III—V) ist als Vorstufe der ausgeprägten Fliegen-
falle unseres Arum maculatum von besonderem Interesse.
Durch ihren ekeligen Geruch, der wohl mit ihren Gift-
säften zusammenhängt, ist die Pflanze einestheils gegen
weidende Thiere geschützt, anderntheils in dem Insektenbesuche, den sie erfährt, schon ziemlich auf fäulnissstoff-
liebende und daher vor Ekelgerüchen nichtzurückschreckende
Dipteren beschränkt. Die auf der Innenfläche weisse, gerade aufgerichtete Spatha steigert bereits die Augenfällig-

keit des Blüthenstands und gewährt den anfliegenden Dipteren einigen Schutz. Die sehr ausgeprägte Proterogynie, in Folge deren nur kurze Zeit die Staubgefässe der untersten mit den Narben der obersten Blüthen noch gleichzeitig entwickelt sind, ermöglicht und begünstigt bereits Fremdbestäubung bei eintretendem Insektenbesuche, ohne dieselbe jedoch zu sichern. So finden wir die Eigenthümlichkeiten, welche bei Arum in voller Ausprägung vorhanden sind, hier noch alle auf niederer Entwickelungsstufe. Ich überwachte die Pflanze am 18. Mai 1873 an ihrem einzigen Standorte bei Lippstadt, in einem Sumpfe bei der Südelager Schule, längere Zeit und fand ihre Blüthenstände von zahlreichen kleinen Dipteren besucht, von denen ich mehrere Arten Chironomus, Tachydromia sp., Drosophila graminum Fall. und Hydrellia griseola Fall. einfing. Einige Spinnen hatten ihre Gewebe in den Spathen von Calla ausgespannt; in denselben hingen ebenfalls kleine Dipteren. Auch einzelne Käfer (Meligethes, 1 Phytonomus polygoni, 1 Sitones, einige Haltica coerulea, 1 Cassida nobilis) sah ich an die Blüthenstände fliegen, aber ohne dass sie sich länger aufgehalten oder irgend welche Ausbeute gefunden hätten.

Durch die in einer Fläche dicht neben einander gedrängt liegenden Geschlechtsorgane ist Calla palustris überdies geeignet, uns eine klare Vorstellung von der Möglichkeit der Ausbildung von Schneckenblüthern zu geben und E. Warming (Botanisk tidsskrift. 3 raekke 2 bind 1877) ist in der That geneigt, eine Betheiligung über die Blüthenstände kriechender Wasserschnecken an der Befruchtung von Calla palustris anzunehmen.

Musaceae (S. 74).

Musa. Die Bananenblüthen sind durch die eigenthümliche Beschaffenheit der Lockspeise bemerkenswerth, durch welche sie Insekten zu ihrem Besuche veranlassen. Sie sondern nämlich in grosser Menge eine wenig süsse Gallerte ab, die man kaum Honig nennen kann. Als Besucher finden sich häufig ganze Schwärme von Trigona ruficrus Latr. ein. (Fritz Müller, Briefliche Mittheilung)·

Orchideae (S. 74).

404. Ophrys muscifera Huds. Fliegenblümchen. Die
sonderbare Blume dieser Pflanze ist bis jetzt eine Räthsel
gewesen und steht auch in der zweiten Auflage des Darwin'schen Orchideenwerkes (1877) noch als solches da.
Ich glaube deshalb diejenigen Vermuthungen und neuen
Beobachtungen, welche mir dieses Räthsel zu lösen scheinen,
mit einiger Ausführlichkeit hier mittheilen zu sollen.

Als ich vor einigen Monaten den Aufsatz „die Insekten
als unbewusste Blumenzüchter" schrieb (siehe Kosmos
Bd. III. Heft 4 und folgende) und über die blumenzüchtenden
Wirkungen der Dipteren nachdachte, kam ich zu der Ansicht, dass die schwärzlich purpurne Unterlippe des Fliegenblümchens mit ihrem fahlbläulichen nackten Flecke nur
eine Anpassung an die eigenthümliche Geschmacksrich-
tung Fäulnissstoffe liebender Dipteren sein könne und dass
gerade diese, mit ihrer schon Chr. Conr. Sprengel bekannten Dummheit im Ausbeuten der Blumen, auch recht
wohl geeignet sein müssten, sich wiederholt zum Belecken
der Scheinnektarien verlocken zu lassen und so gelegentlich in der von Darwin angenommenen Weise als Kreuzungsvermittler zu dienen. Ich sprach diese Vermuthung
in dem genannten Aufsatze aus und nahm mir zugleich
vor, noch in diesem Sommer den thatsächlichen Befruchtern
des Fliegenblümchens wenn irgend möglich auf die Spur
zu kommen. Ich benutzte nun den schönen sonnigen Nach-
mittag des 2. Juni 1878, um an dem einzigen sehr
beschränkten Standort, an welchem Ophrys muscifera bei
Lippstadt wächst, am Rixbecker Hügel, sämmtliche Exemplare mit der Lupe zu untersuchen. Jedes untersuchte
Exemplar wurde sofort durch Umbinden seines Stengels
mit einem Grashalm bezeichnet und der kleine karg be-
graste Hügel so wiederholt abgesucht, dass ich sicher zu
sein glaube, kein einziges blühendes Exemplar übersehen
zu haben. Aus der vollständigen Untersuchung aller
Blüthen eines Standortes glaubte ich einige bestimmte
Schlüsse in Bezug auf die Thätigkeit der Kreuzungsvermittler ziehen zu können und fand mich in dieser Erwar-

tung nicht getäuscht. Ausserdem aber lieferte mir diese Untersuchung nebenbei zwei Ergebnisse, die ausser meiner Berechnung lagen. Ich fand nämlich zu meiner Ueberraschung, dass die bis dahin für völlig honiglos gehaltene Unterlippe von dem grössten Theile ihrer Fläche, nämlich von einem breiten mittleren Längsstreifen, der so breit ist, dass er den bläulichen Flecken ganz in sich einschliesst, wenigstens unter normalen Bedingungen in einer gewissen Entwicklungsperiode, kurz nach dem Entfalten der Blüthe, Saft absondert, der diese ganze Fläche mit kleinen Tröpfchen bedeckt. Da auch die beiden knopfförmigen Vorsprünge an der Basis der Unterlippe wie Tröpfchen glänzen, obgleich sie nicht einmal feucht sind, so berührte ich, um mich über die vermeintlichen Tröpfchen des breiten Mittelstreifens der Unterlippe nicht zu täuschen, diesen mit der trocknen Fingerspitze und sah dieselbe deutlich benetzt. Nass ist aber die Unterlippe nur eine verhältnissmässig kurze Zeit; etwas später erscheint sie nur noch von einer dünnen adhärirenden Feuchtigkeitsschicht glänzend und auch diese verschwindet alsbald, obgleich das frische Aussehen und die ursprüngliche Farbe der Unterlippe in jungfräulichen Blüthen noch einige Zeit unverändert bleiben. Man findet daher nicht selten Exemplare, bei denen keine einzige Blüthe eine Spur von Feuchtigkeit erkennen lässt, und nur selten ist ausser der jüngsten obersten auch noch die nächst tiefer stehende Blüthe mit einer adhärirenden Feuchtigkeitsschicht oder mit Tröpfchen bedeckt. Von fünfzig Blüthen, die ich noch frisch und in ursprünglicher Färbung antraf, waren 13 auf der Unterlippe mit Tröpfchen bedeckt (nass), 25 von adhärirender Feuchtigkeitsschicht glänzend, 12 ohne erkennbare Feuchtigkeit.

Die Blüthen derselben Aehre blühen langsam eine nach der andern auf, und nur selten werden mehr als die beiden oberen noch vollständig frisch und in ursprünglicher Färbung angetroffen.

Die übrigen (ich fand bis zu 6 entfaltete an einer Aehre) sind, wenn sie unbefruchtet geblieben sind, um so mehr entfärbt und welk oder verschrumpft, je tiefer sie stehen. Die Befruchtung beschleunigt aber die Entfärbung und das Welken der Unterlippe in dem Grade, dass, wenn z. B. von den beiden obersten noch frischen Blüthen derselben Aehre die oberste jüngste befruchtet wird, während die unter ihr stehende ältere jungfräulich bleibt, die erstere alsbald sich entfärbt und welkt, während die letztere ihr jungfräuliches Ansehen noch längere Zeit bewahrt. Ausser der Entdeckung des Saftes war ein zweites, weniger unerwartetes Ergebniss meiner Untersuchung, dass ich wirklich eine Fliege (Sarcophaga) auf der Unterlippe sitzen und an den Tröpfchen lecken sah. Sie flog zwar bei meiner Annäherung fort, ohne noch bis zu einem der Scheinnektarien gelangt zu sein, und ein Pollinium entfernt zu haben; aber meine Vermuthung, dass es Fäulnissstoff liebende Dipteren sind, die durch die dunkelpurpurne und blassbläuliche Farbe der Unterlippe angelockt werden und als Kreuzungsvermittler dienen, scheint mir trotzdem durch diese Beobachtung hinreichend bestätigt zu sein.

Die Einzeluntersuchung aller Exemplare des Standortes ergab Folgendes: Es waren 37 blühende Exemplare vorhanden, 4 mit je 2, 11 mit je 3, 11 mit je 4, 5 mit je 5, 6 mit je 6, zusammen mit 146 entfalteten Blüthen. Von diesen 37 hatten weit über die Hälfte, nämlich 21 Exemplare mit 80 Blüthen, noch alle Pollinien in ihren Taschen und alle Narben noch unbelegt; die übrigen 16 Exemplare liessen folgende unzweideutigen Spuren stattgehabter Insektenthätigkeit erkennen:

Exemplar Nr. 1. 3 Blüthen, die oberste noch frisch, mit nasser Unterlippe. In der 2. Blüthe sassen die Stiele der Staubkölbchen noch in den Taschen, die Staubkölbchen selbst waren daraus hervorgezogen; eines derselben lag an der Narbe.

Nr. 2. 3 Blüthen, die oberste noch frisch, mit nasser Unterlippe. Aus der zweiten Blüthe war 1 Pollinium entfernt, die Narbe war unbelegt.

Nr. 3. 2 Blüthen, die oberste frisch und feucht. In der unteren älteren war 1 Pollinium entfernt, die Narbe mit Pollen belegt, das Ovarium etwas angeschwollen.

Nr. 4. 4 Blüthen, die oberste frisch und nass. In der zweiten Blüthe war ein Pollinium entfernt, die Narbe mit Pollen belegt, der Fruchtknoten angeschwollen.

Nr. 5. 3 Blüthen, die oberste der Unterlippe beraubt, sonst unversehrt, die mittlere ganz verwelkt, eines Polliniums beraubt, Narbe unbelegt (a); an der untersten der Fruchtknoten stark angeschwollen, das übrige abgefallen (b).

Nr. 6. 4 Blüthen, die beiden obersten frisch, ihre Unterlippe schwach feucht. In der zweiten Blüthe war 1 Pollinium aus seiner Tasche gezogen; es hing mit dem Stiele nach oben an dem benachbarten schmalen Blumenblatte; die Narbe war nicht belegt.

Nr. 7. 3 Blüthen, die oberste frisch, mit nasser Unterlippe. Aus der untersten Blüthe war 1 Pollinium entfernt; alles Uebrige intact.

Nr. 8. 5 Blüthen, die 4. noch frisch, aber die Unterlippe nicht feucht, die 5. erst halb entfaltet, noch nicht feucht. Aus der 4. Blüthe war ein Pollinium entfernt, das andere aus seiner Tasche gezogen, aber an derselben hängen geblieben, alle Narben unbelegt.

Nr. 9. 5 Blüthen, nur die oberste noch frisch, aber die Unterlippe nicht feucht. In der dritten Blüthe war ein Pollinium aus seiner Tasche gezogen aber an derselben hängen geblieben, die Narbe unbelegt.

Nr. 10. 6 Blüthen, die beiden obersten noch frisch, die vorletzte mit feuchter, die letzte mit nasser Unterlippe. In der untersten Blüthe 1 Pollinium entfernt, die Narbe unbelegt (a), in der zweiten die Narbe mit Pollen belegt, beide Pollinien noch am Platz (b). Alles Uebrige intact.

Nr. 11. 2 Blüthen, beide entfärbt. Bei der unteren Blüthe sind beide Pollinien herausgezogen, das eine entfernt, das andere an seiner Tasche hängen geblieben, die Narben unbelegt (a). Bei der oberen Blüthe sind beide Pollinien entfernt; die Narbe ist dicht belegt. (b)

Nr. 12. 6 Blüthen, die oberste noch frisch, aber die Unterlippe nicht feucht. In der ersten Blüthe 1 Pollinium entfernt, die Narbe belegt, das Ovarium sehr stark angeschwollen (a). In der zweiten Blüthe beide Pollinien entfernt, die Narbe belegt, das Ovarium sehr stark angeschwollen (b). Dritte Blüthe intact. In der vierten Blüthe 1 Pollinium entfernt, die Narbe unbelegt (c). In der fünften Blüthe ebenfalls 1 Pollinium entfernt, die Narbe unbelegt (d). Die sechste Blüthe intact.

Nr. 13. 6 Blüthen, die oberste noch frisch, ihre Unterlippe feucht, 1 Pollinium entfernt, Narbe dicht mit frischen Pollenpacketchen belegt, also ganz kürzlich besucht (e). *Blüthe* 1: Pollinien am Platz, Fruchtknoten sehr stark angeschwollen (a). *Blüthe* 2 intact. *Blüthe* 3, 4, 5 je 1 Pollinium entfernt, Narbe intact (b, c, d).

Nr. 14. 5 Blüthen, die 2 obersten frisch, die oberste mit feuchter Unterlippe. *Blüthe* 2: Beide Pollinien aus den Taschen gezogen, eines an der Narbe liegend, während sein Stiel noch in der Tasche sitzt, Fruchtknoten nicht angeschwollen (a). *Blüthe* 4: Ein

Pollinium aus der Tasche hängend, während sein Stiel noch in derselben sitzt; sonst Alles intact, alle Narben unbelegt (b).

Nr. 15. 4 Blüthen, die beiden obersten noch frisch mit feuchter Unterlippe. *Blüthe* 1: Ein Pollinium entfernt, Narbe intact (a) *Blüthe* 2: Beide Pollinien entfernt, Narbe intact (b). *Blüthe* 3. Ein Pollinium entfernt, bei dem andern ist der klebrige Ballen und der Stiel etwas in die Höhe gezogen und steht frei hervor, das Pollinium selbst sitzt noch in der Tasche, Narbe intact (c). *Blüthe* 4: intact.

Nr. 16. 5 Blüthen, die beiden obersten noch frisch mit feuchter Unterlippe, die unterste Blüthe eines Polliniums beraubt. Narbe nicht belegt, alles übrige intact.

Aus diesen Beobachtungen, welche sämmtliche Blüthen eines bestimmten Standortes an einem bestimmten Tage während der Höhe der Blüthenentwicklung umfassen, lassen sich nun, jedenfalls mit grösserer Sicherheit als beim Herausgreifen beliebiger Exemplare, in Bezug auf die Thätigkeit der besuchenden Insekten gewisse allgemeine Schlüsse ableiten, nämlich:

1) Der Insektenbesuch des Fliegenblümchens ist ein sehr spärlicher.

Von 146 Blüthen, von denen nur etwa ein Drittel (50) noch frisch waren, zeigten nur 29, also nicht ganz 20 Procent, Spuren stattgehabten Insektenbesuchs. Ueber die Hälfte sämmtlicher Stöcke war anscheinend völlig unbesucht geblieben.

2) Die meisten dem Fliegenblümchen zu Theil werdenden Insektenbesuche sind überdiess für die Vermittlung seiner Kreuzung wirkungslos.

Von den 29 Blüthen, welche Wirkungen stattgehabten Insektenbesuches zeigten, hatten (abgesehen von den auf die Narben derselben Blüthen geschleiften Pollinien) nur 9 belegte Narben oder angeschwollene Fruchtknoten (nämlich Nr. 3, 4. 5b, 10b, 11b, 12a, 12b, 13a, 13c); es waren also nur 31 Procent der besuchten (etwas über 6 Procent sämmtlicher) Blüthen normal befruchtet worden.

3) Dass von den besuchten Blüthen so wenige befruchtet werden, hat zum grössten Theile in der Unstetheit der Besucher, zum geringeren Theile in der Unregelmässigkeit ihrer Bewegungen seinen Grund.

Da es nämlich nur sehr selten vorkommt, dass das besuchende Insekt die Narbe mit Pollen belegt, ohne zugleich ein Pollinium oder auch beide derselben Blüthe zu entfernen (es wurde dies nur bei 10ᵇ und 13ᵃ beobachtet), so lässt sich daraus, das aus 24 Blüthen ein oder beide Staubkölbchen entfernt, aber nur in 7 derselben die Narbe belegt war, schliessen, dass die meisten Besucher nur eine einzige Blüthe besucht haben. Hätte jeder Besucher wenigstens 2 Blüthen besucht, so müssten (wenn wir von den Ausnahmefällen 10ᵇ und 13ᵃ absehen) wenigstens halbsoviel Blüthen befruchtet, als eines oder beider Pollinien beraubt sein; thatsächlich aber waren noch nicht einmal ¹/₃ (⁷/₂₄) so viel Blüthen befruchtet, als eines oder beider Pollinien beraubt. Ueber die Hälfte der besuchten Blüthen ist also deshalb unbefruchtet geblieben, weil die Besucher so unstet im Aufsuchen derselben Pflanzenart sind, dass sie meist schon nach dem Besuche einer einzigen Blüthe der Pflanzenart wieder untreu werden.

Von der Unregelmässigkeit ihrer Bewegungen, auf welche also nur der kleinere Theil der Schuld fällt, gibt folgende Zusammenstellung ein treues Bild: Von den 29 nachweislich besuchten Blüthen wurden in 2 (10ᵇ und 13ᵃ) die Narben mit fremdem Pollen belegt, die Pollinien unberührt in ihren Taschen gelassen; in 3 Blüthen (6, 9, 14ᵇ) wurde ein Pollinium herausgezogen, es blieb aber an seiner Tasche oder benachbarten Blüthentheilen hängen; in etwas über der Hälfte der Fälle, nämlich in 15 Blüthen (2, 3, 4, 5ᵃ, 7, 10ᵃ, 12ᵃ, 12ᶜ, 12ᵈ, 13ᵇ, 13ᶜ, 13ᵈ, 13ᵉ, 15ᵃ, 16) wurde ein Pollinium entfernt, das andere blieb an seinem Platze, aus 3 Blüthen (11ᵇ, 12ᵇ, 15ᵇ) wurden beide Pollinien entfernt; aus 4 Blüthen (8 11ᵃ, 14ᵃ, 15ᶜ) wurde ein Pollinium entfernt, das andere aus seiner Tasche gezogen, aber an dieser oder an der Narbe derselben Blüthe hängen gelassen; in einer Blüthe (1) waren beide Pollinien aus ihren Taschen gezogen, aber nicht entfernt, eines an die Narbe derselben Blüthe geklebt; in einer Blüthe endlich waren die Pollinientaschen abgefallen, so dass sich die Wirkung des Besuchers auf die Pollinien nicht mehr erkennen liess.

4) Der spärliche Besuch vertheilt sich auf einen sehr langen Zeitraum.

Von den 9 befruchteten Blüthen hatte nur eine einzige ganz frischen, jedenfalls erst an demselben Tage daraufgebrachten Pollen auf ihrer Narbe; die Befruchtung der übrigen vertheilt sich auf einen Zeitraum von wenigstens 14 Tagen, denn 14 Tage vorher blühten schon eine Anzahl dieser Fliegenblümchen. Von den befruchteten Blüthen aber waren 2 (12a, 13a) die untersten an Stengeln mit 6 Blüthen, also jedenfalls zuerst mit aufgeblüht.

Dass nun das Fliegenblümchen nur ziemlich selten von unsteten, in ihren Bewegungen auf den Blumen wenig regelmässigen Gästen besucht wird, würde im Verein mit

den zum Betupfen und Belecken einladenden Scheinnektarien, der schwärzlichpurpurnen Farbe des sammtartigen
und der fahlbläulichen Farbe des nackten Theils der
Unterlippe an sich schon mit grösster Wahrscheinlichkeit
auf Fäulnissstoffe liebende Dipteren als Kreuzungsvermittler
schliessen lassen. Nachdem nun überdiess festgestellt ist,
dass sich die Unterlippe mit Tröpfchen bedeckt, welche
von Sarcophaga geleckt werden, kann an der Richtigkeit
dieses Schlusses kaum noch gezweifelt werden.

(18) **Orchis maculata L.** (S. 85) wird auch von Käfern
besucht und befruchtet. Nach Ch. Darwin (zweite Auflage
des Orchideenwerks p. 16. Anm.) fing ein Herr Girard einen
·Bockkäfer, Strangalia atra, mit einem Büschel von Staubkölbchen vorn am Munde. Dr. G. Leimbach in
Wattenscheid theilte mir brieflich mit, dass er am 17. Juni
1876 im Ruhrthale einen 15—18 mm langen Bockkäfer an
den Blüthen von Orchis maculata gefunden, der am Kopfe
einen grossen Büschel von Pollinien — über 30 Stück —
trug. Strangalia atra scheint (nach den Exemplaren meiner
Sammlung) höchstens eine Länge von 12—14 mm zu erreichen. Der von Dr. Leimbach beobachtete Cerambiy-
cide dürfte also wohl eine andere Art gewesen sein. Die
Hartnäckigkeit, mit welcher dieser Käfer seine Versuche
wiederholte, obgleich er doch nicht die mindeste Ausbeute
. haben konnte, ist ein bemerkenswerther Beleg für die schon
mehrfach von mir nachgewiesene Dummheit der Käfer im
Ausbeuten der Blumen.

Auf Umbelliferen neben der von dem Bockkäfer besuchten Orchis maculata fand Dr. Leimbach eine Pyro-
chroa pectinicornis F. mit 3 Pollinien dieser Orchisart an
ihren Mundtheilen.

405. **Orchis tridentata Scop.** Mein Sohn Hermann
Müller sah im Mai 1875 bei Jena Bombus hortorum L. ⚥
die Blüthen wiederholt besuchen und sich die Pollinien an
die Stirne kitten.

Gramineae (S. 87).

Die Familien der Gramineen und Cyperaceen sind
durchaus windblüthig, doch locken auch ihre Blüthen bis-

weilen ihrer Nahrung wegen in der Luft umherfliegende
Insekten zu wiederholten Besuchen an sich. Ich halte es
für der Mühe werth, derartige Fälle zu verzeichnen. Denn
da die ältesten Phanerogamen, die Archispermen (Gymno-
spermen), sämmtlich windblüthig sind, so muss die erste
Anpassung von Blüthen an die Kreuzungsvermittlung durch
Insekten an Windblüthlern erfolgt sein, welche von ihrer
Nahrung wegen in der Luft umherfliegenden Insekten besucht wurden.

Bromus mollis L. Am 22. Juni 1873· früh 10 Uhr
bei brennendem Sonnenschein sah ich an einem mit Bromus mollis und Erodium cicutarium bewachsenen Abhange
am Wege von Lippstadt nach Cappel 4 oder 5 Exemplare
von Leptura livida in der Luft schweben. Jedes flog nach
längerem Schweben, wie es sonst oft vor dem Anfliegen
an eine Blume ausgeübt wird, an eine blühende Aehre von
Bromus mollis, aus welcher die gelben Staubgefässe her-
ausbingen, lief eilig an dem Blüthenstande auf und ab,
bisweilen die Mundtheile bewegend, aber von den Antheren
keine Notiz nehmend, und flog, nachdem es fast alle Aehr-
chen des Blüthenstandes abgelaufen hatte, ohne irgend
etwas zu erlangen, auf einen anderen Stock, auf welchem
es dasselbe Umhersuchen wiederholte. Eines der Exemplare sah ich vor dem Ueberfliegen zu einem anderen
Stocke sich Fühler und Mundtheile mit den beiden Vorderbeinen putzen, welche letzteren es abwechselnd ge-
brauchte.

Es ist dies ein weiterer bemerkenswerther Beleg für
die Dummheit der Käfer in der Ausbeutung der Blumen.
(Vgl. Orchis maculata!)

Brachypodium pinnatum P. B. sah ich am 6/7 73 bei
Mühlberg in Thüringen häufig von Malachius viridis F. besucht, welcher, offenbar durch die goldgelbe Farbe der
Antheren angelockt, an diesen herumkroch und den Pollen
und die Antheren selbst verzehrte.

An **Agrostis alba L.** sah ich am 27. Juli 73 im
Fichtelgebirge eine Schwebfliege, Melanostoma mellina L.
mit den Mundtheilen an den Antheren beschäftigt.

Cyperaceae. (S. 88).

An **Carex montana L.** sah ich am 14/4 73 im Hasen-winkel bei Mühlberg in Thüringen zahlreiche Honigbienen emsig und andauernd Pollen sammeln.

Scirpus lacustris, maritimus und **Eriophorum angusti-folium** sind ausgeprägt proterogyn, indem die Staubgefässe erst nach völligem Verwelken der Narbe aus der Blüthen-hülle hervortreten. Im nördlichen Norwegen soll, nach J. M. Normann, Eriophorum angustifolium sowohl zwitterblüthig als getrenntgeschlechtig vorkommen (Bota-niska Notiser 1868. p. 12).

Butomeae.

406. **Butomus umbellatus L.** Die Blüthen sondern aus den 6 Zwischenräumen zwischen der Basis je zweier Fruchtblätter den Honig in 6 Tröpfchen ab, welche, gerade von oben gesehen, unmittelbar sichtbar und all-gemein zugänglich sind. Durch ziemlich ausgeprägte Proterandrie ist bei reichlichem Insektenbesuche Kreuzung gesichert (Sprengel S. 234. Taf. XXI, 35. Taf. XXIV, 16—19). Bei ausbleibendem Insektenbesuche aber bleiben die Antheren bis zur vollen Entwicklung der Narben noch reichlich mit Pollen behaftet, kommen zum Theil von selbst mit den Narben in Berührung und bewirken so Sich-selbstbestäubung.

Als Besucher habe ich an dieser bei Lippstadt sehr spärlich vorkommenden Blume nur Hymenoptera: *Sphe-gidae*: 1) Gorytes Fargei Shuk. (campestris L.) ♂ sgd. beobachtet.

Urticaceae. (S. 90).

Auch die durchaus windblüthige Familie der Urtica-ceen bietet, ebenso wie die der Gramineen und Cyperaceen zur Beobachtung von Insektenbesuchen an Windblüthen bisweilen Gelegenheit. An den Blüthen der Ulmen sind an sonnigen Frühlingstagen zahllose Honigbienen mit Pollen-sammeln beschäftigt. An der grossen Brennnessel sah ich (14/6 73) einen Syrphus mit gelben Querbinden (vermuth-lich arcuatus Fallen) wiederholt vor den Blüthen schweben, dann auf dieselben zuschiessen und die Staubgefässe mit den Rüsselklappen bearbeiten. (Er entwischte mir.)

Urtica urens L. gehört zu denjenigen Pflanzen, welche in Gärten unserem Vernichtungskampfe gegen die „Unkräuter" am erfolgreichsten Widerstand leisten. Wiederholt auf das sorgfältigste ausgejätet kommt sie immer von neuem wieder zum Vorschein, und zwar so dicht, als ob sie gleichmässig über die Gartenbeete ausgesät wäre. Welchen vortheilhaften Eigenthümlichkeiten verdankt sie diesen Erfolg? Kaum haben sich ausser den beiden Keimblättern die beiden ersten Blattpaare entfaltet, so entwickeln sich auch schon in den Achseln des untersten Blattpaares die winzig kleinen weiblichen Blüthen, von weniger als 1 mm Länge und $\frac{1}{2}$ mm Durchmesser, zur Reife. Jede derselben besteht aus einem Fruchtknoten, der mit einem Büschel glasheller, strahlig divergirender Narbenhaare gekrönt ist und bis etwas über die Mitte von 4 grünen, mit glashellen Brennhaaren bewaffneten Blüthenhüllblättern umschlossen wird. Etwas später entwickeln sich neben ihnen in denselben Blattachseln auch männliche Blüthen von etwa 4mal so grossem Durchmesser zur Reife. Jede derselben enthält, von 4 ebenfalls mit Brennhaaren bewaffneten Hüllblättern umschlossen, 4 Staubgefässe und mitten zwischen denselben einen grünen scheibenförmigen Körper, der vielleicht als Rudiment eines Fruchtknotens betrachtet werden kann. Die 4 Staubfäden sind der Innenseite der 4 Blüthenhüllblätter an der Mitte ihrer Basis angewachsen und so stark nach Innen gekrümmt, dass die sehr dicken, an ihren Enden befestigten Staubbeutel fest im Grunde der halbgeöffneten Blüthe eingeklemmt liegen. Die einwärts gekrümmten Staubfäden befinden sich in einer nach aussen gerichteten Spannung, die sich mit ihrem Längenwachsthum mehr und mehr steigert, bis sie endlich den Widerstand überwinden, die eingeklemmten Staubbeutel losreissen und sich, den Blüthenstaub der plötzlich aufspringenden Staubbeutel weit ausschleudernd, gerade nach oben und aussen strecken. Unabhängig also von den Launen besuchender Insekten, unabhängig sogar vom Winde wird durch diesen Ausschleuder - Mechanismus

wenigstens stets eine Kreuzung zwischen benachbarten
Stöcken bewirkt. Und zu dem Vortheile des raschen
Blühens und der regelmässigen Kreuzung, die bei windigem
Wetter auch ferner stehende Stöcke betreffen wird, kommt
dann drittens noch der Vortheil rascher Fruchtreife.

Crassulaceae. (S. 90).

(21) **Sedum reflexum** L. Dr. Buddeberg schickte
mir von Nassau folgende den Blüthen dieser Pflanze (im
Juli 1873 und 75) entnommene Besucher mit Angabe der
beobachteten Thätigkeit:

A. Hymenoptera: *Apidae:* 3) Anthidium oblongatum Latr. ♂
sgd. 4) A. punctatum Latr. ♀ ♂ sgd., in Mehrzahl. 5) Halictus
sexnotatus K. ♀ sgd. 6) H. morio F. ♀ sgd. B. Diptera: *Muscidae:* 7) Authomyia sp. Pfd. *Syrphidae:* 8) Syrphus arcuatus Fall.
sgd. C. Lepidoptera: *Rhopalocera:* 9) Epinephele Janira L. ♂ sgd.
Ich selbst sah in den Vogesen (5/7 74) 10) Vanessa urticae L. sgd.

407. **Sedum album** L. Die Blüthen sind noch weit
ausgeprägter proterandrisch als diejenigen von S. acre, so
dass Sichselbstbestäubung in der Regel auch bei ausbleibendem Insektenbesuche kaum erfolgen kann. Von den
10 Staubgefässen entwickeln sich erst die 5 äusseren, mit
den Blumenblättern abwechselnden zur Reife, nicht gleichzeitig, sondern nach einander; sodann die 5 innern, und
zwar mit dem letzten äusseren gleichzeitig das erste
innere. So lange die Entwicklungsperiode der Staubgefässe dauert, sind die 5 Stempel in der Mitte der Blüthe
zu einer Spitze zusammen geneigt, ihre Narben noch nicht
entwickelt. Erst wenn alle Staubbeutel bereits abgefallen
sind oder 1, höchstens 2 vertrocknete und entleerte noch
an den Staubfäden sitzen, spreizen sich die Stempel aus
einander und entwickeln ihre Narben. Aber auch jetzt
sind die Staubgefässe noch viel weiter nach aussen gebogen, so dass selbst, wenn bei ausbleibendem Insektenbesuche eine grössere Zahl von Staubbeuteln an den Staubfäden sitzen und mit Pollen behaftet geblieben sein sollten,
Sichselbstbestäubung kaum erfolgen kann. Die Nektarien
bilden 5 gelbe Schüppchen am Grunde der 5 Fruchtblätter,
zwischen je einem von diesen und dem davor stehenden

Staubfaden. Honig suchende Insekten stecken daher den Kopf oder Rüssel zwischen Staubgefässen und Stempeln in den Blüthengrund und behaften sich in jüngeren Blüthen mit Pollen, den sie in älteren an den Narben absetzen. Pollen fressende Dipteren und Pollen sammelnde Bienen berühren wegen der Kleinheit der Blüthen unvermeidlich auch die Narben, und sind also ebenfalls zur Kreuzungsvermittlung geeignet. — Ich fand (26/7 73) an den sonnigen Granit-Felsen der Luisenburg im Fichtelgebirge die Blüthen von Sedum album ausserordentlich reich von Insekten besucht; die hier beobachteten Arten sind in der nachfolgenden Besucherliste ohne weitere Standorts-Andeutung gelassen. Andere ebenfalls im Juli 1873 an Blüthen von Sedum album beobachtete Besucher schickte mir Dr. Buddeberg von Nassau zu (N. B.).

Besucher: A. Hymenoptera: *Apidae:* 1) Psithyrus quadricolor Lep. ♂ sgd. 2) Halictus albipes F. ♂ sgd. 3) H. flavipes F. ♀ sgd. 4) H. interruptus Pz. ♀ sgd. (N. B.) 5) Prosopis armillata Nyl. ♀ sgd. (N. B.) 6) P. signata Pz. ♂ sgd. 7) Chelostoma campanularum K. ♀ sgd. *Sphegidae:* 8) Ammophila sabulosa L. ♂ sgd. B. Diptera: *Muscidae:* 9) Echinomyia grossa L. sgd. 10) E. fera Pz. sgd. *Bombylidae:* 11) Bombylius canescens Mik. sgd. (N. B.) C. Coleoptera: *Byrrhidae:* 12) Byrrhus pilula L. sgd. *Cerambycidae:* 13) Leptura maculicornis De Geer sgd. häufig.

Saxifrageae. (S. 92).

408. Saxifraga granulata L. Ich habe diese Blume, welche bei Lippstadt nicht vorkommt, in meinem Garten gezogen, die Blüthen in verschiedenen Stadien der Entwicklung gezeichnet und mich dadurch überzeugt, dass ihre ausgeprägt proterandrische Blütheneinrichtung von Sprengel (S. 242. 243) ganz vortrefflich beschrieben worden ist, ebenso wie ihre Befruchtung durch eine Schmeissfliege (Musca vomitoria). Ich beschränke mich daher auf die Mittheilung der mir bekannt gewordenen Besucher.

A. Hymenoptera: *Apidae:* 1) Andrena Schrankella Nyl. ♂ sgd. 2) Halictus nitidiusculus K. ♀ sgd. und Psd. 3) H. malachurus K. ♀ sgd. und Psd. 4) H. minutissimus K. ♀ sgd. und Psd.; alle vier Mai 73. (N. B.) 5) H. morio K. ♀ sgd. und Psd.; 5/73 Lippstadt; desgl. 5/75 Jena. (H. M.) *Tenthredinidae:* 6) Cephus sp. sgd.

5. 75. Jena. (H. M.) B. Diptera: *Empidae:* 7) Empis tesselata F. sgd.
Syrphidae: 8) Eristalis arbustorum L.sgd. C. Coleoptera: *Curcu-
lionidae:* 9) Gymnetron graminis Gylh.; die drei letzten 5. 73. (N. B.)
Dermestidae: 10) Anthrenus Scrophulariae L.; 5. 73 Lippstadt.

409. **Saxifraga tridactylites** L. (Fig. 14. 15.) Ich
nahm Anfang April 1877 Exemplare in Knospe vom Stadt-
wall in Soest mit nach Hause und liess sich dieselben im
Fenster meines Zimmers bis zur Fruchtreife entwickeln.
Die Blüthenentwicklung verlief so abweichend von
den Angaben Sprengel's (S. 244. 245), dass ich mich
veranlasst finde, meine Beobachtung mitzutheilen.

Sobald die kleinen, wenig in die Augen fallenden
Blüthen sich öffneten, waren die Narben schon entwickelt.
Die Staubgefässe sprangen kurze Zeit darauf auf, erst die
mit den Blumenblättern abwechselnden, eines nach dem
andern, dann die vor den Blumenblättern stehenden. Die
Staubgefässe kamen regelmässig von selbst mit den mit
haarförmigen Papillen besetzten Narben in Berührung, und
die auf diese Weise stets sehr früh erfolgende Sichselbstbestäubung war von voller Fruchtbarkeit begleitet. Bei
trübem regnerischem Wetter blieben die Blüthen geschlossen, oder schlossen sich wieder, wenn sie vorher
bereits geöffnet waren. Auf dem Nektarium, welches die
Griffel als gelber fleischiger Ring umschliesst, war unter
solchen Umständen von Honig keine Spur zu entdecken.
Bei Sonnenschein in den Mittagsstunden glitzerte das Nektarium von kleinen Tröpfchen.

Sprengel sagt, Saxifraga tridactylites habe mit S. granulata, die er ganz richtig als sehr ausgeprägt proterandrisch beschreibt, eine gleiche Einrichtung und führt eine
Stelle Linné's an (sub florescentia germen stylo stigmati-
busque destitutum), welche ebenfalls nur so gedeutet werden kann, dass sich Griffel und Narbe erst nach dem
Verblühen der Staubgefässe entwickeln. Wenn Linné's
und Sprengel's Beobachtungen richtig sind, was zu bezweifeln ich keinen Grund sehe, so muss also S. tridactylites an manchen Orten ausgeprägt proterandrisch, an anderen homogam oder selbst schwach proterogyn und sich
regelmässig selbst befruchtend vorkommen.

(23) **Bergenia (Saxifraga) crassifolia L.** (S. 94).

Weitere Besucher: Hymenoptera: *Apidae:* 3) Bombus pratorum L. ♀ sgd. (15/4 76).

410. **Chrysosplenium oppositifolium L.** hat protero-
gyne Blüthen mit langlebigen Narben, während diejenigen
des Ch. alternifolium homogam sind. Exemplare, welche
ich Anfang Mai 1875 in meinem Zimmer blühend hielt,
wurden begierig und andauernd von einigen Coccinellen,
welche am Fenster desselben überwintert hatten und von
einigen Fliegen besucht, welche die sehr deutlich sichtbaren Honigtröpfchen genossen. Es fanden sich so als
Besucher ein:

A. Coleoptera: *Coccinellidae:* 1) Coccinella impustulata L.
2) C. bipunctata L. B. Diptera: *Muscidae:* 3) Musca domestica L.
4) Chlorops scalaris Mgn.

Ribesiaceae (Grossulariaceae). (S. 94).

Die in unseren Hecken und Gärten wachsenden Ribes-
arten bilden eine interessante Stufenleiter von völlig offenem,
allgemein zugänglichem zu tief geborgenem, nur einem
engen Besucherkreise zugänglichem Honig, mit ungestörter
Beibehaltung der Regelmässigkeit der Blumenform. An
dem einen Ende der Reihe steht Ribes alpinum, welches
seinen Honig in ganz flachen Schalen auch kurzrüsseligsten
Insekten leicht erreichbar darbietet. Schon weit tiefer aus-
gehöhlt ist die auf ihrem Boden mit Honig bedeckte Schale
bei R. rubrum (Fig. 16), sie ist hier ungefähr halbkugelig,
nur nach aussen stärker erweitert. Die nach unten gerichteten Glöckchen der Stachelbeere, R. Grossularia (Fig.
17), übertreffen diejenigen von R. rubrum kaum an Tiefe;
sie sind aber gegen den Eingang hin etwas verengt, durch
vom Kelchrande und vom Griffel starr abstehende, den
Grund des Glöckchens mit einem Gitter verdeckende Haare
und namentlich durch die nach unten gekehrte Stellung
des Glöckchens Fliegen schwerer zugänglich und Bienen
in höherem Grade angepasst. Merklich tiefer, fast kuglig,
noch mehr auf Bienen beschränkt sind die ebenfalls nach
unten gekehrten Blumenglocken von Ribes nigrum (Fig. 18).
Bereits röhrig, wenn auch kaum tiefer als bei R. nigrum

(3 mm), aber durch die aufrecht stehenden Blumenblätter
stärker verlängert (bis über 5 mm) sind die Blüthen von
R. sanguineum (Fig. 19), die daher trotz ihrer ziemlich
aufrechten Stellung ebenfalls in der Regel nur von Bienen
besucht werden. Endlich bilden die Blüthen von R. aureum
(Fig. 20) 10—11 mm lange Röhren, welche durch die ebenfalls aufrecht stehenden Blumenblätter noch um 3 mm verlängert werden und daher nur von sehr langrüsseligen
Bienen ausgebeutet werden können. Fremdbestäubung bei
eintretendem Insektenbesuche ist bei R. alpinum durch
Zweihäusigkeit, bei allen übrigen durch die gegenseitige
Stellung der Staubgefässe und Stempel gesichert, die in
verschiedenen Blüthen in wechselnder Weise von entgegengesetzten Seiten der Besucher gestreift werden. Bei den
zwitterblüthigen Arten scheint, da sie homogam sind, die Möglichkeit der Sichselbstbefruchtung nicht ganz ausgeschlossen.

Bei Ribes sanguineum und aureum bleiben die Blüthen noch längere Zeit nach dem Verblühen erhalten und
steigern durch Intensiverwerden der Färbung die Augenfälligkeit der Blumengesellschaft sehr erheblich, während
dieselbe gesteigerte Farbenintensität den einsichtigeren Besuchern auf den ersten Blick die bereits verblühten Blumen verräth. Bei Ribes sanguineum sind während der
Blüthezeit die Blumenblätter rein weiss. Nachdem die
Staubgefässe entleert, die Narben befruchtet sind und die
Nektarien aufgehört haben, Honig zu secerniren, färben
sie sich immer dunkler rosenroth; auch der Kelch wird
intensiver carminroth. Die Bienen, welche sich als Besucher einfinden, halten sich aber an die noch mit weissen
Blumenblättern versehenen Blüthen. Aehnlich ist es bei
Ribes aureum. Die anfangs hellgelben Blumenblätter färben sich, nach dem Verblühen der Staubgefässe und Griffel,
von den Spitzen aus nach abwärts fortschreitend, carminroth, auch fahren die Blüthen fort zu duften. Sie fungiren
also ebenfalls nach erfolgter eigner Befruchtung, noch im
Dienste der Gesellschaft, die Anlockung verstärkend, weiter.

Ein derartiges Verhalten ist offenbar nur bei Blumen
möglich, die sich bereits einem engeren Kreise einsich-
tigerer Besucher angepasst haben, da sonst das vergebliche

Absuchen der augenfälligsten Blüthen einen bedeutenden Zeitverlust, eine grosse Verlangsamung der Befruchtungsarbeit und gewiss vielfach ein Zurückschrecken der so oft betrogenen Gäste bewirken und mehr zum Schaden als zum Nutzen ausfallen müsste.

Sie findet sich auch bei mehreren Arten Fuchsia und Lantana, Weigelia rosea, Melampyrum pratense, Fumaria capreolata var. pallidiflora und gewiss noch bei vielen anderen.

Delpino (Ulteriori osservazioni II, fasc. II p. 28) hat zuerst eine Erklärung des Farbenwechsels der Blüthen von Ribes aureum gegeben, indem er ihm die Bedeutung zuschreibt, den Besuchern die bereits verblühten Blumen als solche bemerkbar zu machen und dadurch vergebliches Probiren zu ersparen. Das kann aber erst in zweiter Linie in Betracht kommen. Denn käme es bloss darauf an, so würden Blüthen mit solchem Farbenwechsel vor solchen, die unmittelbar nach dem Verblühen welken oder abfallen, nicht das mindeste voraus haben. Thatsächlich fallen aber die ganzen Blumengesellschaften durch das Bleiben und sich intensiver Färben der verblühten Blumen weit stärker in die Augen und locken dadurch reichlicheren Insektenbesuch an sich, der freilich erst dadurch, dass die verblühten Blumen als solche leicht kenntlich sind, von vollem Nutzen sein kann.

(26) **Ribes rubrum L.** (Fig. 16) Besucher:

Hymenoptera *Apidae* 5) Apis mellifica L. ☿ sgd. und Psd. häufig.

(27) **Ribes Grossularia L.** (Fig. 17). Besucher:

A. Hymenoptera: *Apidae:* 6) Andrena albicans K. ♂ ♀ sgd. und Psd. (N. B.) 8) A. fulva Schrk. ♀ ♂ sgd. und Psd. (N. B). 14) Andrena fasciata Wesm. ♂ sgd. (N. B.) 15) A. nigroaenea K. ♂ sgd. (N. B.) 16) A. parvula K. ♀ Psd. (N. B.) 17) A. Smithella K. ♀ Psd. (N. B.) 18) Halictus cylindricus K. ♀ Psd. (Thür.) B. Diptera: *Syrphidae*: 19) Eristalis tenax L. sgd.

411. **Ribes sanguineum Pursh.** (Fig. 19). Besucher (in meinem Garten):

Hymenoptera: *Apidae:* 1) Apis mellifica L. ☿ häufig. 2) Bombus pratorum L. ☿ häufig. 3. Osmia rufa L. ♀, alle 3 sgd.

412. Ribes aureum Pursh. (Fig. 20). Besucher (in meinem Garten):

Hymenoptera: *Apidae:* Anthophora pilipes ♀ sgd. (Rüssel 20 mm lang). Auch Delpino (in Italien) fand diese Blume von Anthophora pilipes besucht.

Corneae (S. 96).

(28) Cornus sanguinea L. Besucher:

A. Coleoptera: *Cerambycidae:* 8) Strangalia armata Hbst. (N. B.) 16) Clytus arietis L. (N. B.) 17) Pachyta octomaculata F. (N. B.) B. Diptera: *Syrphidae:* 18) Eristalis arbustorum L. Psd. 19) E. nemorum L. Psd. 20) Volucella pellucens L. (N. B.).

Araliaceae (S. 96).

413. Hedera Helix L. (Fig. 21. 22.) wird von Delpino als proterandrisch bezeichnet. Jch fand dagegen die Narbe schon unmittelbar nach dem Aufblühen eben so gross und von derselben Beschaffenheit wie beim Abfallen der Blumenblätter. Die breite fleischige Scheibe, welche die Narbe umgiebt, und an deren Rande die Staubgefässe entspringen, sondert unmittelbar sichtbaren, auch den kurzrüsseligsten Insekten leicht erreichbaren Honig ab. Und da die Blüthen sich erst erschliessen, wenn die anderen Blumen fast alle verblüht sind, so bilden sie bei sonnigem Wetter einen wahren Tummelplatz für die in so später Jahreszeit (Oktober, November) noch vorhandenen blumenbesuchenden Insekten. Da die von der Narbe gekrönte Mitte der Blüthe den bequemsten Anflugplatz bildet, während die Staubgefässe divergirend am Rande der honigabsondernden Scheibe in die Höhe stehen, so bewirken die anfliegenden Insekten, wenn sie von anderen Stöcken kommen, fast regelmässig Kreuzung. Sichselbstbefruchtung könnte bei ausbleibendem Insektenbesuch in manchen Blüthen wohl durch Herabfallen des Blüthenstaubes auf Narben stattfinden. Honig wird vom Nektarium in so reichlicher Menge abgesondert, dass sich dasselbe, wenn er nicht von Insekten abgeholt wird, nach dem Verblühen mit einer weissen Zuckerkruste bedeckt.

Besucher: A. Diptera: *Muscidae:* 1) Calliphora erythrocephala Mgn. 2) Echinomyia fera L. hfg. 3) Lucilia cornicina F. häufig.

4) Mesembrina meridiana L. 5) Pollenia rudis F. 6) P. vespillo F.,
beide zahlreich. *Syrphidae:* 7) Eristalis pertinax Scop. 8) E. tenax
L., beide häufig. 9) Helophilus floreus L., einzeln. 10) Syritta pipiens
L., häufig. B. Coleoptera: *Coccinellidae:* 11) Coccinella impustulata
L. (20/10. 72. Tekl. Bo.) C. Hymenoptera: *Apidae:* 12) Apis
mellifica L. ☿ höchst zahlreich. *Pteromalidae:* 13) Winzige Arten
(13/11 73) *Sphegidae:* 14) Mellinus arvensis L. einzeln. *Vespidae:*
15) Vespa Crabro L. einzeln. 16) V. rufa L. 17) V. germanica L.;
beide häufig. Alle diese Besucher mit Ausnahme von Nr. 11 wurden von mir bei Lippstadt, und zwar, mit Ausnahme von Nr. 13,
am 13. Oktober 1873 beobachtet.

Umbelliferae (S. 96).

414. Hydrocotyle vulgaris L. (Fig. 23. 24). Wenn die
Reichlichkeit des Insektenbesuches bei übrigens gleich
eingerichteten Blüthen in gleichem Verhältnisse mit ihrer
Augenfälligkeit sich steigert, was nach den auf S. 413
meines Buchs über Befruchtung der Blumen durch Insekten
mitgetheilten Tabellen namentlich auch für die Umbelliferen kaum bezweifelt werden kann, so lässt sich von vorn
herein vermuthen, dass den äusserst unscheinbaren Blüthchen von Hydrocotyle vulgaris auch nur ein äusserst spärlicher Insektenbesuch zu Theil wird, und dass diese Um-
bellifere den ihren Familiengenossen verloren gegangenen
Nothbehelf der Sichselbstbefruchtung nicht wird entbehren
können. In der That ergibt die nähere Untersuchung, dass
bei ihr die allen Umbelliferen gemeinsame proterandrische
Dichogamie so schwach ausgeprägt ist, dass bei ausbleibendem Insektenbesuche Sichselbstbestäubung erfolgen kann.
Die Staubgefässe entwickeln sich, wie in der Regel bei
den Umbelliferen, langsam eines nach dem anderen zur
Reife, ehe noch die Narben vorhanden oder wenigstens, ehe
sie noch empfängnissfähig geworden sind.

Während aber bei anderen Umbelliferen die Entwicklung der Narben erst nach dem Verblühen und meist
auch Abfallen sämmtlicher Staubgefässe beginnt, verfrüht
sie sich hier so weit, dass das letzte Staubgefäss noch in
völlig frischem, mit Pollen behaftetem Zustande die Reife
der Narben erlebt und, mit einer derselben von selbst in
Berührung kommend, Selbstbefruchtung bewirken kann.

Exemplare, welche ich auf ein Beet meines Gartens verpflanzt hatte, erwiesen sich auch thatsächlich, durch ein dichtes Gazenetz gegen Insektenzutritt geschützt, fruchtbar. Insektenbesuch zu beobachten ist mir noch nicht gelungen.

415. Sanicula europaea L.

Jedes Döldchen hat 1 bis 3 proterandrisch dichogamische Zwitterblüthen, umstellt von 10 bis 20 sich später entwickelnden rein männlichen. Beiderlei Blüthen stimmen im Wesentlichen mit denen von Astrantia major überein. Das Nektarium bildet, wie bei Eryngium, eine von einem ringförmigen Walle umschlossene Vertiefung, welche etwas reichlicher Honig absondert, als bei den meisten übrigen Umbelliferen; wenigstens sieht man die Griffelbasis der Zwitterblüthen von Honig umflossen. Die Blüthenstände sind aber viel kleiner und unscheinbarer als bei Astrantia und Eryngium und der Insektenbesuch in Folge dessen ein spärlicher. Ich fand einige mir unbestimmbare kleine Fliegen und Meligethes an den Blüthen.

(31) **Petroselinum sativum L.** (S. 99.) Weitere Besucher:

A. Diptera: *Syrphidae:* 10) Cheilosia sp. B. Hymenoptera: *Apidae:* 11) Andrena minutula K. ♀ 12) A. parvula K. ♀ 13) Halictus morio F. ♀ hld. (Lippstadt). 14) H. nitidus Schenck ♀ hld. 15) Prosopis communis Nyl. ♀ 16) Pr. sinuata Schenck ♀ hld. (Lippstadt; N. B.). 9) Sphecodes gibbus L. ♀ ♂ 17) Stelis breviuscula Nyl. ♂ Chalcididae: 18) Leucospis dorsigera F. hld. *Evaniadae:* 19) Foenus sp. *Sphegidae:* 20) Crabro vexillatus Pz. ♀ hld. *Vespidae:* 21) Odynerus parietum L. ♂ 22) Polistes gallica F. hld. — Alle diese Besucher, mit Ausnahme von Nr. 13, wurden von Dr. Buddeberg bei Nassau beobachtet und mir zugeschickt.

(32) **Aegopodium Podagraria L.** (S. 99). Weitere Besucher:

.   A. Diptera *Syrphidae:* 105) Eristalis tenax L. Fichtelgeb.; Lippst.

B. Coleoptera *Dermestidae:* 106) Byturus fumatus F. *Lamellicornia:* 38) Cetonia aurata L. in copula (Thür.). *Oedemeridae:* 106) Oedemera virescens L. (Waldstein im Fichtelgeb. 18/7 73). C. Hymenoptera *Sphegidae:* 108) Crabro cribrarius L. ♂ (Fichtelgeb. 26/7 73). 109) Trypoxylon figulus L. ♀ *Tenthredinidae:* 110) Tenthredo ribis Schk. hld. (N. B.) 111) T. tricincta Kl. bld. *Vespidae:* 112) Oedynerus parietum L. ♂ hld. E. Lepidoptera *Rhopalocera:* 113) Pieris napi L. sgd.

(33) **Carum Carvi L.** Weitere Besucher:

A. Diptera: *Empidae:* 56) Empis stercorea L. sgd. *Musci-dae:* 57) Aricia incana Wiedem. 58) Cyrtoneura hortorum Fall. ♀.
59) Scatophaga merdaria F. 60) Luciliaarten. 61) Pyrellia aenea
Zett. B. Coleoptera: *Malacodermata:* 62) Telephorus fuscus L.
hld. 63) T. lividus L. hld. 64) T. pellucidus F. hld. 65) Malachius
bipustulatus F. 66) Dasytes flavipes F. hld. *Mordellidae:* 67) Mordella pumila Gylh. 68) M. pusilla Dej. 69) Anaspis rufilabris Gylh.;
alle drei hld. *Staphylinidae:* 70) Tachyporus solutus Er. hld. 71) Ta-
chinus fimetarius Grv. hld. *Cerambycidae:* 72) Strangalia atra F. hld.

C. Hymenoptera: *Pteromalidae:* 73) unbestimmte Art, hld.
Formicidae: 34) Formica fusca L. ♀. 75) Myrmica clandestina Foe.
♀. 76) M. laevinodis N. ♀. 77) Lasius niger L. ♀; alle vier hld.
F. Hemiptera: 78) ein kleiner Capside (1/6 73).

(34) **Pimpinella Saxifraga L.** Weitere Besucher:

Coleoptera *Cerambycidae:* 24) Leptura livida F. hld. (bair.
Oberpfalz 23/7 73). *Coccinellidae:* 25) Coccinella septempunctata L.,
auf den Blüthen herumkriechend. Hymenoptera: *Tenthredinidae:*
16) Tenthredo notha Kl. (N. B.)

(36) **Sium latifolium L.** Weitere Besucher:

A. Diptera: *Muscidae:* 33) Trypeta pantherina Fall. hld., 2
Exemplare. B. Coleoptera: *Coccinellidae:* 34) Coccinella 14punc-
tata L. hld. C. Hymenoptera: *Sphegidae:* 35) Hoplisus 4fas-
ciatus Wesm. ♂ sgd. 36) Oxybelus uniglumis L. sgd. *Apidae:* 37)
Prosopis variegata F. hld.

416. **Bupleurum rotundifolium L.** (Thüringen, Juli 1873).

Der Honig ist als glänzende Fläche dem blossen
Auge sichtbar!

Besucher. A. Diptera: *Muscidae:* 1) Ulidia erythrophthalma
Mgn. sgd. 2) Gymnosoma rotundata L. 3) Anthomyiaarten. *Stratiomydae:* 4) Chrysomyia formosa Scop. B. Coleoptera: *Curculionidae:*
5) Spermophagus cardui Schh. hld. 6) Bruchus olivaceus Grm. hld.
C. Hymenoptera: *Ichneumonidae:* 7) verschiedene Arten. *Tenthredinidae:* 8) eine gelbe Art. *Sphegidae:* 9) Tiphia minuta v. d. L.
sgd. D. Lepidoptera: Lycaena bellargus Rott. sgd. oder versuchend.

(37) **Bupleurum falcatum L.** (Thüringen, Juli 73).
Weitere Besucher:

Diptera: *Muscidae:* 9) Gymnosoma rotundata L. hld.; einzeln. Coleoptera: *Mordellidae:* 10) Mordella pumila Gylh. hld.;
sehr zahlreich.

Aus den hier mitgetheilten Besucherlisten der beiden

genannten Bupleurumarten geht hervor, dass auch Käfer
trübgelbe Blumen aufzufinden wissen — gegen die früher
(S. 108 meines Werks) von mir ausgesprochene Vermutbung.

(38) **Oenanthe fistulosa L.** T. Tullberg führt in
einem Aufsatze (Botaniska Notiser 1868. p. 12, 13) an, dass
nach Areschong das Enddöldchen dreistrahlig mit frucht-
barer innerer Blüthe und unfruchtbaren (rein männlichen)
äusseren sei; die Seitendöldchen 3—7strahlig mit unfruchtbaren (rein männlichen) Blüthen. Das Verkümmern der
Pistille der Seitendöldchen lasse sich daraus erklären, dass
Pistillen hier nutzlos wären, weil bei der ausgeprägt proterandrischen Dichogamie der Pflanze die zuletzt entwickelten Blüthen doch unbefruchtet bleiben müssten. Die
Unfruchtbarkeit der äusseren Blüthen der Enddöldchen
müsse dagegen eine andere, ihm unbekannte Ursache
haben.

417. **Aethusa Cynapium L.** Besucher (Nassau, Dr.
Buddeberg):

A. Diptera: *Syrphidae:* 1) Ascia podagrica F. Pfd. sehr
zahlreich. 2) Helophilus floreus L. hld. und Pfd. 3) Paragus cinctus
Schiner, hld. B. Hymenoptera: *Tenthredinidae:* 4) Tentbredo bicincta L. hld. *Sphegidae:* 5) Crabro vexillatus Pz. ♂ hld. 6) Pompilus concinnus Dhlb. ♀ hld. *Apidae:* 7) Prosopis obscurata Schenck
(punctatissima Sm.) ♂. 8) P. communis Nyl. ♀. 9) P. signata Pz.
♂. 10) P. sinuata Schenck ♂ ; alle 4 hld.

(39) **Oenanthe Phellandrium Lam.** Weitere Besucher:
Coleoptera: *Coccinellidae:* 21) Coccidula rufa Hbst. hld.

(40) **Angelica silvestris L.** Weitere Besucher: (Thüringen, Aug. 73)

A. Diptera: *Syrphidae:* 31) Syrphus balteatus DeG. hld. B.
Coleoptera: *Malacodermata:* (14) Telephorus melanurus L. hld.
Nitidulidae: (17) Meligethes häufig. C. Hymenoptera: *Ichneumo-
nidae:* verschiedene Arten. *Sphegidae:* 32) Crabro cephalotes H. Sch.
♀ hld. 33) Ceropales maculata F. ♂ hld. *Vespidae:* (26) Vespa rufa
L. ♀ hld. 34) V. silvestris (holsatica F.) ♂ hld. *Formicidae:* 35)
Myrmica laevinodis Nyl. ♀ hld. D. Lepidoptera: 36) Melitaea
Athalia Esp. D. Neuroptera. (30) Panorpa communis L. hld.

418. **Peucedanum Oreoselinum Mnch.** Besucher:
Lepidoptera: *Sphingidae:* 1) Zygaena meliloti Esp. sgd.
oder versuchend. (17/7 73. Kitzingen.)

419. **Thryesselinum palustre Hoffm.** Besucher (Lippstadt, Juli, Aug.):

Diptera: *Bibionidae:* 1) Dilophus vulgaris Mgn. hfg. *Muscidae:* 2) Sepsis sp. 3) Aricia sp. *Syrphidae:* 4) Helophilus floreus L. hld. 5) Eristalis arbustorum L. hld. B. Coleoptera: *Malacodermata:* 6) Telephorus melanurus L. hld. 7) Dasytes flavipes F. hld. C. Hymenoptera: *Ichneumonidae:* 8) verschiedene Arten. *Sphegidae:* 9) Entomognathus brevis v. d. L. ♂ in Mehrzahl sgd. *Apidae:* 10) Prosopis clypearis Schenck ♂ sgd.

(44) **Pastinaca sativa L.** Weitere Besucher (Nassau, Dr. Buddeberg):

A. Diptera: *Syrphidae:* 3) Syritta pipiens L. Pfd. B. Hymenoptera: *Sphegidae:* 15) Myrmosa melanocephala F. ♂ 15/7 75.

(45) **Heracleum Sphondylium L.** Weitere Besucher:

A. Diptera: *Bibionidae:* 119) Dilophus vulgaris Mgn.; ♀ häufig, ♂ spärlich. *Bombylidae:* 120) Anthrax hottentotta L. (N. B.) *Conopidae:* 121) Myopa occulta Mgn. (Sauerland). *Muscidae:* 122) Cynomyia mortuorum L. hld. (N. B.) (28) Echinomyia magnicornis Zett. (N. B.) 123) E. lurida F. (N. B.) 124) Mesembrina meridiana L. 125) Phasia analis F. (b. Oberpf.). 126) Pollenia Vespillo F. *Syrphidae:* 127) Ascia lanceolata Mgn. 128) Cheilosia oestracea L. (b. Oberpf.) häufig. 129) Melanostoma mellina L. 130) Syrphus baltcatus DeG. 131) Volucella pellucens L. hld. (N. B.) *Tabanidae:* 132) Tabanus micans Mgn. (N. B.) B. Coleoptera: *Cerambycidae:* 133) Leptura maculicornis DeG. (b. Oberpf.) häufig. 134) L. testacea L.; daselbst; desgl. (N. B.). (66) Pachyta octomaculata F. (b. Oberpf.; N. B.) 135) Strangalia armata Hbst. (N. B.) 136) Str. attenuata L. (b. Oberpf.; N. B.) *Lamellicornia:* 137) Cetonia (Oxythyrea) stictica L. häufig, zarte Blüthentheile abfressend. Strassburg Juni 76. H. M. 138) C. hirtella L. (N. B.) sehr häufig. *Malacodermata:* 62) Trichodes apiarius L. (b. Oberpf.) *Mordellidae:* 63) Mordella fasciata F. hld. (b. Oberpf.) C. Hymenoptera: *Tenthredinidae:* 139) Hylotoma enodis L. (b. Oberpf.) 140) Tenthredo bicincta L. (non F.!) (N. B.) 141) T. marginella Kl. (N. B.) 142) T. rustica L. (N. B.) 143) T. strigosa F. (N. B.) 144) T. albicornis F. ♀ (b. Oberpf.) *Sphegidae:* 145) Cerceris quadrifasciata F. (b. Oberpf.) 146) Hoplisus quadrifasciatus F. ♂ (b. Oberpf.) 147) H. quinquecinctus F. ♀ ♂ (b. Oberpf.) häufig. 148) Myrmosa melanocephala F. ♂. 149) Nysson maculatus v. d. L. ♀ (b. Oberpf.) 150) N. spinosus F. hld. 151) Pompilus neglectus Wesm. ♂ (b. Oberpf.) *Vespidae:* 152) Odynerus bifasciatus L. ♀ ♂ (3/8 72). 153) O. gazella Pz. ♂ (8/8 72). 154) Vespa germanica F. ♂ ♀ häufig. *Apidae:* 155) Andrena argentata Sm. ♀ Psd. (10/8 73). 156) A. nitida K. ♀ einzeln (N. B.) 157) A. tibialis K. ♀ einzeln

(N. B.) 158) Halictus lugubris K. ♀ in Mehrzahl. 159) H. tetrazonius Kl. (quadricinctus F. olim) ♀ (N. B.) *Evaniadae:* 160) Foenus sp. hld. (N. B.) E. Lepidoptera: *Rhopalocera:* 161) Thecla betulae L. andauernd sgd. (3/8 72). *Tincina:* 162) Hyponomeuta sp. (11/8 73). 163) Nemotois Scabiosellus Scop. ♀ sgd. (N. B.) F. Neuroptera: 164) Panorpa communis L. hld. in Mehrzahl 14/8 73.

(46) **Torilis Anthriscus L.** Weitere Besucher:

A. Diptera: *Dolichopidae:* 10) Gymnopternus germanus Wiedem. hld. (13/7 72). *Syrphidae:* 11) Ascia podagrica F. hld. B. Hymenoptera: *Tenthredinidae:* (2) Tenthredo notha Kl. (N. B.) *Sphegidae:* 12) Crabro cribrarius L. ♂ (b. Oberpf.) 13) Cerceris quinquefasciata Rossi ♂ hld. (N. B.) D. Coleoptera: *Malacodermata:* 14) Trichodes apiarius L. hld. (b. Oberpf.)

(47) **Daucus Carota L.** Weitere Besucher:

A. Diptera: *Muscidae:* 63) Phasia crassipennis F. (N. B.) *Syrphidae:* 63) Pipiza annulata Macq. (N. B.) 64) Cheilosia barbata Loew. sgd. 65) Ch. variabilis Pz. sgd. (N. B.) B. Coleoptera: *Cerambycidae:* 66) Strangalia armata Illbst. (Thür.) *Coccinellidae:* 67) Coccinella mutabilis Scriba hld. 68) C. quinquepunctata L. hld. *Malacodermata:* 69) Trichodes apiarius L. hld. (Thür; N. B.) 70) Telephorus melanurus L. in copula, hld. C. Hymenoptera: *Tenthredinidae:* (34) Tenthredo notha Kl. hld. (N. B.) 71) Hylotoma rosarum F. hld. (N. B.) Lepidoptera: *Rhopalocera:* 72) Hesperia malvarum Ill. (N. B.)

420. **Orlaya grandiflora Hoffm.** (Thüringen 7. und 8. Juli 1873.) Fig. 25—29.

Die Blüthengesellschaften dieser Dolde sind vor anderen durch die doppelte Differenzirung ihrer Blumenindividuen in Bezug auf Augenfälligkeit und geschlechtliche Funktion ausgezeichnet.

1. Die in der Mitte der Döldchen stehenden Blüthen (Fig. 27—29) sind rein männlich, mit kleinen einwärtsgekrümmten Blumenblättern; ihr Durchmesser beträgt etwa 1½ mm; die Staubgefässe spreizen sich nach allen Seiten hin 2—2½ mm lang aus ihnen hervor; sie lassen das Rudiment eines Ovariums, aber inmitten des von den einwärts gebogenen Blumenblättern überdeckten Nektariums keine Spur eines Griffels oder einer Narbe erkennen. 2) Die am Rande der Döldchen, aber nicht zugleich am Rande der ganzen Blüthengesellschaft stehenden Blüthen (Fig. 26) sind in der Regel ganz geschlechtlos, in vereinzelten Fällen

weiblich und fruchtbar. Sie stimmen in Grösse, Gestalt und Einwärtsbiegung ihrer Blumenblätter mit den mittleren Döldchenblüthen überein, nur ihr an der Aussenseite des Döldchens stehendes Blumenblatt ist flach ausgebreitet und stark vergrössert, bei der von mir gezeichneten Blüthe z. B. fast 3 mm lang und breit und für sich allein eine über 5mal so grosse Fläche bildend als die ganze übrige Blüthe.

Wenn man von den nur vereinzelt vorkommenden weiblichen Blüthen dieser Individuenklasse absieht, so lässt sich das Verkümmern ihrer Geschlechtsorgane als Compensation des Wachsthums erklären. Was das im Dienste der Augenfälligkeit der Döldchengesellschaft so stark vergrösserte Blumenblatt an Bildungsstoff zu viel empfängt, erhalten die Staubgefässe und Stempel oder wenigstens die Staubgefässe zu wenig; sie verkümmern daher. Lässt man aber diese Erklärung gelten, so muss das Verhalten der dritten Klasse von Individuen um so auffallender erscheinen, nämlich: 3. Die am Rande der ganzen Doldengesellschaft stehenden Blüthen (Fig. 25) vergrössern ihr nach aussen stehendes Blumenblatt, welches sie ebenfalls flach auseinanderbreiten und nach aussen richten, ganz kolossal. Dasselbe ist tief zweispaltig und bei der von mir gezeichneten Blüthe z. B. 12 mm lang und jeder seiner beiden Zipfel 5 mm breit. Nach dem Gesetze der Compensation des Wachsthums sollte man also gewiss vollständigste Verkümmerung seiner übrigen Theile, namentlich seiner geschlechtlichen Organe erwarten. Statt dessen sind aber nicht nur die übrigen, einwärtsgekrümmten Blumenblätter reichlich so gross als die einwärtsgekrümmten der beiden andern Individuenklassen, sondern auch die Stempel sind kräftig entwickelt, und diese mit einer kolossalen die Augenfälligkeit steigernden Blattfläche versehenen Blüthen sind gerade die einzigen regelmässig fruchtbaren der ganzen Gesellschaft; an einem einzigen Stocke fand ich sie sogar ausser mit entwickelten Stempeln auch noch mit entwickelten Staubgefässen versehen.

Offenbar verhalten sich also die einzelnen Blüthen, welche zusammen eine Orlayadolde bilden, nicht mehr wie

gleichwerthige Individuen, sondern die am Rande der
ganzen Dolde stehenden erhalten unverhältnissmässig mehr
Bildungsstoff zugeführt, als die von ihnen umschlossenen.
Ueberblickt man die Dienste, welche sie der Gesellschaft
leisten und, vermöge ihrer Stellung am Aussenrande, auch
allein von allen Blüthen zu leisten im Stande sind, so
wird man die vermehrte Nahrungszufuhr als vollständig
ihrer physiologischen Bedeutung entsprechend anerkennen.
Denn offenbar ist es nur den Randblüthen der ganzen
Dolde möglich, durch immer stärkere Vergrösserung des
äusseren Blumenblattes die Augenfälligkeit der ganzen
Gesellschaft immer stärker zu steigern, und da das Auffliegen der Besucher natürlich in der Regel auf die am
meisten in die Augen fallenden Flächen der Randblumen-
blätter fällt, so ist es bei eintretendem Insektenbesuche augenscheinlich die wirksamste Sicherung der Kreuzung getrennter
Stöcke oder wenigstens getrennter Dolden, wenn die Randblüthen weiblich sind, da sie ja zuerst von den anfliegenden,
nur mit fremden Pollen behafteten Insekten passirt werden.
Den weiter im Innern der Dolde gelegenen Blüthen bleibt
dann nur die Production von Pollen und Nektar zu leisten
übrig. Sie können als unter sich gleichwerthige Individuen betrachtet werden, welche je nach ihrer Stellung am
Rande oder in der Mitte eines Döldchens, ihre Blumenblätter verschieden ausbilden und durch Compensation des
Wachsthums auch ihre geschlechtliche Ausbildung weiter
differenziren.

Indem nun bei Orlaya in der beschriebenen Weise
die einzelnen Blüthen im Dienste der Gesellschaft in Bezug auf die ihnen zu Theil werdende Nahrung ungleich-
werthig werden, so dass die, welche der Gesellschaft am
meisten nützen können, auch am meisten Bildungsstoff
empfangen, stellt uns die ganze Dolde, mehr als es sonst
in der Regel bei Blüthengesellschaften der Fall ist, ein
Individuum höherer Ordnung dar, welches um so Voll-
kommneres leistet. Denn obwohl zwischen dem Getreide
wachsend machen sich die Orlayadolden in dem Grade
bemerklich, dass ihnen in der Regel reichlicher Insektenbesuch zu Theil wird und sie selbst die Möglichkeit der

Sichselbstbefruchtung entbehren können. Besucher (Thür. 7. 8. Juli 1873):

A. Diptera: *Bombylidae:* 1) Ploas grisea F. sgd. *Empidae:* 2) Empis livida L. sgd. *Syrphidae:* 3) Syritta pipiens L. häufig. *Muscidae:* 4) Ulidia erythrophthalma Mgn., in grösster Menge sgd. 5) Gymnosoma rotundata L. sgd. 6) Ocyptera brassicaria F. sgd. 7) Anthomyiaarten B. Coleoptera: *Malacodermata:* 8) Dasytes subaeneus Schh. 9) Danacaea pallipes Pz. hld. *Mordellidae:* 10) Mordella fasciata F. hld. zahlreich. *Curculionidae:* 11) Spermophagus cardui Schh. *Cerambycidae:* 12) Strangalia bifasciata Müll. hld. C. Hymenoptera: *Formicidae:* 13) mehrere Arten. *Apidae:* 14) Halictus maculatus Sm. ♀ Psd. D. Lepidoptera: *Rhopalocera:* 15) Coenonympha pamphilus L. sgd.

421. Caucalis daucoides. Besucher:
Hemiptera: 1) Tetyra nigrolineata L. Thüringen 10/7 73.

(48) Anthriscus silvestris Hoffm. Weitere Besucher:
A. Diptera. *Empidae:* 74) Empis livida L. sgd. *Muscidae:* 73) Platystoma seminationis L. *Syrphidae:* 74) Xylota lenta Mgn. (Tekl. Bo.) *Chironomidae:* 75) Ceratopogon sp. sgd. B. Coleoptera: *Malacodermata:* 76) Malachius pulicarius F. hld. (Thür.) 77) Anthocomus fasciatus F. hld. häufig (Thür.) 78) Trichodes apiarius L. hld. häufig (Thür.) *Coccinellidae:* 79) Coccinella 7 punctata L. hld. 80) C. 14punctata L. hld. *Dermestidae:* 81) Tiresias serra F. hld. häufig (Thür.) 82) Anthrenus claviger Er. hld., häufig (Thür.) 83) A. scrophulariae L. hld. häufig (Thür.) C. Hymenoptera: *Tenthredinidae:* 84) Hylotoma rosarum F. (Thür.) hld. 85) Cimbex sericea L. in Mehrzahl (Rixbeck bei L.) *Cynipidae:* 86) Eucoila subnebulosa Gir. teste Schenck! ♀ hld. (Thür.) *Braconidae:* 87) Microgaster spec. hld. (Thür.) *Sphegidae:* 88) Psen atratus Pz. ♀ hld. (Thür.) *Apidae:* 89) Andrena dorsata K. ♀ Psd. (Thür.) 90) Colletes Davieseana K. ♂ sgd. (Thür.) 91) Prosopis annularis Sm. ♀ hld. (Thür.) 92) P. confusa Nyl. (hyalinata Sm.) ♂ hld. (Thür.) 93) P. armillata Nyl. ♂ sgd. (Thür.) 94) Chelostoma campanularum K. ♀ ♂ hld. (Thür.). D. Neuroptera: 95) Panorpa communis L. hld. E. Hemiptera: 96) Systellonotus triguttatus L. sgd. F. Lepidoptera: *Rhopalocera:* 97) Thecla betulae L. (N. B.) *Tortricina:* 98) Grapholitha compositella F. (gundiana H.) sgd. (teste Speyer!)

(50) Chaerophyllum temulum L. Weitere Besucher:
A. Diptera: *Syrphidae:* (8) Helophilus floreus L. sgd. und Pfd. (N. B.) 24) Cheilosia sp. Pfd. (N. B.) B. Coleoptera: *Cerambycidae:* 25) Obrium brunneum F. hld. (N. B.) 26) Pachyta 8maculata F. (N. B.) 27) Strangalia armata Hbst. (L.; N. B.) *Nitidulidae:* 28) Meligethes aeneus F. hld. 29) Epuraea aestiva L. hld. *Mordellidae:*

30) Anaspis rufilabris Gyll. hld. C. Hymenoptera: *Tenthredinidae:*
31) Hylotoma coerulescens F. hld. *Sphegidae:* 32) Crabro dives H. Sch.
♂ hld. *Apidae:* 33) Androua parvula K. ♀ sgd.

(52) **Myrrhis odorata Scop.** Weitere Besucher (Lippstadt, Ende Mai 73):

A. Diptera: *Empidae:* 7) Empis punctata F. sgd., auch in
copula. 6) E. vernalis Mgn. ♂ 9) E. stercorea L. sgd. häufig. 10)
Rhamphomyia umbripennis Mgn. ♀. 11) Platypalpus candicans Fallen.
Syrphidae: 12) Bacha elongata F. sgd., einzeln. *Muscidae:* 13) Anthomyia aterrima Mgn. und andere Arten. 14) Coenosia intermedia
Fallen. 15) Cordylura pubera L. 16) Scatophaga lutaria F. 17) Dryomyza flaveola L. 18) Sepsisarten in Mehrzahl. 19) Nemopoda stercoraria Rob. Desv. 20) N. cylindrica F. 21) Piophila casei L. 22) Calobata cothurnata Pz. in Mehrzahl. 23) Psila fimetaria L. in Mehrzahl. 24) Chlorops hypostigma Mgn., häufig. *Tipulidae:* 25) Tipularten. B. Coleoptera: *Dermestidae:* 26) Anthrenus scrophulariae L.
in grösster Zahl, hld. *Nitidulidae:* 27) Meligethes aeneus F. hld.
einzeln. 28) Epuraea sp. häufig. *Mordellidae:* 29) Mordella pumila
Gyll. hld. einzeln. 30) Anaspis frontalis L. hld., zahlreich. *Cerambycidae:*
31) Grammoptera ruficornis F., in Mehrzahl. C. Hymenoptera:
Tenthredinidae: 32) Tenthredo viridis L. hld. 33) T. flavicornis L.
hld. 34) T. bicincta L. hld. 35) T. rapae Kl. hld. 36) Athalia rosae
L. *Formicidae:* 37) Lasius brunneus Latr. ☿ und andere Ameisenarten. Ausserdem zahlreiche Ichneumoniden und Pteromaliden.

(53) **Conium maculatum ,L.** Weitere Besucher:

A. Diptera: *Stratiomydae:* 14) Chrysomyia formosa Scop. sgd.
Dolichopidae: 15) Gymnopternus germanus Wied. sgd. *Syrphidae:*
16) Chrysogaster coemeteriorum L. sgd. 17) Eristalis arbustorum L.
18) E. nemorum L. 19. Helophilus floreus L, (N. B.) 20) Syrphus
ribesii L. sgd. 21) Syritta pipiens L. (N. B.) *Muscidae:* 22) Phasia
analis F. (N. B.) 23) Aricia vagans Fallen (N. B.) 24) Musca domestica L. 25) M. corvina F. sgd. 26) Anthomyiaarten. 27) Cyrtoneura curvipes Macq. sgd. B. Coleoptera: *Malacodermata:* 28) Telephorus melanurus L. hld. C. Hymenoptera: *Tenthredinidae:*
29) Hylotoma coerulescens L. hld. (N. B.) 30) H. segmentaria Pz.
hld. (N. B.) *Sphegidae:* 31) Crabro striatus H. Sch. ♀ hld. (N. B.)
32) Cr. subterraneus Pz. ♂ (N. B.) 33) Gorytes Fargei Shuk.
(campestris L., olim.) hld. (N. B.) *Ichneumonidae:* 34) verschiedene
Arten. D. Neuroptera: 35) Panorpa communis L. hld. E. Hemiptera: 36) Tetyra nigrolineata L. sgd. (N. B.).

Ranunculaceae (S. 111).

(57) **Clematis recta L.** Weitere Besucher:
Diptera: *Syrphidae:* 20) Chrysogaster Macquarti Loew. Pfd.
21) Xylota seguis F. Pfd.

422. **Clematis Vitalba L.** Besucher:

Hymcnoptcra: *Vespidae:* 1) Odynerus parietum L. ♂ (N. B.)
Apidae: 2) Halictus nitidiusculus K. ♀ Psd. (N. B.) 3) Apis mellifica
L. ☿ Psd. sehr häufig (Thür.).

423. **Thalictrum minus L.** Die einer gefärbten Blüthenhülle entbehrenden honiglosen Blumen stehen meist nach
unten, oft auch nach den Seiten gerichtet und lassen aus
ihrem bald 4- bald 5-blättrigen Kelche die zahlreichen
Staubgefässe an langen, besonders nach der Basis zu
dünnen Staubfäden schlaff herabhängen, so dass sie bei
jedem Luftzug lebhaft hin und her flattern, ganz wie bei
ausgeprägtesten Windblüthen. Die schwefelgelben Staubbeutel aber bleiben, während die Narben entwickelt sind,
noch lange nach dem Aufblühen geschlossen; sie öffnen
sich erst, wenn die Kelchblätter nahe am Abfallen sind,
und auch dann nicht auf einmal, sondern allmählig. Sie
sind daher längere Zeit im Stande, einen Theil ihres Pollens
bei einem leichten Anstoss zu entlassen; aber ein grosser
Theil desselben bleibt an den Staubbeuteln haften, und
noch nach dem Abfallen der Kelchblätter sicht man alle
Staubbeutel auf ihrer ganzen Aussenfläche reichlich mit
Pollenkörnern überkleidet. Auch werden durch die schwefel-
gelbe Farbe der Staubbeutel bisweilen Insekten angelockt,
welche den Pollen verzehren oder sammeln und so von
Blüthe zu Blüthe fliegend auch Uebertragung des Blüthenstaubes auf die Narben bewirken, freilich eben so leicht
Selbst- als Fremdbestäubung; während bei zeitiger Befruchtung durch den Wind durch proterogynische Dichogamie
Fremdbestäubung gesichert ist.

Die Blüthen von Thalictrum minus sind hiernach wohl
als aus Insektenblüthen hervorgegangene Windblüthen zu
betrachten, welche als Erbstück von ihren insektenblüthigen
Stammeltern her noch das allmälige Oeffnen der Staub-

beutel, eine gewisse Klebrigkeit des Pollens und vielleicht auch die Augenfälligkeit der Staubbeutel beibehalten haben.

Besucher. A. Diptera: *Syrphidae:* 1) Syrphus sp. Pfd. (N. B.) B. Coleoptera: *Oedemeridae:* 2) Oedemera virescens L. Pfd. (Thür.) 424. **Hepatica triloba Gil.** (Anemone hepatica L.) Die von einer vielblättrigen, lebhaft blau gefärbten Blüthenhülle umschlossenen, einfachen, offenen, regelmässigen Blüthen sind homogam, honiglos und daher nur Pollen suchende Insekten als Kreuzungsvermittler anzulocken im Stande. Am sonnigen Mittag des 11. April 1875 beobachtete ich an der östlichen Thalwand der Pöppel'sche folgende

Besucher: A. Diptera: *Syrphidae:* 1) Eristalis tenax Pfd., häufig. B. Hymenoptera: *Apidae:* 2) Apis mellifica L. ☿ Psd., sehr zahlreich. 3) Osmia rufa L. ♂ vergeblich nach Honig suchend. C. Lepidoptera: *Rhopalocera:* 4) Colias (Rhodocera) rhamni L., längere Zeit auf der Blüthe sitzend und mit der Spitze des ausgestreckten Rüssels an verschiedenen Stellen des Blüthengrundes umhertastend.

425. **Pulsatilla vulgaris Mill.** (Anemone Pulsatilla L.) Thür. 4/73. Während des grössten Theils der Blüthezeit sind Staubgefässe und Narben zugleich functionsfähig, doch habe ich versäumt zu beachten, ob etwa zu Anfang der Blüthezeit nur die Staubgefässe oder nur die Narben zur Reife entwickelt sind. Jedenfalls kann eine etwa stattfindende Ungleichzeitigkeit in der Entwicklung der beiderlei Geschlechtsorgane nur unbedeutend sein, auch kaum erheblich in Bezug auf Sicherung der Kreuzung, da dieselbe bei eintretendem Besuche geeigneter Insekten schon durch das über die Staubgefässe Hervorragen der Narben gesichert ist. Als Kreuzungsvermittler dienen Bienen, welche theils den Blüthenstaub sammeln, den die zu Hunderten vorhandenen Staubgefässe in so reichlicher Menge liefern, theils den Honig saugen, der von kurz gestielten Knöpfchen, den umgewandelten äussersten Staubgefässen, abgesondert wird. Als Diebe dieses Honigs finden sich trotz dieser frühen Jahreszeit ungemein häufig Ameisen ein. Als Besucher beobachtete ich überhaupt, bei Mühlberg, Kreis Erfurt, 15. April 1873, folgende Insekten:

A. Hymenoptera: *Apidae:* 1) Apis mellifica L. ☿ sgd. und Psd., sehr häufig. 2) Bombus terrestris ♀; sie beutet den Honig aus, indem sie mit dem Bauche auf Staubgefässen und Stempeln liegt und sich Honig saugend in der Blüthe rings herumdreht — in Mehr-zahl. 3) B. lapidarius L. ♀ sgd., einzeln. 4) Halictus cylindricus F. ♀ Psd. in Mehrzahl. 5) H. morio F. ♀ Psd. 6) Andrena Gwy-nana K. ♂ sgd. *Formicidae:* 7) Leptothorax interruptus Sch. ☿. 8) Myrmica ruginodis Nyl. ☿. 9) M. scabrinodis N. ☿. 10) M. lae-vinodis N. ☿. 21) Lasius alienus Foerst. ☿. 12) Tapinoma crrati-cum Latr. ☿; diese 6 Ameisen als Honigdiebe häufig. B. Coleop-tera: *Nitidulidae:* 13) Meligethes hld. *Meloidae:* 14) Meloelarven. C. Hemiptera: 15) Rhyparochromus vulgaris Schill. D. Thysa-noptera: 16) Thrips zahlreich.

426. Anemone silvestris L. stimmt in der einfachen Einrichtung der regelmässigen, offenen, honiglosen Blüthen ganz mit Anemone nemorosa L. (S. 112) überein, hat aber eine viel augenfälligere Blüthenhülle, welche im letzten Entwicklungszustande, in dem sie sich ganz auseinander-breitet, bis 70 mm Durchmesser erreicht. Sie lockt daher un-gleich zahlreichere Insekten an sich, wie schon die nachfol-gende Liste in meinem Garten beobachteter Besucher zeigt.

A. Hymenoptera: *Apidae:* 1) Apis mellifica Psd. zahlreich; auch sgd. B. Diptera: *Syrphidae:* 2) Pipiza funebris Mgn. 3) Ascia podagrica F. 4) Rhingia rostrata L. 5) Syritta pipiens L. häufig. 6) Eristalis arbustorum L. häufig. 7) E. nemorum L. häufig. 8) E. tenax L. häufig. 9) Helophilus floreus L., sämmtliche Schwebfliegen eifrig Pfd. *Empidae:* 10) Rhamphomyia sp. 11) Tachydromia con-nexa Mgn. *Muscidae:* 12) Calliphora vomitoria L. 13) Anthomyia-arten Pfd. 14) Chlorops hypostigma Mgn. *Bibionidae:* 15) Bibio hor-tulanus L., ohne Ausbeute. C. Coleoptera: *Dermestidae:* 16) By-turus fumatus F. Pfd. *Lamellicornia:* 17) Phyllopertha horticola L., Blüthentheile abweidend. *Malacodermata:* 18) Dasytes flavipes F. 19) Malachius bipustulatus F. Antheren fressend. *Mordellidae:* 20) Anaspis rufilabris Gylh., Pfd. *Cerambycidae:* 21) Grammoptera ruficornis Pz. Antheren fressend.

(60) Anemone nemorosa L. Weitere Besucher:
A. Hymenoptera: *Apidae:* 8) Bombus terrestris L. ♀ ein Exemplar, andauernd Psd. (Rixbecker Busch. 1/4 73). 9) Andrena parvula K. ♀ Psd. (N. B.) B. Diptera: *Syrphidae:* 10) Eristalis tenax L. mit dem Rüssel in den Grund der Blüthen tupfend, als ob da Honig sein müsste, dann Pfd. C. Coleoptera: *Mordellidae:* 11) Anaspis frontalis L. Pfd. D. Thysanoptera: 12) Thrips.

427. Anemone ranunculoides L. Besucher (Thür., 12/4 73):
A. Hymenoptera: *Apidae:* 1) Apis mellifica L. ☿ sgd. und

Psd. häufig. B. Diptera: *Bombylidae*: 2) Bombylius discolor Mgn. senkte einmal den Rüssel in den Blüthengrund, offenbar um zu probiren, ob Honig da wäre, verliess aber dann sogleich die Blüthe und flog zu Pulmonaria officinalis über, an der er nun andauernd saugte.

428. Adonis vernalis L. (Mühlberg, Kreis Erfurt, Mitte April 1873). Die honiglosen Blüthen sind von fünf unscheinbaren bräunlichen Kelchblättern, welche der noch unentwickelten, und später der sich schliessenden Blume als Schutzhülle dienen, und von zahlreichen (13—20) langgestreckten (20 bis gegen 40 mm langen) glänzend gelben Blumenblättern umschlossen, welche letztere sich in warmem Frühlingssonnenschein zu einer hell leuchtenden Scheibe von 40 bis 70 mm Durchmesser auseinanderbreiten und da die blüthentragenden Stempel auf kahlen Keupermergelhügeln in dichten Gruppen bei einander stehen, schon aus weiter Entfernung sich bemerklich machen.

Wenn die Blüthe, der Sonne zugewandt, sich öffnet, steht in ihrer Mitte ein kugeliges Köpfchen aus zahlreichen Fruchtknoten (ich zählte 81, 92, 78, 87, 75) mit entwickelten Narben; die dasselbe umgebenden, noch weit zahlreicheren Staubgefässe (ich zählte 133, 191, 165, 117, 140) sind noch nicht zur Reife entwickelt und gerade nach aussen gerichtet, so dass das centrale Köpfchen der Stempel zunächst von einem dichten Ringe der 3- bis 4fach übereinander liegenden Staubbeutel umgeben erscheint. Wird die Blüthe in diesem Zustande von einem bereits mit Pollen behafteten Insekte besucht, so erleidet sie, wenn dasselbe sich auf der Mitte aufsetzt oder über dieselbe hinwegläuft, jedenfalls Fremdbestäubung. Allmählig fangen nun die Staubgefässe an, sich aufzurichten und zu beiden Seiten des breiten Connectivs nach den Seiten hin aufzuspringen. Die äussersten Staubgefässe machen damit den Anfang. Indem sie sich aufrichten, während die weiter nach innen stehenden noch nach aussen gebogen bleiben, treten sie zwischen denselben hindurch und nähern sich der Blüthenmitte mehr, als diese. Wenn alle Staubgefässe aufgesprungen sind und sich aufgerichtet haben, so stehen sie, das kuglige Köpfchen der Stempel noch etwas überragend, rings um dasselbe herum, so dass besuchende Insekten nun eben so

leicht Selbstbefruchtung als Kreuzung bewirken können
Wenn bei trübem Wetter die Blüthe sich schliesst, so
kommen die inneren Staubgefässe leicht mit Narben in
Berührung; auch fällt in Folge der Sonnenwendigkeit der
Blüthe leicht Pollen auf Narben herab, so dass bei ausbleibendem Insektenbesuche Sichselbstbestäubung kaum ausbleiben wird.

Besucher: (Mühlberg, 15. und 16. April 1873).

A. Hymenoptera: *Apidae:* 1) Apis mellifica L. ☿ in grösster
Zahl, Psd. 2) Bombus terrestris L. ♀, an eine Blüthe anfliegend,
aber weder saugend noch Psd. 3) Andrena nitida K. ♀ desgl.
4) Andrena parvula K. ♀ Psd. 5) Halictus cylindricus F. ♀ Psd.
zahlreich. 6) H. albipes F. ☿ desgl. 7) H. morio F. ♀ desgl.
Formicidae: 8) Formica congerens N. ☿ sehr häufig, mit dem Munde
sowohl an den Staubbeuteln (Pfd.?) als an den Narben beschäftigt
(Narbenfeuchtigkeit leckend?) B. Coleoptera: *Nitidulidae:* 9) Meligethes, in grösster Zahl, Pfd. *Coccinellidae:* 10) Micraspis 12 punctata L., 4 Stück in einer Blüthe, eines an den Narben leckend.
C. Hemiptera: 11) Lygaeus equestris L., sehr zahlreich, mit dem
Rüssel in den Blüthengrund bohrend. D. Thysanoptera: 12)
Thrips, nicht selten. In manchen Blüthen fand sich, auf Beute
lauernd, eine Spinne.

429. **Myosurus minimus L.** (Nature Vol. X. p. 129.
Fig. 32—38) ist ebenso bemerkenswerth durch die grosse
Variabilität in der Grösse seiner Blüthen und in der Zahl
der Blüthentheile, als durch das enorme Wachsthum des
von den Stempeln gebildeten Kegels, dessen physiologische
Bedeutung in nichts Anderem besteht, als bei ausbleibendem Insektenbesuche die Selbstbefruchtung der zahlreichen
Narben durch die kleine Zahl der Staubgefässe zu bewirken.

Die Grösse der Blumen variirt von 2½—5 mm Durchmesser. Die Zahl der Kelchblätter, Blumenblätter und
Staubgefässe habe ich bei 100 von mir untersuchten Blüthen
festgestellt und in meinem Aufsatze über Myosurus in der
Nature mitgetheilt. Leider aber müssen, wie ich jetzt erst
gewahr werde, in den dort mitgetheilten Zahlen 2 Druck-
fehler untergelaufen sein, die ich nun nicht mehr zu be-
richtigen im Stande bin, so dass dadurch jene ganze Zahlen-

angabe werthlos wird. Ich behalte mir vor, diese Zählung zu wiederholen.

Kreuzung ist bei eintretendem Insektenbesuche durch folgende Blütheneinrichtung begünstigt. Sobald die Blume sich öffnet, streckt sie die schmalen Endlappen ihrer Blumenblätter nach Aussen, deren jedes aus einem flachen Grübchen ein Honigtröpfchen absondert und unmittelbar sichtbar darbietet. Die Staubgefässe, welche rings um den von den Stempeln gebildeten Kegel stehen und demselben dicht angedrückt sind, springen an den beiden Seiten mit je einem Längsspalt auf und bedecken sich alsbald auf ihrer ganzen Aussenseite mit Pollen. Die kleinen Besucher, welche die Nektarien auslecken und an dem aus der Blüthe hervorragenden Kegel umherlaufen, behaften sich daher leicht an ihrer Unterseite mit Pollen und setzen denselben ebenso leicht an den Narben derselben oder anderer Blüthen ab. Da sie in jungen Blüthen, in denen die Stempel nur ein kugeliges Köpfchen oder einen kurzen Kegel bilden, in der Regel auf den Gipfel desselben auffliegen, so bewirken sie in diesen meistens Kreuzung.

In Folge ihrer Unansehnlichkeit wird jedoch den Blüthen nur ziemlich spärlicher Insektenbesuch zu Theil, so dass nach zahlreichen Beobachtungen zu urtheilen, vielleicht $^9/_{10}$ derselben von Besuchern unberührt bleibt und Selbstbefruchtung sehr häufig in Anwendung kommt.

Dieselbe vollzieht sich in der That in so regelmässiger und durchgreifender Weise, dass nur die von Anfang an über den Antheren befindlichen Narben von derselben verschont bleiben.

Indem nämlich der von den Stempeln gebildete Kegel sich immer mehr in die Länge streckt, rücken immer neue Narben an die Antheren heran, werden mit 5 oder mehr der an den Seiten derselben sitzenden Pollenkörner behaftet, rücken über die Antheren hinaus und lassen neue, von unten her nachgeschoben werdende Narben an ihre Stelle treten, wovon man sich leicht überzeugen kann, wenn man eines der Ovarien mit einem Tintenflecken zeichnet. Ausserdem fällt etwas Pollen von den Antheren auf die tiefer stehenden Narben herab, so dass in der That in der Regel

nur solche Narben der Selbstbestäubung entgehen, welche
von Beginn der Blüthezeit an die Antheren überragen. Als
Besucher beobachtete ich, auf Aeckern am Wege von Lippstadt nach Westernkotten, auf denen ich vom 10. bis 16
Mai 1873 bei sonnigem Wetter zahlreiche Blüthen stundenlang überwachte, ausser einer kleinen Haltica und einigen
Ichneumoniden und Pteromaliden nur Dipteren und zwar
meistens ganz winzige Fliegen und Mücken, nämlich:

Fliegen: *Syrphidae:* 1) Melanostoma mellina L. ein einziges
Exemplar *Muscidae:* 2) Anthomyia sp., einige Exemplare. 3) Oscinis sp.
4) Hydrellia chrysostoma Mgn. 5) H. griseola Fallen. *Empidae:* 6) Micro-
phorus sp. Mücken: *Bibionidae:* 7) Scatopse brevicornis Loew.
Phoridae: 8) Phora sp. *Mycetophilidae:* 9) Sciara sp. 2 Arten in 7
Exemplaren. *Cecidomyidae:* 10) Cecidomyia sp. *Chironomidae:* 11) Chironomus byssinus Schrk. und andere Arten.

Von den unter 3—11 aufgeführten Dipterenarten, die ich
zur Bestimmung an Herrn Dr. Schiner in Wien sandte
und erst lange nach seinem Tode bestimmt zurück erhielt,
übersteigt keine die Länge von $1^{1}/_{2}$ mm. Diese winzigen
Gäste wurden bald an den Nektarien leckend, bald an dem
Stempel-Kegel anfliegend oder umhermarschirend oder
noch anderen Blüthen abfliegend getroffen.

(61) **Batrachium aquatile Wimm.** Die Blüthen breiten
ihre Blumenblätter zu einem weissen Kreise auseinander,
der in der Regel 20—27 mm Durchmesser hat, hie und
da aber nach beiden Seiten hin innerhalb viel weiterer
Grenzen variirt. In den Blüthen mit kleinster gefärbter
Blüthenhülle sinkt auch die Staubgefässzahl auf den
kleinsten Betrag herab (bis zu 12—8), in den grosshülligsten
erreicht sie ihr Maximum [1]. Wo die Pflanze flache Wasser-

---

1) Ich habe den hier und in einigen anderen Fällen offenbar
stattfindenden Zusammenhang zwischen Staubgefässzahl und Grösse
der gefärbten Blüthenhüllen zur Erklärung der Thatsache benutzt,
dass in mehreren Familien die kleinsten Blumen auch die geringste
Staubgefässzahl haben, z. B. Veronica unter den Scrophulariaceen,
Lycopus unter den Labiaten (Kosmos Bd. II. S. 134).

Mein Bruder Fritz Müller hat mir seitdem ein recht auf-
fälliges Beispiel für die Verringerung der Staubgefässzahl bei klein-

gräben erfüllt, erscheint deren Oberfläche zur Blüthezeit von ihren weissen Blüthenkreisen mit schön abstechender goldgelber Mitte fast vollständig bedeckt. Diese locken dann eine sehr grosse 'Zahl und eine ziemliche Mannigfaltigkeit verschiedenartiger Besucher an sich. So fand ich am 17. Mai 1873 in einem einzigen Graben als Besucher dieser Pflanze:

A. Diptera: *Empidae:* 10) Empis nigricans Fall. 11) Hilara maura F. *Syrphidae:* 12) Melanostoma mellina L. Pfd. *Muscidae:* 13) Thryptocera spec. 14) Sarcophaga carnaria L., einzeln. 15) Onesia floralis R. D. 16) O. sepulcralis Mgn., beide häufig. 17) Cyrtoneura hortorum Fallen ♂. 18) Hylemyia spec. 19) Anthomyiaarten sgd. und Pfd. 20) Hydrellia griseola Fallen sgd. und Pfd. in grösster Häufigkeit. *Bibionidae:* 21) Dilophus vulgaris ♂ ♀ in Mehrzahl. B. Hymenoptera: *Apidae:* (7) Apis mellifica L. ♀, sgd. und Psd. zahlreich. 22) Halictus minutissimus K. ♀ Psd., einzeln. 23) H. sexstrigatus Schenk ♀ desgl. C. Coleoptera: *Elateridae:* 24) Limonius cylindricus Payk., 2 Exemplare, Kopf und Brust ganz gelb bestäubt. *Byrrhidae:* 25) Morychus aeneus F., 2 Exemplare, mit dem Kopfe an den Nektarien. *Chrysomelidae:* 26) Agelastica alni L., unthätig auf den Blüthen sitzend.

(62) **Ranunculus flammula L.** Weitere Besucher:

Coleoptera: *Staphylinidae:* 9) Anthobium minutum F., sehr zahlreich. Teutob. Wald 16/6 72.

(63) **Ranunculus acris L., repens L., bulbosus L.**

Besucher: A. Diptera: *Empidae:* 63) Empis stercorea L. sgd. 64) Rhamphomyia umbripennis Mgn. sgd. *Syrphidae:* 65) Chrysochlamys ruficornis F. Pfd. 66) Cheilosia vidua Mgn., sgd. und Pfd. (L.; N. B.) 67) Ch. Schmidtii Zett. sgd. und Pfd. 68) Syrphus pyrastri L. Pfd. *Stratiomydae:* 69) Odontomyia tigrina F. sgd. *Muscidae:* 70) Calobata cothurnata Pz. B. Coleoptera: *Staphylinidae:* 71) Tachyporus solutus Er. 72) Anthobium minutum F. sehr zahlreich, Teutob. Wald. 16.6 72. *Nitidulidae:* 73) Meligethes aeneus F. Pfd. (25) Byturus fumatus F. Pfd. und bld. häufig. auch in copula. *Buprestidae:* (26) Anthaxia nitidula L. (N. B.) *Elateridae:* 74) Limonius cylindricus Payk. bld. *Malacodermata:* 75) Malachius aeneus

---

hülligen Blumen aus Blumenau in Südbrasilien geschickt, einen Ranunculus von 2 mm Blüthendurchmesser, dessen Staubgefässzahl auf 3 herabgesunken ist. St. Hilaire hat daraus die Gattung Casalea gemacht, die Hooker wieder mit Ranunculus vereinigt.

L. 76) M. bipustulatus F., beide Antheren fressend. 77) Trichodes apiarius L. Pfd. 78) T. alvearius F. (N. B.) *Oedemeridae:* (30) Oedemera virescens L., während des Regens sich in den Blüthen bergend. *Curculionidae:* 79) Bruchus sp. hld. *Chrysomelidae:* (34) Cryptocephalus sericeus L. bei Regen sich in den Blüthen von Ran. acris bergend und da ein Ei legend 31/5 72. 80) Galleruca nymphaeae L. *Coccinellidae:* 81) Micraspis 12punctata L., vergeblich suchend. C. Hymenoptera: *Tenthredinidae:* (35) Cephus spinipes Pz. sgd., zu hunderten. 82) Cephus pallipes Kl. hld. (N. B.) 83) Cimbex lacta F. (N. B.) 84) Athalia sp. hld. *Apidae:* 85) Prosopis clypearis Schenck. ♂ sgd. (N. B.) 86) P. brevicornis Nyl. ♂ sgd. (N. B.) (42) Halictus villosulus K. ♀ sgd. und Psd. (N. B.) (44) H. rubicundus Chr. ♀ sgd. und Psd. (L.; N. B.) (45) H. tetrazonius Kl. (quadricinctus K. olim.) ♀ sgd. und Psd. (N. B.) (46) H. leucozonius Schr. ♀ sgd. und Psd. (N. B.) (48) H. cylindricus F. ♀ sgd. und Psd. (N. B.) (49) H. maculatus Sm. ♀ sgd. und Psd. (L., N. B.). (50) H. nitidiusculus K. ♀ sgd. und Psd. (N. B.) (51) H. sexnotatus K. ♀ sgd. (N. B.) 87) H. albidulus Schenck. ♀ (nach des Autors Bestimmung!) sgd. und Psd. 86) H. lugubris K. ♀ sgd. und Psd. (N. B.) 59) H. leucopus K. ♀ sgd. (N. B.) 90) H. morio F. ♀ sgd. (N. B.) 91) H. Smeathmanellus K. ♀ sgd. und Psd. (N. B.) 92) H. albipes F. ♀ sgd. und Psd. (N. B.) (53) Andrena albicans K. ♀ sgd. und Psd. (N. B.) (54) A. albicrus K. ♂ ♀ sgd. und Psd. 93) A. Gwynana K. ♀ sgd. und Psd. (N. B.) 94) Andrena Trimmerana K. ♂ sgd. (56) Chelostoma florisomne L. ♂ ♀ sgd. (L.; N. B.) 95) Ch. nigricorne Nyl. ♂ sgd. (N. B.) 96) Stelis breviuscula Nyl. ♂ sgd. (N. B.) (57) Osmia rufa L. ♀ Psd. (N. B.) 97) O. aenea L. ♂ sgd. (N. B.) (58) Apis mellifica L. ♀ sgd. (N. B.) 98) Bombus muscorum L. (agrorum F.) eine einzige Blüthe besuchend, die unter dem Gewichte der Hummel den ganzen obern Theil des Stengels nach unten zieht. Das musste der Hummel doch wohl nicht passen, denn nach flüchtigem Saugen einer einzigen Blüthe flog sie weg (18/5 73.) *Formicidae:* 99) Lasius niger L. ♀ hld. D. Lepidoptera: *Rhopalocera:* 100) Polyommatus dorilis Hfn. sgd. 101) Pararge Dejanira L. sgd. (N. B.) (59) Lycaena icarus Rott. sgd. (N. B.) *Tineidae:* 102) Micropteryx calthella L. (nach Dr. Speyer's Bestimmung) in Blüthen von Ran. repens sehr zahlreich, sgd., auch in copula. E. Thysanoptera: 103) Thrips häufig.

Die grosse Häufigkeit der Halictusarten in den Blüthen dieser Ranunculusarten ist gewiss nicht bloss zufällig. Diese einfachen, offenen, pollenreichen Blumen mit zwar geborgenem aber doch leicht zugänglichem Honige und diese mit ausgeprägten Sammelbürsten aber noch ziemlich kurzen Saugorganen ausgerüsteten kleinen Bienen stehen eben auf sich entsprechenden niedrigen Ausbildungsstufen und passen nach Grösse und ganzer Einrichtung vollständig für einander. Wie anders, wenn sich eine Hummel einmal an eine Hahnenfussblüthe macht, wie unter Nr. 98 der letzten Besucherliste beschrieben.

(64) **Ranunculus lanuginosus L.** (S. 116). An demselben Standorte, an welchem ich in früheren Jahren an R. lanuginosus nur ziemlich spärlichen Insektenbesuch angetroffen hatte, nämlich im Hunnebusch bei Lippstadt, fand ich, nachdem das Gebüsch zum Theil weggeschlagen war, die nun sonniger stehenden Blumen viel reicher von Insekten besucht, besonders reichlich von Syrphiden. Es ist dies ein hübscher Beleg für die Abhängigkeit des Insektenbesuchs von der Beschaffenheit des Standorts. Dass Listera ovata trotz seines allgemein zugänglichen Honigs fast bloss von Schlupfwespen besucht, ausgebeutet und gekreuzt wird, erklärt sich allein aus ihrem schattigen Standort.

Ich beobachtete und sammelte am 11. Mai 1873 an der genannten Stelle als Besucher des Ranunculus lanuginosus.

A. Diptera: *Syrphidae:* 11) Cheilosia albitarsis Mgn. 12) Ch. pubera Zett. und mehrere unbestimmte Arten, Pfd. häufig 13) Ascia lanceolata Mgn. einzeln. 14) A. podagrica F. häufig. 15) Bacha elongata F. einzeln. 16) Melanostoma mellina L. in Mehrzahl. 17) Syrphus venustus Mgn. in Mehrzahl. 18) S. nitidicollis Mgn. 19) S. lunulatus Mgn. Pfd. 20) Pipiza notata Mgn. *Empidae:* 21) Empis trigramma Mgn. sgd. *Muscidae:* 22) Hylemyia conica Wied. *Bibionidae:* 23) Dilophus vulgaris. B. Coleoptera: *Elateridae:* 24) Athous haemorroidalis F., mit dem Kopf im Blüthengrunde. *Coccinellidae:* 25) Coccinella 14punctata L. hld. C. Hymenoptera: 26) Andrena parvula K. ♀ sgd. 27) Halictus flavipes K. ♀ sgd.

(65) **Ranunculus Ficaria L.** „Nach Chatin gibt es zwei Formen dieses Ranunculus, und es ist die bulbeferirende Form, welche keinen Samen ergibt, weil sie keinen Pollen producirt." (Comptes rendus, 11. Juni 1866; nach Ch. Darwin, variation of Animals and plants Chap. 18.) Wenn dies richtig ist, so kommen wenigstens Ausnahmen vor. Denn ich fand am 3. Mai 1873 unter zahlreichen fruchtenden

Exemplaren auch einzelne mit Brutknospen in den Blatt-achseln. Eine derselben hob ich aus, pflanzte sie zu Hause in einen Topf und liess den Samen reifen. Er erwies sich als keimfähig.

Zu den früher aufgezählten Besuchern habe ich nach-zutragen:

Hymenoptera. *Apidae:* 15) Osmia rufa L. ♂ sgd. Thürin-gen 14/4 73.

(65ᵇ) **Ranunculus auricomus L.** (S. 116). Weitere Be-sucher:

A. Hymenoptera: *Apidae:* 10) Halictus albipes F. ♀ Psd. (Thür.) B. Diptera: *Syrphidae:* 11) Melanostoma mellina L. im Sonnenschein vor der Blüthe schwebend, dann plötzlich anfliegend und Pfd. und so abwechselnd weiter. D. Lepidoptera: *Tineidae:* 12) Micropteryx calthella L. sgd.

(66) **Caltha palustris L.** (S. 117). Weitere Besucher:

A. Diptera: *Empidae:* 13) Empis opaca F. sgd. *Syrphidae:* 14) Cheilosia albitarsis Mgn. sgd. und Pfd. 15) Platychcirus mani-catus Mgn. 16) Melanostoma ambigua Fallen; alle drei in Mehrzahl. 17) Pipiza tristis Mgn., einzeln. 18) Eristalis nemorum L. und 19) E. arbustorum L., beide Pfd. u. sgd. häufig. *Muscidae:* 20) Onesia flo-ralis R. D. 21) Hydrotaea dentipes F. 22) Aricia serva Mgn. 23) Cyrtoma spuria Fall. 24) Scatophaga stercoraria L. Pfd. *Bibionidae:* 25) Dilophus vulgaris Mgn. ♀ in Mehrzahl. B. Coleoptera: *Staphy-linidae:* 26) Tachyporus hypnorum F. hld.?, ein Ex. *Nitidulidae:* 27) Epurnea aestiva L., 1 Ex. *Curculionidae:* 28) Bruchus seminarius L. hld.?, 1 Ex. *Chrysomelidae:* 29) Helodes marginella L., in copula in den Blüthen. 30) Donacia discolor Hoppe, 1 Ex. Neuroptera: *Perlidae:* 31) Perla sp. häufig auf den Blüthen, doch sah ich sie nichts geniessen.

430. **Nigella damascena L.** Besucher:

Hymenoptera: *Apidae:* 1) Ceratina callosa F. ♂, an den Staubbeuteln beschäftigt (16/6 73 N. B.) 2) Prosopis signata Nyl. ♂ sgd. (N. B.).

(69) **Delphinium elatum L.** (S. 120). Weitere Be-sucher:

Hymenoptera: *Apidae:* 2) Anthophora personata Ill. ♀ sgd. (Strassburg 6/76. H. M.)

(70) **Delphinium Consolida L.** (S. 122). Weitere Be-sucher:

Hymenoptera: *Apidae:* 2) Bombus lapidarius L. ♀ sgd

(Thür. 12/7 73). Von nutzlosen Gästen ferner Pieris brassicao L. sgd. (Thür.).

431. Actaea spicata L. Besucher:

A. Coleoptera: *Dermestidae:* 1) Byturus fumatus F. (N. B.) B. Orthoptera: 2) Forficula auricularia L. Pollen und wohl auch Antheren fressend. (N. B.)

Berberideae. (S. 124.)

(72) Berberis vulgaris L. (S. 124.) Weitere Besucher:

A. Diptera: *Syrphidae:* 26) Ascia podagrica F. sgd. B. Hymen optera: *Apidae:* (18) Andrena fulva Schrk. ♀ sgd. (N. B.) *Formicidae:* 27) Lasius niger L. ☿ hld. C. Coleoptera: *Coccinellidae:* 26) Coccinella variabilis Ill. hld.

Papaveraceae. (S. 127.)

(73) Papaver Rhoeas L. (S. 127.) Weitere Besucher: A. Hymenoptera: *Apidae:* 11) Halictus leucopus K. ♀ Psd. (Thür. 9/7 73) 12) H. Smeathmanellus K. ♀ Psd. (Thür.) B. Diptera: *Empidae:* 13) Empis livida L. schien den Grund der Blüthe anzubohren. (Thür.) *Muscidae:* 14) Ulidia crythrophthalma Mgu. (Thür.) C. Coleoptera: *Oedemeridae:* 15) Oedemera virescens L. Pfd. (Thür.) *Lamellicornia:* 16) Cetonia (Oxythyrea) stictica L. sehr häufig, zarte Blüthentheile fressend. Strassburg 6/76 H. M.

431. Papaver somniferum L. Besucher (Nassau Buddeberg):

Hymenoptera: *Apidae:* 1) Heriades truncorum L. ♀ Psd. 2) Chelostoma campanularum K. ♀ Psd. 3) Halictus cylindricus K. ♀ Psd. 4) H. leucopus K. ♀ Psd. B. Diptera: *Syrphidae:* 5) Eristalis aeneus Scop. Pfd. 6) E. arbustorum L. Pfd. C. Coleoptera: *Lamellicornia:* 7) Cetonia (Oxythyrea) stictica L. Blüthentheile fressend.

432. Eschscholtzia californica. (S. 127.)

Besucher: Diptera: *Syrphidae:* 1) Helophilus floreus Pfd. (in meinem Garten 28/6 73).

(74) Chelidonium majus L. (S. 128.) Weitere Besucher:

A. Hymenoptera: *Apidae:* 14) Apis mellifica L. ☿ Psd. B. Diptera: *Syrphidae:* (12) Rhingia rostrata L. steckte den Rüssel in mehreren Blüthen nach einander sehr wiederholt in den Blüthengrund, an die Aussenseite der Wurzeln der Staubfäden, offenbar in der Hoffnung, hier Honig zu finden, glitt aber fast stets ab und gab endlich diese vergeblichen Saugversuche auf und frass Pollen. C. Coleoptera: *Nitidulidae:* 15) Meligethes Pfd.

Fumariaceae. (S. 128.)

(77) **Corydalis cava.** (S. 130.) Eine Ameise, Lasius niger L. ☿, drängt sich auch in nicht angebissene Blüthen ein und dringt bis zum Honige vor (7/4 73).

(78) **Corydalis lutea DC.** (S. 132.) Weitere Besucher: Hymenoptera: *Apidae:* 2) Psithyrus rupestris F. ♀ sgd. 3) Bombus Rajellus Ill. ♀ sgd. 4) B. confusus Schenck. ♀ sgd. 5) B. lapidarius L. ♀ sgd. 6) B. pomorum Pz. ♀ sgd. 7) Anthophora aestivalis Pz. ♀ ♂ sgd. 8) Osmia aurulenta Pz. ♀ sgd. 9) Eucera longicornis L. ♀ sgd. 10) Halictus xanthopus K. ♀ sgd. oder wenigstens versuchend. Jena 5/75. Sämmtlich: II. M.

433. **Fumaria capreolata L. var. pallidiflora.** Ueber die anscheinend nutzlose Blumenfärbung dieser Pflanze, welche während der Blüthezeit bleiche und fast weisse, erst nach erfolgter Befruchtung augenfällige, rosenrothe oder selbst carminrothe Blumen darbietet, sind im Jahrgange 1874 der Nature zahlreiche Vermuthungen ausgesprochen worden (Vgl. Bot. Jahresbericht, Jahrg. 1874. S. 899); aber keine derselben gibt eine befriedigende Erklärung. Des Räthsels Lösung ist ohne Zweifel dieselbe wie bei Ribes aureum und sanguineum (siehe diese!). Auch hier sind nur einsichtige Bienen als Kreuzungsvermittler thätig. Moggridge sah eine Osmia diesen Dienst leisten und immer nur die noch blass gefärbten Blumen besuchen, die sich übrigens auch durch ihre wagerechte Stellung von den andern unterscheiden.

Cruciferae.

434. **Cheiranthus Cheiri L.** Goldlack. Besucher: Hymenoptera: *Apidae:* 1) Apis mellifica L. ☿ den Kopf zwischen den Staubgefässen hinein drängend und saugend, die Oberseite des Kopfes dicht mit Pollen bestäubt. 2) Anthophora pilipes F. ♀ sgd.

(80) **Nasturtium silvestre R. Br.** Weitere Besucher: Diptera: *Bombylidae:* 11) Anthrax hottentotta L. sgd. 9/7 73 (N. B.).

(81) **Nasturtium amphibium R. Br.** Weitere Besucher: A. Hymenoptera: *Pteromalidae:* 6) Zahlreiche winzige Pteromaliden flogen erst lange vor der Blüthe umher, krochen dann

hinein und leckten Honig. B. Diptera: *Syrphidae:* (5) Eristalis
arbustorum L. sgd. und Pfd. *Muscidae:* 7) Luciliaarten Pfd. 8) Calobata cothurnata Pz. auf den Blüthen umhermarschirend. C. Coleoptera: *Nitidulidae:* 9) Meligethes hld. und Pfd.

435. Nasturtium officinale R. Br. weicht in der Be-

stäubungseinrichtung merklich von N. silvestre ab. An
der Innenseite der Basis jedes der beiden kürzeren Staubfäden sitzen dicht neben einander zwei grüne fleischige
Knötchen, welche den Honig absondern. Die kürzeren
Staubgefässe sind mit ihrer aufspringenden Seite der sie
weit überragenden Narbe zugekehrt; die längeren, welche
anfangs in gleicher Höhe mit der Narbe liegen, später
aber von ihr überragt werden, sind so weit nach den kürzeren zugedreht, dass ein nach dem Nektarium hinabbe-
wegter Kopf oder Rüssel gleichzeitig die Narbe und alle
drei ihr benachbarten Antheren an ihrer pollenbehafteten
Seite streift. Wenn sich, bei andauernd schlechtem Wetter,
die Blüthen nicht völlig öffnen, wird durch die längern
Staubgefässe, ebenso wie bei Nasturtium silvestre, Sichselbstbestäubung bewirkt. Besucher (6/7 73 Thür.):

A. Diptera: a) *Empidae:* 1) Empis rustica Fallen. 2) E. livida
L. beide sgd., äusserst häufig. b) *Conopidae:* 3) Physocephala rufipes F. sgd. einzeln. c) *Syrphidae:* 4) Eristalis arbustorum L. 5) E.
nemorum L. 6) E. sepulcralis L., alle 3 sgd. häufig 7) Helophilus floreus L. sgd. und Pfd. in Mehrzahl. 8) Melithreptus sp. Pfd.
d) *Muscidae:* 9) Ocyptera cylindrica F. sgd. B. Coleoptera: *Nitidulidae:* 10) Meligethes. C. Hymenoptera: *Apidae:* 11) Halictus
maculatus Sm. ♀ sgd. und Pfd. 12) Apis mellifica L. ☿ sgd.

436. Barbarea vulgaris R. Br. Jeder der beiden

kürzeren Staubfäden hat an seiner Basis jederseits eine
kleine grüne fleischige Honigdrüse; eine etwas grössere
Honigdrüse sitzt aussen an der Basis zwischen je 2 längeren Staubfäden (also an der Ansatzstelle der beiden
verschwundenen kürzeren Staubgefässe). Auf jeder der 6
Honigdrüsen sieht man bei günstigem Wetter ein farbloses
Tröpfchen. Die Staubgefässe stellen sich aber merkwür-
diger Weise so, als wenn die beiden zwischen je 2 längeren Staubfäden sitzenden Honigtröpfchen gar nicht da
wären. Die längeren, die Narbe überragenden Staubgefässe machen nämlich auch hier eine Viertelumdrehung

nach der Seite des benachbarten kürzern hin; diese Drehung beginnt mit dem Aufspringen der Staubbeutel, unmittelbar nach dem Oeffnen der Blüthe und ist erst vollendet, wenn die eine Antherenseite sich ganz mit Pollen bedeckt hat. Dagegen bleiben die beiden kürzeren Staubgefässe, welche mit der Narbe gleich hoch sind, auch nach dem Aufspringen derselben zugekehrt, so dass die Stellung der Staubgefässe mit Nasturtium officinale übereinstimmt, obgleich doch die Zahl und Anordnung der Nektarien fast dieselbe ist wie bei N. silvestre. Bei sonnigem Wetter und weit geöffneten Blüthen biegen sich die kürzeren Staubgefässe weit von der Narbe zurück; bei andauernd regnerischem Wetter bewirken sie vermuthlich Selbstbestäubung. Befruchter:

A. Diptera: a) *Syrphidae:* 1) Rhingia rostrata L. sgd. und Pfd., zahlreich. 2) Ascia podagrica F. Pfd. b) *Muscidae:* 3) Aricia incana Wiedem. sgd. 4) Anthomyiaarten sgd. 5) Scatophaga merdaria F. sgd. 6) Calobata cothurnata Pz. B. Coleoptera: a) *Nitidulidae:* 7) Meligethes bld. 'und Pfd. in grosser Zahl. b) *Lamellicornia:* 8) Phyllopertha horticola L. Blüthentheile nagend. c) *Cuculionidae:* 9) Ceutorbynchus sp. C. Hymenoptera: *Apidae:* 10) Apis mellifica L. ♀ sgd.

(82) **Arabis hirsuta Scop.** (S. 134). Weitere Besucher: Diptera: *Syrphidae:* 6) Syritta pipiens L. sgd.

437. **Arabis arenosa Scop.**

Besucher bei Nassau (Dr. Buddeberg): A. Hymenoptera: *Apidae:* 1) Andrena cineraria L. ♀ Psd. 2) A. parvula K. ♀ sgd. und Psd. häufig (12 Ex. eingesandt). 3) A. cingulata F. ♀ ♂ sgd. 4) A. albicans K. ♀ sgd. 5) A. nigroaenea K. ♀ sgd. 6) Halictus leucopus K. ♀ sgd. und Psd. 7) H. tetrazonius Kl. (quadricinctus K. olim) ♀ sgd. 8) H. flavipes K. ♀ sgd. 9) H. cylindricus K. ♀ sgd. und Psd. B. Lepidoptera: *Rhopalocera:* 10) Thecla rubi L. sgd.

(83) **Cardamine pratensis L.** Weitere Besucher:

A. Hymenoptera: *Apidae:* (1) Halictus cylindricus F. ♀ Psd. und sgd. 23) Andrena cineraria L. ♀, ein Ex., Psd. und sgd. 24) A. dorsata K. ♀ sgd. und Psd. 25) Eine Hummel, wie mir schien Bombus terrestris, saugte flüchtig an 2 Blüthen verschiedener Stöcke und flog dann weit weg. B. Diptera: *Syrphidae:* 26) Melanostoma mellina L. Pfd. 27) Syrphus nitidicollis Mgn., sgd. und Pfd. (18) Rhingia rostrata L. sgd. und Pfd., häufig. 28) Eristalis nemorum L., von Caltha palustris kommend, auf Card. prat. nur kurze Zeit verweilend (Pfd.) dann wieder auf Caltha gehend. C. Lepidoptera: *Rhopalocera:* (18) Pieris napi L: sgd., sehr häufig! 29) Vanessa urticae L. sgd. 30) Polyommatus dorilis Hfn. sgd.

438. Cardamine Impatiens L. Besucher:

Hymenoptera: *Apidae:* 1) Andrena albicans K. ♀ sgd. und Psd. 26/5 73 (N. B.)

439. Alyssum calycinum L. Besucher:

Diptera: *Conopidae:* 1) Myopa testacea L. sgd. (Thür.)

440. Alyssum montanum L. Besucher (in meinem Garten):

A. Diptera: *Syrphidae:* 1) Syritta pipiens L. sgd. und Pfd. häufig. 2) Eristalis sepulcralis L. sgd., in Mehrzahl. *Muscidae:* 3) Anthomyiaarten sgd., zahlreich. 4) Lucilia cornicina F., andauernd sgd. B. Coleoptera: *Malacodermata:* 5) Dasytes flavipes F. häufig. C. Hymenoptera: *Sphegidae:* 6) Cerceris variabilis Schrk. sgd. nicht selten. *Apidae:* 7) Prosopis ♂ in Mehrzahl sgd. 8) Halictus nitidiusculus K. ♀ sgd. und Psd. häufig. 9) Nomada ruficornis L. sgd.

(84) **Draba verna L.** (Fig. 30. 31.) Die in diesen Figuren dargestellte Blütheneinrichtung, in welcher die längern Staubgefässe vorzugsweise der Sichselbstbestäubung, die kürzeren ausschliesslich der Kreuzung dienen, ist bereits in meinem Buche (S. 135) beschrieben. Der dort aufgestellten Besucherliste habe ich hinzuzufügen:

Hymenoptera: *Apidae:* (1) Apis mellifica L. ♀ sgd., abwechselnd an Thlaspi arvense, Veronica agrestis und Draba verna. Thür., Brachücker 14/4 73. (2) Andrena parvula K. ♀ sgd. und Psd. daselbst; ebenso bei L. B. Diptera: *Muscidae:* 4) Hylemyia cinerella Mgn. 5) Anthomyiaarten. 6) Sarcophaga carnaria L. andauernd Pfd.

Erklärung der Abbildungen.

1—6. *Muscari botryoides* Müll. (Lippstadt, Gärten 15/4 78.)
  1. Vollständige Blüthe, von der Seite gesehen (4 : 1).
  2. Dieselbe gerade von unten gesehen.
  3. Dieselbe im Aufriss.
  4. Eine der oberen, geschlechtslosen, geschlossen bleibenden schräg aufrecht stehenden Blüthen.
  5. Geschlechtsrudimente derselben (20 : 1).
  6. Entwickeltes Staubgefäss einer sich öffnenden Blüthe bei gleicher Vergrösserung.
7—11. *Allium rotundum L.* (Thüringen 7/7 73.)

7. Blüthe von der Seite gesehen (4:1) p¹ äussere, p² innere Perigonblätter.

8. Blüthe im ersten, männlichen Entwicklungsstadium, nach Entfernung der Perigonblätter, von der Seite gesehen (4 : 1). a¹ die vor den äusseren, a² die vor den innern Perigonblättern stehenden Staubgefässe. p¹, p² Ansatzstellen der weggerissenen Perigonblätter.

9. Stempel im ersten, 10 derselbe im zweiten Entwicklungszustande (4 : 1). n Nektarium. st Narbe.

11. Blüthe zur Zeit ihrer weitesten Oeffnung, gerade von oben gesehen (4 : 1).

12. *Anthericum Liliago L.* (Thüringen 7/7 73.) Blüthe schwach vergrössert, schräg von vorn gesehen (¹/₂ : 1). 12b Staubgefäss derselben Blüthe (7 : 1), besonders am obern Ende mit Pollen behaftet.

13. *Paris quadrifolia L.* (Lippstadt 22/4 78.) Blüthe im ersten weiblichen Zustande, in natürlicher Grösse.

14. 15. *Saxifraga tridactylites L.* (Stadtmauer von Soest. 11/5 77.)
   14. ' Blüthe schräg von oben gesehen (7 : 1). Ein Staubgefäss ist nach der Blütenmitte hin gebogen und mit der Narbe in Berührung; die übrigen sind nach aussen gespreizt.
   15. Blüthe im Längsdurchschnitt (7 : 1).

16. *Ribes rubrum L.* Blüthe im Längsdurchschnitt (4:1). n Nektarium, 5 Kelchblätter (sepala), p Blumenblätter (petala). Dieselbe Bedeutung haben s und p in den folgenden Figuren.

17. *Ribes Grossularia L.* Blüthe im Längsdurchschnitt (3 : 1).

18. *Ribes nigrum L.* Blüthe im Längsdurchschnitt (3 : 1).

19. *Ribes sanguineum Pursh.* Blüthe im Längsdurchschnitt (3 : 1).

20. *Ribes aureum Pursh.* Blüthe im Längsdurchschnitt (3 : 1).

21. 22. *Hedera Helix L.*
   21. Blüthe gerade von oben gesehen (3 : 1).
   22. Dieselbe von der Seite gesehen.

23. 24. *Hydrocotyle vulgaris L.* (Lippstadt 1874).
   23. Junge Blüthe (10 : 1). Die beiden Staubgefässe vorn und rechts sind noch nicht ausgewachsen, das dicke Staubgefäss hinten ist ausgewachsen, aber noch nicht aufgesprungen, die beiden Staubgefässe links sind aufgesprungen und mit Pollen bedeckt. Die Griffel sind noch einwärts gekrümmt, die Narben noch nicht entwickelt.

24. Alte Blüthe (10 : 1). Das vorn in der Mitte stehende Staubgefäss ist aufgesprungen, mit Pollen bedeckt, noch frisch; die 4 übrigen sind verschrumpft und braun geworden, aber noch mit etwas Pollen behaftet. Die Narben sind entwickelt.

25—29. *Orlaya grandiflora Hoffm.* (Thüringen 7/7 73.)

   25. Aeussere Randblüthe eines Randdöldchens (4 : 1). Das am Aussenrande der ganzen Dolde stehende Blumenblatt ist so kolossal vergrössert, dass die beiden folgenden Figuren, um Raum zu sparen, auf die beiden Hälften seiner Blattfläche gesetzt werden konnten.

   26. Innere Randblüthe eines Randdöldchens (4 : 1). Eben so sind auch beliebige Randblüthen irgend welcher mittleren Döldchen ausgebildet.

   27. Mittlere Blüthe irgend eines Döldchens von der Seite gesehen (4 : 1). Drei der Staubgefässe sind noch nicht aus der Blüthe herausgetreten; nur ihre langen, nach innen gebogenen Staubfäden treten hervor.

   28. Mittlere Blüthe eines Döldchens nach Entwicklung aller Staubgefässe, von oben gesehen (7 : 1).

   29. Dieselbe nach dem Verblühen (7 : 1). Blumenblätter und Staubgefässe sind abgefallen. Kelchblätter (s) und Nektarium (n) sind noch übrig.

30. 31. *Draba verna L.* (Lippstadt 21/4 78.)

   30. Blüthe gerade von oben gesehen (7 : 1).

   31. Dieselbe nach Entfernung der Kelch- und Blumenblätter, von der Seite gesehen (10 : 1).

Universitäts-Buchdruckerei von Carl Georgi in Bonn.

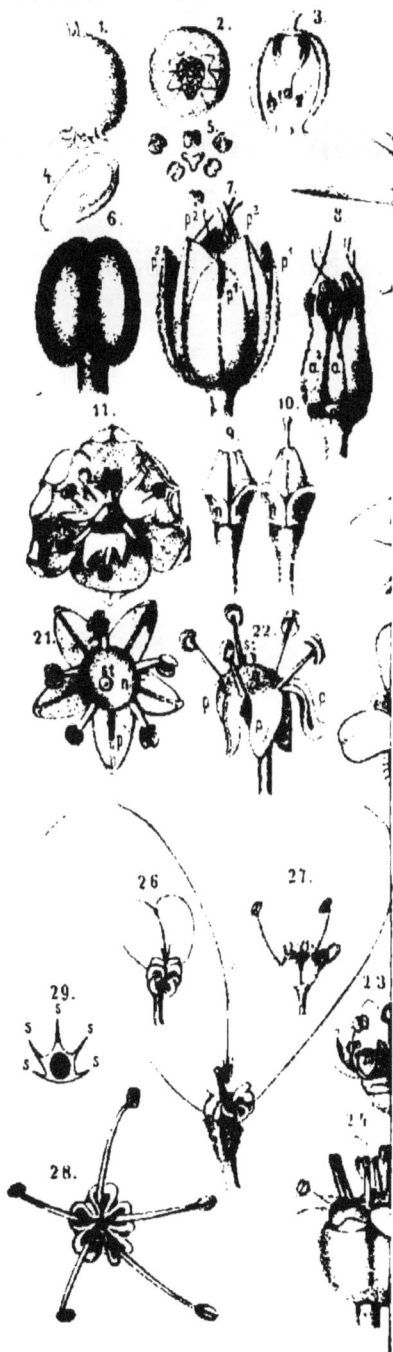

Weitere Beobachtungen

über

Befruchtung der Blumen

durch Insekten.

II.

Von

Dr. Hermann Müller

Oberlehrer zu Lippstadt.

Mit zwei Tafeln.

Berlin

R. Friedländer & Sohn.

1880.

Weitere Beobachtungen über Befruchtung der Blumen durch Insekten [1]).

Von

Dr. Hermann Müller,
Oberlehrer an der Realschule zu Lippstadt.

II.

(Hierzu Tafel II u. III.)

---

[1]) Siehe Jahrgang 1878 dieser Verhdlg. S. 279—323.

Cruciferae.

441. *Cochlearia Armoracia* L. Besucher (in meinem Garten):

A. Coleoptera *Malacodermata:* 1) Malachius bipustulatus F. Antheren fressend *Nitidulidae:* 2) Meligethes sp., in grösster Zahl in den Blüthen B. Diptera *Bibionidae:* 3) Bibio hortulanus F. auf den Blüthen herumkriechend, ohne Honig zu finden. *Empidae:* 4) Empis punctata F. sgd. *Muscidae:* 5) Scatophaga merdaria F. sgd. 6) Sepsis sp. *Syrphidae:* 7) Syritta pipiens L. sgd. und Pfd. C. Hymenoptera *Apidae:* 8) Andrena albicans K. ♀ sgd. u. Pfd. 9) Halictus zonulus Sm. ♀ sgd. *Ichneumonidae:* 10) mehrere Arten, nach Honig suchend.

442. *Thlaspi arvense* L. (Fig. 32. 33.) Staubgefässe und Stempel sind gleichzeitig zur Reife entwickelt. Alle Staubgefässe kehren ihre pollenbedeckte Seite der Blüthenmitte zu. Die vier längeren stehen ziemlich nahe um die Narbe herum, in gleicher Höhe mit derselben oder sie noch etwas überragend, sie bewirken daher bei ausbleidendem Insektenbesuche fast unausbleiblich Selbstbefruchtung. Die beiden kürzeren Staubgefässe stehen tiefer als die Narbe und sind weiter von derselben abgerückt; sie dienen daher nur der Kreuzung bei eintretendem Insektenbesuche. Jeder der beiden kürzeren Staubfäden ist an seiner Wurzel jederseits mit einer grünen fleischigen Anschwellung (n, Fig. 32) versehen, welche Honig absondert. In jedem der vier Winkel zwischen je einem kürzeren und einem längeren Staubfaden befindet sich daher bei sonnigem Wetter ein Honigtröpfchen.

Die längeren Staubgefässe würden daher eine für Herbeiführung der Kreuzung durch honigsaugende Insekten günstigere Stellung haben, wenn jedes von ihnen eine halbe Umdrehung nach dem benachbarten kürzeren Staubgefäss hin gemacht hätte. Damit wäre aber zugleich die bei ausbleibendem Insektenbesuch von selbst erfolgende Selbstbefruchtung erschwert. Und diese ist bei so unscheinbaren Blüthen ein durchaus unentbehrlicher Nothbehelf, so oft die Kreuzung ausbleibt. In der That ist der Insektenbesuch von *Thlaspi arvense*, wie sich bei der Kleinheit seiner Blüthen erwarten lässt, ein sehr spärlicher. Ich überwachte es in Thüringen Mitte April 1873 andauernd bei schönem Wetter und beobachtete folgende Besucher:

A. **Diptera** *Muscidae*: 1) Anthomyia spec. ♀ 2) Pollenia rudis B. **Hymenoptera**: 3) Apis mellifica L. ♀ sgd. 4) Andrena parvula K. ♀ sgd. u. Psd.

(85ᵇ) *Teesdalia nudicaulis* R. Br. (S. 135 bis 137). Ich habe dieses auf Sandäckern bei Lippstadt gemeine Pflänzchen an sonnigen April- und Maitagen noch wiederholt auf seine natürliche Befruchtung untersucht und ausser den bereits auf S. 135 u. 136 meines Werkes über Befruchtung der Blumen veröffentlichten Insekten noch folgende als Kreuzungsvermittler desselben beobachtet:

A. **Hymenoptera** *Apidae*: 11) Halictus morio F. ♀ 12) H. flavipes K. ♀ 13) H. Smeathmanellus K. ♀ 14) H. nitidiusculus K. ♀ 15) H. lucidulus Schenck ♀ 16) H. sexstrigatus Schenk. ♀ Mehrere dieser kleinen an Teesdaliablüthen beschäftigten Bienen sah ich beim Einsammeln, während ich sie zwischen zwei Fingern hielt, durch Pollen gelbgefärbten Honig ausspeien. Sie saugen also Honig und fressen Pollen. Ausserdem sammeln sie Pollen mit ihren Fersenbürsten ein. C. **Diptera** *Empidae*: 17) *Empis* spec. sgd. *Muscidae*: 18) Onesia floralis R. D. Pfd. 19) Sarcophaga carnaria L. ♀ *Bibi-*

onidae: 20) Bibio laniger Mgn. sgd. in Mehrzahl. Auch Ameisen, namentlich Lasius niger L. ☿ und Formica fusca L. ☿ finden sich nicht selten auf den Blüthen ein, um Honig zu lecken. Ihre Gewohnheit andauernd an denselben Blüthen zu sitzen, macht sie aber als Kreuzungsvermittler ziemlich untauglich.

(86). *Hesperis matronalis* L. Besucher: Diptera *Syrphidae:*

3) Eristalis nemorum L. Pfd. Tekl., Bo. 6) Rhingia rostrata L. sgd. u. Pfd. N. B. 5/7. 75. Eine Schildwanze, Strachia oleracea L., fand ich wiederholt auf Blättern und Blüthen dieser Blume, sowohl einzeln als in Paarung. Ich sah sie jedoch nie Blumennahrung geniessend.

443. *Hesperis tristis* L Nachtviole (Nature Vol. XII. p. 190, 191. Fig. 65—70.)

Die Farbe der Blumenblätter (schmutzig grüngelb mit einem Netze zarter, schmutzig purpurfarbener Adern) sticht so wenig von dem Grün des Stengels und der Blätter ab, dass die Blüthen trotz ihrer für Cruciferen ungewöhnlichen Grösse (die abstehenden Lappen der Blumenblätter sind 14 bis über 20 mm lang bei 3 bis 5½ mm Breite!) nur sehr wenig in die Augen fallen; auch ihr Duft ist bei Tage unmerklich; Insektenbesuch wird ihnen daher bei Tage kaum zu Theil. Des Abends dagegen verbreiten sie kräftigen Wohlgeruch und kennzeichnen sich dadurch auf das bestimmteste als der Befruchtung durch Abend- und Nachtfalter angefasst. Da ihre grossen Blumenblätter ihnen nun zur Anlockung erst recht unnütz sind, so lassen sich ihre Eigenthümlichkeiten überhaupt nur durch die Annahme erklären, dass ihre Stammeltern Tagblumen gewesen sind und als solche — grosse, lebhaft gefärbte Blumenblätter erlangt haben, die erst mit dem Uebergang zur Nachtblüthigkeit der Wirkung der Naturauslese sich entzogen und ihre Missfarbigkeit erlangt haben.

Die schmalen 11—15 mm langen Kelchblätter sind in ihrem untersten Theile schwach auswärts gebogen, so dass man zwischen ihnen hindurch sehen kann, die obersten zwei Drittel derselben schliessen dagegen so dicht an einander und halten die Stiele der Blumenblätter (die sogenannten Nägel) so dicht umschlossen, dass zu Anfang der Blüthezeit zwischen den Geschlechtsorganen bloss ein oder

zwei enge. nur Schmetterlingsrüsseln bequem zugängliche
Durchgänge zum honigführenden Blüthengrunde frei bleiben.
Im Eingange der Blüthe stehen jetzt, die pollenbedeckten
Seiten der Blüthenmitte zugekehrt. die vier längeren Staubgefässe, ein wenig (höchstens 2 mm) unter ihrem unteren
Ende die gleichzeitig zur Reife entwickelte Narbe. Diese
ist in der Richtung von einem kürzeren Staubgefässe zum
anderen in die Länge gezogen, durch einen Längseinschnitt
in zwei Lappen getheilt und mit beiden schmalen Enden
abwärts gekrümmt. Die beiden· kürzeren Staubgefässe
stehen, ebenfalls ihre pollenbedeckte Seite der Blüthenmitte
zukehrend, so dicht unter der Narbe, dass ihr oberster
Theil mit dem herabgebogenen Narbenende etwa in gleiche
Höhe zu liegen kommt und demselben in einer Entfernung
von noch nicht 1 mm gegenüber steht. Die ein oder
zwei engen Durchgänge, welche zu Anfang der Blüthezeit
frei bleiben, führen grade zwischen Narbenende und kurzem
Staubgefäss hindurch in den honighaltigen Blüthengrund,
so dass eindringende Schmetterlingsrüssel immer mit einer
Seite die Narbe, mit der entgegengesetzten die pollenbedeckte Seite eines Staubgefässes streifen und daher, sobald
sie einmal ringsum mit Pollen behaftet sind, beim Besuche
neuer Blüthen regelmässig Kreuzung bewirken.

Die Honigabsonderung ist reichlich genug, um die
einmal angelockten Nachtfalter zu immer erneuten Besuchen
zu veranlassen. Denn zwei sehr stark entwickelte grüne
fleischige Anschwellungen an der Innenseite der Basis der
kürzeren Staubfäden sondern eine solche Menge wasser-
klarer süsser Flüssigkeit ab, dass man die beiden Winkel
zwischen der Basis je eines kürzeren Staubfadens, derjenigen der beiden benachbarten längeren und dem Stempel
ganz mit derselben ausgefüllt findet, und zwar, wenn des
Nachts kein Schmetterlingbesuch stattfand, auch noch am
nächsten Tage.

Trotzdem ist, in Folge der Unsicherheit der Witterung, die Kreuzung dieser Blume durch Nachtsschmetter-
linge so wenig gesichert, dass sie des Nothbehelfs der
Selbstbefruchtung nicht entbehren kann. Bleibt Kreuzung
aus, so rückt die Narbe, von dem weiter wachsenden Ova-

rium gehoben, zwischen den vier längern Staubgefässen
empor und behaftet sich reichlich mit deren Pollen. Auch
führt diese regelmässig erfolgende spontane Selbstbefruchtung, wie ich durch den Versuch festgestellt habe, zur Bildung zahlreicher entwickelungsfähiger Samenkörner.

Bei dieser Crucifere haben also die längeren und kürzeren Staubgefässe auffallend verschiedene Funktionen. Die
vier längern halten in der jungen Blüthe unberufene Gäste
vom Zutritt zum Honige ab, indem sie mit ihren Staubbeuteln den Blütheneingang verstopfen und tragen mit ihren
Staubfäden dazu bei, die eindringenden Schmetterlingsrüssel
auf dem rechten Wege weiterzuführen; in älteren Blüthen
bewirken sie, wenn Kreuzung ausgeblieben ist, unausbleiblich Selbstbefruchtung. Die beiden kürzeren Staubgefässe
dagegen dienen ausschliesslich der Kreuzung durch besuchende Nachtschmetterlinge.

Meine Tochter Agnes hat an einigen milden Maiabenden folgende Kreuzungsvermittler der Nachtviole beobachtet und eingesammelt: 1) Plusia gamma L. (Rüssellänge 15—18mm) häufig. 2) Hadena
spec. (11 mm) 3) Dianthoecia conspersa W. V. (13 mm) 2 Exemplare
4) Jodis lactearia L. 5) Botys forficalis L. 3 Exemplare.

(87). *Sisymbrium Alliaria* Scop. (S. 137. 138).
Weitere Besucher:

A. Hymenoptera *Apidae*: 8) Andrena nitida K. ♀ sgd. B. Diptera *Empidae:* 9) Empis punctata F. (digramma Fallen) sgd. 10)
E. nigricans Fallon sgd., häufig. *Muscidae:* 11) Sepsis spec. *Bibionidae:* 12) Dilophus vulgaris Mgn. ♂, den Kopf in die Blüthe steckend,
wiederholt beobachtet. C. Coleoptera *Dermestidae:* 13) Byturus
fumatus F. Pollen verzehrend und sich auch zu den Nektarien drängend, ebenso wie Meligethes und von Fliegen Rhingia rostrata, sehr
häufig.

(88.) *Sisymbrium officinale* Scop. (S. 138). Weitere Besucher:

A. Hymenoptera *Apidae*: 4) Halictus morio F. ♂ sgd. 16/7 75.
NB. C. Diptera *Muscidae:* 5) Anthomyia spec. Pfd. 20/7. 75. *Syrphidae*: 6) Ascia podagrica F. Pfd. in Menge 20/7 75. N. B.

444. *Sisymbrium Thalianum* Gaud.

Die Honigabsonderung dieser Art weicht von derjenigen von S. Alliaria und officinale wesentlich ab. Bei
ihr findet sich nämlich an der Aussenseite der Wurzel jedes
der 6 Staubgefässe ein Nektarium in Form eines grünen

fleischigen Knötchens; die Nektarien der 4 längeren Staubgefässe existiren aber blos noch als sehr kleine rudimentäre
Organe; die der kürzeren sind vielmal grösser und sondern
eine wasserklare süsse Flüssigkeit ab, die sich in einer
kleinen Aussackung des darunterstehenden Kelchblattes
sammelt.

Alle Staubgefässe sind mit dem Stempel gleichzeitig
entwickelt und mit der pollenbedeckten Seite diesem zugekehrt; die zwei kürzeren stehen erheblich tiefer als die
Narbe und dienen daher ausschliesslich der Kreuzung durch
Vermittlung der den Honig saugenden Insekten; die 4 längeren umschliessen die Narbe und bewirken bei ausbleibender Kreuzung unausbleiblich Selbstbefruchtung. Da die
Blüthen sehr klein und unansehnlich sind und in Folge
dessen nur sehr spärlich von Insekten besucht werden, so
ist spontane Selbstbefruchtung die vorwiegende Fortpflan-
zungsart. Als Besucher beobachtete ich bei Lippstadt im
Monat Mai und Juni 1873:

A. Coleoptera: *Curculionidae:* 1) Ceutorhynchus spec., (nur
1 mal) *Mordellidae:* 2) Anaspis rufilabris Gylb. *Nitidulidae:* 3) Meligethes B. Diptera: *Empidae:* 4) Empis vernalis Mgn. sgd. *Syrphidae:*
5) Ascia podagrica F. Pfd. 6) Rhingia rostrata sgd. C. Hymenoptera:
Apidae: 7) Apis mellifica L. ♀ sgd., aber nur einige Blüthen probeweise.

Während die Honigbiene, einmal orientirt, sich andauernd an dieselbe Blumenart zu halten pflegt, kann man
sie, wenn sie ihren ersten Ausflug macht, unmittelbar nach
einander sehr verschiedene Blumen besuchen sehen. So
sah ich das hier in Rede stehende Exemplar am 18/5. 73
auf einem Unkrautacker der Reihe nach an Veronica hederaefolia, Lithospermum arvense, Sisymbrium Thalianum und
Viola tricolor var. arvensis sgd., an jedem der 3 ersten
nur einige Blüthen, am letzten dann andauernd.

445. *Erysimum cheiranthoides* L. Hier finden
sich 2 rudimentäre Nektarien aussen zwischen den Wurzeln
je zweier längeren Staubfäden und zwei thätige Nektarien
an der Innenseite der Wurzel der beiden kürzeren. Der
von letzteren abgesonderte Honig füllt jederseits den Winkel
zwischen dem kürzern Staubfaden, den beiden benachbarten
längern und dem Ovarium aus. Alle Staubgefässe kehren

ihre pollenbehaftete Seite der Blüthenmitte zu, die kürzern biegen sich zurück, machen dadurch den Zugang zum Honig frei'und dienen, wie bei der vorigen Art, der Kreuzung durch Vermittlung der honigsaugenden Insekten; die 4 längern umgeben auch hier die Narbe und sichern bei ausbleibender Kreuzung spontane Selbstbefruchtung. ˙Besucher:

Hymenoptera: *Apidae:* 1) Panurgus calcaratus Scop. sgd. 18/6 76. N. B.

446. *Camelina sativa* Crntz. Besucher:

Lepidoptera: *Rhopalocera:* Epinephele hyperanthus L. sgd. Thür. 9/7 73.

(89.) *Capsella bursa pastoris* Moench. (S. 138.) Weitere Besucher:

A. Diptera: *Syrphidae:* 3) Syritta pipiens L. sgd. u. Pfd. 1/6 73. 9) Chrysotoxum bicinctum Pz. Pfd. 29/6. 75. NB. B. Coleoptera: *Mordellidae:* 10) Anaspis rufilabris Gylh., den Kopf in die Blüthe steckend. C. Hymenoptera: *Sphegidae:* 11) Sapyga clavicornis Sh. (prisma F.) 16/5. 73. NB. *Apidae:* 12) Prosopis pictipes ʹNyl. ♂ daselbst. 13) Pr. signata Nyl. ♂ daselbst D. Lepidoptera: *Microl:* 14) Adela violella Tr. (18/5. 73).˙ sgd. E. Thysanoptera: 15) Thrips häufig.

(90.) *Lepidium sativum* L. (S. 139). Weitere Besucher:

Hymenoptera: *Apidae:* 27) Prosopis signata Nyl. ♂ sgd. 6/73. NB.

(91.) *Brassica oleracea* L. Weitere Besucher:

Hymenoptera. *Apidae:* 9) Osmia rufa L. ♂ sgd. 10) Halictus morio F. ♀ Psd. u. sgd. 11) Andrena fulvescens Sm. ♀ Psd. Alle drei 7/5. 73. N. B.

477. *Brassica Napus* L. Besucher: (6/73) NB.:

A. Diptera: *Empidae:* 1) Empis tesselata F. sgd. B. Hymenoptera: *Apidae:* 2) Andrena parvula K. ♀ 3) Halictus Smeathmanellus K. ♀ sgd. u. Psd.

(92.) *Sinapis arvensis* L. (S. 140). Weitere Besucher: (Juni 73.)

A. Diptera: *Conopidae:* 10) Dalmannia punctata F. sgd. einzeln. 11) Myopa buccata L. sgd. einzeln. *Empidae:* 12) Empis spec. sgd. *Muscidae:* 13) Lucilia spec. Pfd. 14) Scatophaga merdaria F. Pfd. 15) Sc. stercoraria L. Pfd. *Syrphidae:* 16) Chrysogaster Macquarti Loew. Pfd. 17) Eristalis pertinax Scop., nicht selten, (2) E. arbustorum L. zahlreich. 18) E. sepulcralis L. mehr vereinzelt, alle drei sgd. u. Pfd. 19) Syritta pipiens L. Pfd. B. Hymenoptera:

Apidae: 20) Halictus sexnotatus K. ♀ sgd., einzeln. 21) H. sexsignatus Schenck ♀ sgd., einzeln. 22) H. malachurus. K. ♀ sgd. u. Psd., einzeln (5) H. leucozonius K. ♀ sgd. 23) Andrena cingulata F. ♂ sgd. 2 Exemplare. 24) A. albicrus K. ♂ sgd., in Mehrzahl. 25) H. dorsata K. ♀ sgd. u. Psd. 26) Bombus lapidarius ♀ sgd. (7) Apis mollifica L. ♀ sgd. häufig. 27) Chelostoma nigricorne. Nyl. ♂ sgd. 7/75. N. B. 28) Nomada pallescens. H. Sch. ♀ sgd. häufig (14 Exemplare eingesammelt, nur ♀.) 29) Prosopis confusa Nyl. ♀ 30) Pr. armillata. Nyl. ♂, beide einzeln, sgd. u. Psd. C. Coleoptera: *Cerambycidae:* 31) Strangalia nigra L. 32) Leptura livida F., beide Antheren fressend. *Lamellicornia:* 33) Phyllopertha horticola L. Blüthentheile abweidend. *Nitidulidae*: 34) Meligethes häufig. *Cistelidae*: 35) Cistela murina L. D. Lepidoptera: (9.) Euclidia glyphica L. sgd. (Rüssellänge 7 mm) E. Hemiptera: 36) Strachia ornata, Blüthentheile anbohrend u. sgd. 6/73. N. B.

(93.) *Raphanus Raphanistrum* L. (S. 140.) Besucher: (Mai, Juni 73):

A Hymenoptera: *Apidae:* 1) Apis mellifica L. ♀ sgd. u. Psd. in grosser Zahl 2) Bombus senilis Sm. ♀ sgd. 3) B. muscorum L. ♀ sgd. 4) Halictus flavipes F. ♀ sgd. (sich tief in die Blüthe zwängend). 5) H. Smeathmanellus K. ♀ sgd. *Tenthredinidae:* 6) Cephus spinipes Pz., einzeln in den Blüthen. B. Diptera: *Syrphidae:* 7) Rhingia rostrata L. sgd. u. Psd. häufig. 10) Syrphus ribesii L. Pfd. 11) Syritta pipiens L. Pfd. C. Lepidoptera: *Rhopalocera:* 12) Coenonympha pamphilus L. sgd.

Resedaceae. (S. 142).

(94.) *Reseda odorata* L. (S. 142. Fig. 43) Weitere Besucher:

Hymenoptera *Apidae*: Andrena nigroaenea K. ♀ 18/573.

(95.) *Reseda luteola* L. (S. 143.) Weitere Besucher:

Hymenoptera *Apidae*: 4) Andrena nigroaenea K. ♀ sgd. in Mehrzahl. Thür. 7/73. 5) Prosopis signata Pz. ♀ 26/8 73. N. B. Coleoptera *Curculionidae*: 6) Urodon rufipes F. 7) U. conformis Suffr. beide an den Blüthen herumkriechend 26/6 73. N. B.

(96.) *Reseda lutea* L. (Thüringen, Juli 73.) Weitere Besucher:

A. Hymenoptera *Sphegidae*: 5) Entomognathus brevis v. d. L., einzelne ♀ und zahlreiche ♂ sgd. 6) Diodontus tristis v. d. L. ♀ einzeln. *Apidae:* 7) Apis mellifica L. ♀ sgd. u. Psd. 8) Halictus spec. ♀ sgd. 9) Prosopis pictipes Nyl. ♀ sgd. 10) Pr. signata Pz. ♀

♂ sgd., sehr zahlreich: *Ichneumonidae*: 11) unbestimmte Arten, vergeblich nach Honig suchend. *Formicidae*: 12) Lasius niger L. ☿ desgl. B. Diptera *Muscidae*: 13) Ulidia erythrophthalma Mgn. desgl. C. Coleoptera *Curculionidae*: 14) Baridius abrotani Sch., 1 Exemplar, desgl. 15) Urodon rufipes F. desgl. *Mordellidae*: 16) Anaspis rufilabris Gylh.

Violaceae. (S. 145.)

(98.) *Viola tricolor*. (Nature Vol. IX. p. 44—46. Fig. 15—22.)

Ich habe bei Lysimachia vulgaris, Euphrasia officinalis und Rhinanthus crista galli das Nebeneinander-Vorkommen von zweierlei Stöcken mit verschiedener Bestäubungseinrichtung nachgewiesen. Die einen haben augenfälligere Blumen und in Folge dessen reichlicheren Insektenbesuch; sie haben sich so ausschliesslich der Kreuzung durch die besuchenden Insekten angepasst, dass ihnen die Möglichkeit, sich durch spontane Selbstbefruchtung fortzupflanzen, verloren gegangen ist. Die anderen haben unansehnlichere Blüthen und in Folge dessen unzureichenden Insektenbesuch; sie befruchten sich bei ausbleibendem Insektenbesuche regelmässig selbst, lassen jedoch stets die Möglichkeit der Kreuzung offen. In demselben Falle befindet sich *Viola tricolor*. Eine kleinblumige Abart derselben (var. *arvensis*) ist hier überall in Gärten, an Hecken und auf Feldern als Unkraut verbreitet. Alle Blumenblätter ihrer kleinen Blüthen sind weiss, nur das unterste ist am Grunde orangegelb. Eine grossblumige Abart findet sich bei Lippstadt hie und da auf Aeckern.

Die Blumenblätter derselben sind unmittelbar nach dem Aufblühen meist ebenso gefärbt und oft nicht grösser als bei der var. *arvensis*; sie wachsen aber nachträglich zur mehrfachen Grösse heran und färben sich violett oder blau. Wenn man die Blüthen der grossblumigen Abart nicht in ihrer Entwickelung verfolgt, wird man daher leicht zu dem Irrthum verleitet, als ob beiderlei Blüthenformen an demselben Stocke vorkämen [1]).

---

1) Siehe H. Müller, Befruchtung S. 145.

Eine noch grossblumigere, in der Färbung höchst variable Abart des Stiefmütterchens wächst in grösster Menge auf Aeckern bei Liesborn (1 Meile von Lippstadt). Der verschiedenen Augenfälligkeit dieser Abänderungen entspricht die Reichlichkeit ihres Insektenbesuches. An der kleinblumigen Abänderung kommen zwar vielleicht ebenso mannigfaltige Insektenarten vor wie an den grossblumigen, aber nur selten und in vereinzelten Exemplaren, die sich überdies auf den Besuch einiger weniger Blüthen beschränken. An der grossblumigen Abart bei Liesborn dagegen sah ich in einer einzigen sonnigen Stunde zahlreiche Kreuzungsvermittler andauernd in emsiger Thätigkeit.

Dieser verschiedenen Reichlichkeit des Insektenbesuches entsprechend haben sich die grossblumigen Varietäten des Stiefmütterchens ausschliesslicher Kreuzung durch ihre regelmässigen Besucher, die kleinblumige var. *arvensis* hat sich dagegen unausbleiblicher spontaner Selbstbefruchtung, bei offen gehaltener Möglichkeit der Kreuzung durch gelegentlich doch einmal sich einfindende Gäste, angepasst. Beiderlei Formen zeigen daher folgende wesentliche Unterschiede: 1) der kugelige Narbenkopf, der bei beiden Arten gegen die Unterlippe gedrückt ist, kehrt bei den grossblumigen Formen seine Oeffnung nach aussen, so dass aus dem Antherenkegel herausfallende Pollenkörner nicht von selbst in diese Oeffnung gelangen können, bei der keimblumigen var. *arvensis* dagegen nach innen, so dass von selbst Pollenkörner in dieselbe hineinfallen.

2) Bei den grossblumigen Formen ist der untere Rand der Narbenöffnung mit einem lippenförmigen Anhange versehen, welcher den aus dem honighaltigen Sporn sich zurückziehenden Insektenrüssel verhindert, die Blüthe mit ihrem eigenen Pollen zu befruchten und von dem eindringenden, bereits mit fremdem Pollen behafteten Insektenrüssel diesen Pollen abstreift, wodurch Selbstbefruchtung ebenso verhindert als Kreuzung unausbleiblich gemacht wird. Bei *V. arvensis* fehlt dieser lippenförmige Anhang. Auch bei eintretendem Insektenbesuche ist daher Selbstbefruchtung nicht verhindert, obschon auch Kreuzung möglich.

3) Bei den grossblumigen Formen fallen von selbst

erst dann Pollenkörner aus dem Antherenkegel, wenn die Blüthe seit mehreren Tagen völlig entwickelt ist; bei der kleinblumigen Form dagegen fällt oft schon vor dem Auf-blühen, spätestens kurze Zeit nach demselben, eine grosse Zahl Pollenkörner aus dem Antherenkegel in die Narben-höhle und treibt hier lange Schläuche, so dass Kreuzung hier oft nur durch die überwiegende Wirkung des fremden Pollens, wenn er auch erst nachträglich in die Narbenhöhle gelangt, ermöglicht zu sein scheint.

4) Schützt man beiderlei Formen durch Ueberstülpen eines feinen Netzes gegen Insektenzutritt, so verwelken die Blüthen der *var. arvensis* nach 2 bis 3 Tagen, nachdem sie sämmtlich dicke Samenkapseln angesetzt haben, deren Samenkörner, wie ich durch Aussaatversuche weiss, völlig entwicklungsfähig sind. Die Blüthen der grossblumigen Varietäten bleiben dagegen 2 bis 3 Wochen lang völlig frisch und welken endlich meist ohne Kapseln anzusetzen. Nur ausnahmsweise habe ich auch von ihnen einige kleine Kapseln erhalten, deren Samenkörner aber, im nächsten Frühjahre ausgesät, nicht aufgegangen sind.

A. Kreuzungsvermittler der grossblumigen *Viola tricolor.*

Auf einem mit grossblumigen Stiefmütterchen dicht bestandenen Acker bei Liesborn sah ich am sonnigen Nachmittage des 4. Mai 1877 folgende Bienen sämmtlich in einer grösseren Zahl von Exemplaren honigsaugend und Kreuzung vermittelnd an diesen Blumen beschäftigt:

1) *Apis mellifica* L. ☿ (6)[1]) saugt stets in umgekehr-ter Stellung, von oben her. Oft fliegt sie in gewöhnlicher Stellung an und dreht sich dann erst um.

2) *Bombus lapidarius* L. ☿, (12—14) sehr zahl-reich, und 3) *B. terrestris* L. ♀, (7—9), in Mehrzahl, hingen meist von unten an den Blüthen, die sich unter ihrer Last herabgezogen hatten, und drehten sich so, dass

---

1) Die hinter den Namen eingeklammerten Zahlen bedeuten die Rüssellängen in mm.

sie ihren Rüssel beim Hineinstecken in den Sporn nicht aufwärts, sondern abwärts (auf den Leib der Hummel bezogen)
zu biegen brauchten. Eine *B. lapidarius* ♀ sah ich erst
mehreremale in der ihr unbequemeren Stellung; nachdem
sie sich aber überzeugt hatte, wie es besser ging, saugte
sie nun alle folgenden Blüthen in derselben Weise an.

4) *B. hortorum* L. ♀ (18—21) umfasst mit den
Vorderbeinen die Blüthe von hinten und saugt, indem sie
ein Stück ihres langen Rüthsels von unten, in der den
kurzrüsseligen Hummeln sehr unbequemen Stellung, in den
Sporn steckt.

5) *Anthophora pilipes* F. ♀ (19—21) machte es
ebenso.

B. Als Besucher der kleinblumigen *var. arvensis*
beobachtete ich im Mai 1873 auf einem Unkrautacker, den
ich mehrmals bei sonnigem Wetter stundenlang ins Auge
fasste, folgende Insekten in einzelnen Exemplaren:
A. Lepidoptera: 1) Pieris rapae L. (12) sgd., wiederholt.
2) P. napi L. (11) sgd., wiederholt 3) Polyommatus dorilis Hfn. sgd.
einmal B. Hymenoptera: *Apidae:* 4) Apis mellifica L. ♀ (6) andauernd sgd., (schon von Sprengel beobachtet) 5) B. hortorum L. ♀
(18—21) andauernd sgd., obgleich sich jede Blüthe unter ihrem Gewichte niederzieht. 6) B. Rajellus Ill. ♀ (10 mm) dasselbe Exemplar einige Blüthen von Viola tricolor v. arvensis und einige von Lamium purpureum sgd. 7) B. muscorum L. ♀ (10—14) ohne Unterschied die ungefähr gleich grossen und gleich gefärbten Blüthen
von Lithospermum arvense und V. tricolor var. arvensis sgd., dagegen
an anderen Blumen (Capsella bursa pastoris, Valerianella olitoria,
Myosotis versicolor) vorüber fliegend. 8) Osmia rufa L. (7—9) ♂ ein
einziges mal flüchtig sgd. C. Diptera: *Syrphidae:* 9) Rhingia rostrata (11—12) mehrere Exemplare sgd. D. Coleoptera: 10) Meligethes, in die Blüthen kriechend.

(99). *Viola odorata* L. (S. 145, 146). Besucher:
A. Hymenoptera: *Apidae:* (1) Apis mellifica L. ♀. Manche
Exemplare schienen nur mit grosser Mühe zum Honig zu gelangen.
Sie bleiben andauernd am Besuche der Veilchen, strampeln sich
aber an jeder einzelnen Blüthe tüchtig ab (vielleicht Psd.?) Thür.
14/4. 73. (4) B. lapidarius ♀ saugt von oben her. (6) Osmia rufa L.
♀ ♂ sgd. 2/4 76. N. B. 10) Osmia cornuta Latr. ♀ sgd., bald von
oben, bald von der Seite kommend. 11) Halictus cylindricus F. ♀,
ein Stückchen in die Blüthe kriechend und vergeblich nach Honig

suchend. 12) Andrena fulva Schr. ♀ desgl. C. Lepidoptera: (8) Vanessa cardui L. sgd., sehr zahlreich, andauernd auf den Veilchen verweilend, oft sich ganz auf der Blüthe herumdrehend. D. Coleoptera: 13) Meligethes, in die Blüthen kriechend. .

(101.) *Viola canina* L. Besucher:

A. Hymenoptera: *Apidae:* 7) Bombus terrestris L. ♀ sgd. Thür. 17/8. 73. B. Diptera: *Bombylidae:* 8) Bombylius discolor Mgn., mehrere Blüthen nach einander besuchend, jedoch den Rüssel so wenig tief hineinsteckend, dass sie gewiss nicht zum Honig gelangen konnte.

Cistaceae. (S. 147.)

(102.) *Helianthemum vulgare* L. (Thür. Juli 73.) Besucher:

A. Diptera: *Syrphidae:* 12) Chrysotoxum fasciolatum. Mgn. Pfd. 13) Merodon aeneus Mgn. Pfd. B. Hymenoptera: *Apidae:* 14) Prosopis annularis. Sm. ♀ Pfd. C. Coleoptera: *Buprestidae:* 15) Anthaxia nitidula L. 16) A. quadripunctata L. *Cucurlionidae:* 17) Spermophagus cardui Schh. (Pfd.?) *Malacodermata:* 18) Dasytes flavipes F. Pfd. *Mordellidae:* 19) Mordella aculeata L., wohl nur vergeblich suchend. *Oedemeridae:* 21) Oedemera virescens L. Pfd. D. Lepidoptera: 21) Melitaea Athalia Esp. versucht flüchtig zu saugen.

Cucurbitaceae. (S. 148, 149.)

(103.) *Bryonia dioica* Jacq. Besucher:

A. Hymenoptera: *Apidae:* 14) Halictus morio F. ♂ sgd. 5/7. 75. N. B. 15) H. cylindricus ♀ sgd. daselbst. D. Diptera: *Empidae:* 16) Empis livida L. ♀ sgd. *Syrphidae:* 17) Ascia podagrica F. Pfd. 18) Syrphus balteatus Deg. Pfd. Als Kreuzungsvermittler kommen diese Fliegen nicht in Betracht, da ich sie nur an ♂ Blüthen beobachtete.

Saliceae. (S. 149.)

(104.) *Salix cinerea* L., *Caprea* L., *auxita L.* u. a. Weitere Besucher:

A. Hymenoptera: *Apidae:* 87) Psithyrus vestalis Fourcr. ♀ sgd. 88) Nomada lateralis.Pz. ♀ ♂ sgd. 89) N. pallescens H. Sch. sgd. 90) N. Fabriciana L. ♂ (notata K.) sgd. 91.) N. furva Pz. (minuta F.) ♂ sgd. (18) Andrena apicata Sm. ♂ ♀ 92) A. fasciata Wesm. ♂ 93) A. fulva Schr. ♂ 30/3 73. N. B. 94) A. fulvida Schck.

♀ 95) A. nigriceps K. ♂ 96) A. ruficrus Nyl. ♀ ♂ sgd. u. Pfd. 97) A. lepida Schenck. ♂ sgd. 98) A. fuscipes K. (pubescens K.) ♂ sgd. 99) Halictus¦ flavipes F. ♀ sgd. u. Pfd. 100) H. nitidiusculus K. ♀ 101) H. minutus K. ♀ 102) H. malachurus K. ♀ 103) H. sexstrigatus Schenck. ♀ sgd. u. Pfd. 104) Osmia rufa ♂ ♀ sgd. *Formicidae:* 105) Lasius fuliginosus Latr. ♀ hld. B. Diptera: *Bibionidae:* 106) Dilophus vulgaris Mgn. häufig. *Muscidae:* 107) Exorista spec. 108) Pollenia vespillo F. sgd. u. Pfd. 109) Gonia ornata Mgn. sgd. *Syrphidae:* 110) Eristalis aeneus Scop. ¦sgd. u. Pfd. 111) Syrphus corollae F. desgl. 112) Cheilosia urbana Mgn. desgl. C. Coleoptera: *Elateridae:* 113) Corymbites castaneus L. D. Lepidoptera: *Microl:* 114) Adela cuprella H. ♂ ♀ (teste Speyer) L.; Tckl. Bo.

448. *Salix fragilis* L., (Jena 17/5. 75. H. M.) Besucher:

A. Hymenoptera: *Apidae:* 1) Apis mellifica L. ♀ sgd. u. Pfd. 2) Andrena parvula K. ♀ desgl. 3) Halictus maculatus K. ♀ desgl. *Formicidae:* 4) Formica rufa L. ♀ hld. B. Coleoptera: *Oedemeridae:* 5) Oedemera coerulea L. hld. *Nitidulidae:* 6) Meligethes spec. hld.

449. *Salix amygdalina* L., (Lippstadt 15/5. 73). Besucher:

A. Hymenoptera. *Apidae:* 1) 'Apis mellifica L. ♀ sgd. u. Psd. zahlreich. 2) Andrena albicrus K. ♀ sgd. 3) A. spec. ♂ sgd. B. Diptera: *Bibionidae:* 4) Dilophus vulgaris Mgn. ♀ ♂ häufig. *Empidae:* 5) Empis opaca F. sgd.

An *Populus pyramidalis* Raz. sah ich am 14. April 1873 bei Eischleben in Thüringen Tausende von Honigbienen mit Pollensammeln beschäftigt, so dass sie die Luft mit lautem Gesumm erfüllten.

Hypericaceae. (S. 150.)

(150.) *Hypericum perforatum* L. (S. 150, 151.) Weitere Besucher:

A. Hymenoptera: *Apidae:* 28) Bombus Rajellus Ill. ♀ Psd. 23/7. 73. b. Oberpf. 20) Andrena fulvicrus K. ♀ Psd. 13/7. 75. N. B. 30) Halictus cylindricus K. ♀ Psd. 31) H. malachurus K. ♀ Psd. 32) H. morio K. ♀ Psd.; alle drei 7/73. N. B. 33) Cilissa melanura Nyl. ♀ Psd. 23/7. 73. b. Oberpf. B. Diptera: *Bombylidae:* 34) Anthrax flava Mgn. flog summend auf die Blüthen und stand auf denselben, mit den Beinen sie nur leicht berührend und die lebhafte Flügelbewegung fortsetzend: so griff sie fast freischwebend, mit den Vor-

derbeinen in rasch hin- und herreibender Bewegung in die Staubgefässe hinein, wobei sie auch den Rüssel merklich ausreckte. Sie
schien mir hiernach Pollen zu fressen; leider entwichte sie mir, so
dass ich die Frage, ob sie es wirklich that, nicht durch Untersuchung
des Darminhaltes zu entscheiden vermochte. 10/7. 73. Thür. 35) Anthrax maura L. daselbst. *Syrphidae:* (14) Eristalis arbustorum L.
Psd. 23/7. b. Oberpf. (17) Syrphus balteatus Deg. Pfd. 8/73, C. Lepidoptera: *Rhopalocera:* 36) Melitaea Athalia Esp. mit der Rüssel-
spitze im Blüthengrunde umhertastend, vielleicht anbohrend. 37) Pieris rapae L. desgl.

450. *Hypericum tetrapterum* L. Besucher:
A. Hymenoptera: *Apidae:* 1) Apis mellifica L. ☿ Psd.
Fichtelgeb. 27/7. 73. 2) Bombus terrestris L. ♀ ☿ Psd. daselbst.
B. Diptera: *Muscidae:* 3) Aricia incana Wiedem. u. 4) A. vagans
Mgn. Pfd. häufig, L. ·12/8. 73. *Syrphidae:* 5) Syrphus balteatus DeG.
Pfd. daselbst. C. Coleoptera: *Nitidulidae:* 6) Meligethes aeneus
F. Pfd. daselbst.

451. *Hypericum quadrangulum* L. Besucher:
Diptera: *Muscidae:* Aricia vagans Mgn. Pfd. 8/73. L. *Syrphidae:* Syrphus balteatus DeG. Pfd. daselbst.

Frangulaceae. S. 152, 153.)

(106.) *Rhamnus frangula* L. Weitere Besucher:
6) Vespa silvestris Scop. (holsatica F.) ♀ sgd: in Mehrzahl 7/73

Aceraceae. (S. 154.)

452. *Acer platanoides* L. (Fig. 34, 35.) Die Bäume
des Spitzahorn, welche ich bei Lippstadt zu untersuchen
Gelegenheit hatte, sind monöcisch, jedoch nur sehr wenig
vom Andromonöcismus (in Darwin'schem Sinne) entfernt,
d. h. in einem Theile ihrer Blüthen sind nur die Staubgefässe, in den übrigen nur die Stempel funktionsfähig.
Während aber in den ersteren der Stempel bis auf ein
kleines Rudiment verkümmert ist (Fig. 34), sind in den
letzteren (Fig. 35) neben dem Stempel die Staubgefässe so
weit entwickelt, dass sie sich nur sehr wenig weiter zu
entwickeln brauchten, um als männliche Befruchtungsorgane
zu wirken. Sie springen nicht auf, enthalten aber neben
zahlreichen an Grösse mehr oder weniger zurückgebliebe-

nen und verschrumpften vielleicht eine gleiche Zahl völlig normal erscheinender Pollenkörner. Die Blüthen sind ganz grünlich gelb, nur die Staubgefässe sind gelb. Die dicke fleischige Scheibe, an derem Rande die 5 Kelchblätter und 5 Blumenblätter und in deren Gruben die (in der Regel) 8 Staubgefässe entspringen, bedeckt sich in den warmen Mittagsstunden ganz mit kleinen Honigtröpfchen, die auch den kurzrüsseligsten Insekten bequem zugänglich sind, aber auch langrüsseligen eine reiche Ernte bieten. Ich fand die Blüthen am 19. April 78 in den Mittagsstunden eifrigst von zahlreichen Honigbienen (Apis mellifica) besucht.

453. *Acer Pseudoplatanus.* Besucher (Jena, Mai 75, H. M.):

A. Diptera: *Syrphidae:* 1) Eristalis tenax L. sgd. 2) E. arbustorum L. sgd. 3) Syrphus ribesii Mgn. Pfd. 'B. Hymenoptera: *Apidae:* 4) Andrena albicans K. ♀ sgd. 5) Anthophora aestivalis Pz. ♀ sgd. 6) Melecta luctuosa Scop. ♀ sgd. 7) Bombus terrestris L. ♀ sgd. in grosser Zahl. 8) B. lapidarius L. ♀ sgd. 9) B. hortorum L. ♀ sgd. 10) B. Rajellus III. ♀ sgd. 11) Psithyrus Barbutellus K. ♀ sgd. 12) Osmia emarginata Lep. ♀ sgd.

Polygaleae. (S. 156.)

454. *Polygala comosa* Schk. Besucher (Mai 76. N. B.):

A. Hymenoptera: *Apidae:* 1) Eucera longicornis L. ♂ sgd. 2) Andrena albicans K. ♀ sgd. 3) A. fulvago Chr. ♀ sgd. B. Lepidoptera: *Rhopalocera:* 4) Lycaena spec. sgd.

(109.) *Polygala vulgaris* L. Weitere Besucher: B. Lepidoptera: *Geometrae:* 5) Odezia chaerophyllata L. sgd. 6/7. 78. Thüring. C. Diptera: *Empidae:* 6) Empis livida L. sgd. daselbst.

Rutaceae. (S. 158.)

(112.) *Ruta graveolens* L. Weitere Besucher (7/73. N. B):

A. Diptera: *Stratiomyidae:* 34) Chrysomyia formosa Scop. sgd. B. Hymenoptera: *Ichneumonidae:* (22) verschiedene Arten. *Sphegidae:* 35) Crabro dives H. Sch. ♂ sgd. 36) Cr. guttatus v. d. L. ♂ sgd. 37) Cr. lapidarius Pz. ♂ sgd. *Vespidae:* 38) Polistes gallica F. ♂ sgd. (30) Odynerus parietum L. ♂ sgd. *Apidae:* 39) Sphecodes gibbus L. ♀ sgd. 40) Halictus tetrazonius Kl. ♀ sgd. (32) Prosopis sinuata Schenck. ♀ sgd. in Mehrzahl.

Euphorbiaceae. (S. 160.)

456. *Buxus sempervirens* L. (Fig. 36–40.) Die
Blüthen des Buxbaum haben weder lebhaft gefärbte Blüthenhüllblätter, noch anlockenden Duft. Das einzige, wodurch
sie sich bemerkbar machen, ist die gelbe Farbe der Staubgefässe, die schon aus der Knospe hervorragen. Da sie
indess zu dicht gedrängten Aehren mit einer einzigen weiblichen Gipfelblüthe und zahlreichen (6 oder mehr) sie umgebenden männlichen Blüthen (mit je 4 dicken Staubbeuteln)
zusammengedrängt stehen, so fallen sie trotz des Mangels
eines besonderen Anlockungsmittels schon aus einiger Entfernung hinreichend in die Augen, zumal ihre Blüthezeit
eine so frühzeitige ist, dass sie nur eine geringe Concurrenz zu bestehen haben. Als Genussmittel, welches die ein-
maligen Besucher zu immer erneuten Besuchen derselben
Blumenart veranlassen kann, bieten sie ausser reichlichem
Pollen auch einigen Honig dar. Die gipfelständige weibliche Blüthe trägt nämlich auf ihrem von 5 oder 6 grün-
lichen Perigonblättern umhüllten Ovarium drei zusammen-
stossende fleischige Kissen, deren jedes einen Honigtropfen
absondert (n, Fig. 37, 38); diese Nektarien werden überragt von den drei mit ihnen abwechselnden Griffeln, deren
jeder auf der Innenseite mit einer zweitheiligen Narbe besetzt ist. Von Antheren ist in der weiblichen Blüthe keine
Spur vorhanden. Dagegen hat sich in den männlichen
Blüthen ein Rudiment des Ovariums erhalten, wahrscheinlich nur deshalb, weil es den so eben bezeichneten Neben-
dienst des Ovariums (Honigabsonderung) noch leistet; es
schien mir wenigstens mit einigen winzigen Tröpfchen bedeckt zu sein. Dies Ovarium-Rudiment ist von 4 weit hervorragenden Staubgefässen mit dicken Staubbeuteln und
von 4 grünen Perigonblättern umgeben, die noch nicht die
Hälfte der Länge der Antheren erreichen und von denen
das vordere und hintere, wohl in Folge der zusammenge-
drängten Lage der Blüthen, breiter sind als das rechts und
links. (Siehe Blüthe 6 in Fig. 36.)

Die dichtgedrängten Blüthenährchen sind schwach
ausgeprägt proterogynisch. Die Narben der Gipfelblüthe

sind nämlich entwickelt, ehe eine der männlichen Blüthen
ihre Antheren geöffnet hat, bleiben jedoch bis zur vollen
Entwicklung der ersten ♂ Bthen. funktionsfähig. Fig. 36 stellt
z. B. ein Blüthenährchen dar, dessen erste ♂ Blüthe auf-
gesprungene Staubbeutel und dessen Gipfelblüthe entwickelte
Narben hat. Selbstbefruchtung des Blüthenährchens durch
besuchende Insekten ist also nicht ausgeschlossen. Da dieselben aber in der Regel auf der Mitte des Achrchens auffliegen, welche am bequemsten dazu ist, so bewirken sie,
so oft sie dies bereits mit Pollen anderer Stöcke behaftet
thun, Kreuzung getrennter Stöcke. Als Besucher habe ich
im Garten der Lippstädter Realschule, in der Regel in der
zweiten Hälfte des März, folgende Insekten beobachtet:

A. Hymenoptera: *Apidae:* 1) Apis mellifica L. ☿ in grösster
Menge, Psd. Sie beisst den Pollen der noch nicht aufgesprungenen
Staubgefässe mit den Oberkiefern los, speit aus dem ganz wenig
vorgestreckten Rüssel etwas Honig darauf, bürstet den Pollen mit
Vorder- und Mittelbeinen an die Hinterbeine, thut dies Alles aber
so rasch, dass man kaum die einzelnen Akte verfolgen kann.

B. Diptera: *Muscidae:* 2) Musca domestica L. und 3) M. corvina F. sgd. *Syrphidae:* 4) Syritta pipiens L. und 5) Syrphus pyrastri L., beide vor den Blüthen schwebend, anfliegend und bald sgd.,
bald Pfd.

Euphorbia (Fig. 41—43).

Wie Delpino in seiner meisterhaften Schilderung
der Entwickelung von *Euphorbia helioscopia* (Ulteriori osservazioni I, p. 157—161) mit Recht hervorhebt, ist bei der
Gattung *Euphorbia* das, was oberflächlich betrachtet als
einzelne Blüthe erscheint, zwar, morphologisch genommen,
unzweifelhaft eine Blüthengesellschaft, dagegen biologisch
genommen, d. h. als Kreuzung ermöglichende Einrichtung
betrachtet, eine einfache Blüthe, mit 10—12 oder mehr
Staubgefässen um den centralen Stempel herum, mit einer
honigabsondernden und oft durch lebhafte Farbe anlockenden Blüthenhülle und mit ausgeprägter proterogynischer
Dichogamie, welche Selbstbefruchtung der einzelnen Blü-
then(gesellschaften) unmöglich macht. Der offen darge-
botene Honig wird in der Regel vorwiegend von kurzrüsseligen Insekten (Fliegen, Käfer, kurzrüsselige Wespen) ausgebeutet, die dann als Kreuzungsvermittler dienen. Nur

an *Euphorbia Cyparissias* habe ich, wo sie in grossen Massen dicht bei einander wächst und daher Besuchern mit reicherer Ausbeute lohnt, auch Bienen in Mehrzahl unter den Blumengästen getroffen.

457. *Euphorbia Cyparissias* L. Besucher: A. Diptera: *Muscidae*: 1) Anthomyia spec. ♀ sgd. häufig 25/5. 76. N. B. *Syrphidae:* 2) Cheilosia spec. sgd. daselbst. 3) Eristalis tenax L. und 4) E. arbustorum L. sgd. Jena 5/75. H. M. B. Coleoptera: *Cerambycidae*: 5) Phytoecia nigricornis F. hld. 25/5.76. N. B. *Chrysomelidae:* 6) Calomicrus circumfusus Marsh. daselbst. 7) Haltica spec. häufig. 18/4. 73. Thür. 8) Cryptocephalus flavipes F. 25/5. 76. N. B. *Elateridae:* 9) Diacanthus aeneus L. hld. daselbst. 10) Cryptohypnus minutissimus Germ. hld. daselbst. *Malacodermata:* 11) Telephorusarten hld., daselbst. *Mordellidae:* 12) Mordella aculeata L. hld., Thür. 6/7. 72. C. Hemiptera: 13) Lygaeus equestris L. Jena 5/75. H. M. 14) Stenocephalus nugax 17 5. 73. N. B. 15) Miris laevigatus F. daselbst. D. Hymenoptera: *Chrysidae:* 16) Chrysis ignita L. ♀ hld. 5/75. Jena, H. M. *Tenthredinidae:* 17) Tenthredo bicincta L. (non F.) in Mehrzbl., bld. 26/5. 73. N. B. 18) T. ribis Sh. hld. daselbst. 19) Cimbex laeta F. hld. daselbst. 20) Hylotoma ustulata L. hld. daselbst. *Vespidae:* 21) Eumenes pomiformis Rossi sgd. Jena 5/75. II. M. *Apidae:* 22) Sphecodes gibbus L. ♀ sgd. 26/5. 73. N. B. 23) Halictus flavipes K. ♀ sgd. daselbst. 24) H. villosulus K. ♀ sgd. u. Psd. 5/75. Jena. H. M. 25) Andrena convexiuscula K. ♂ sgd. 26/5. 73. (N. B). E. Lepidoptera: Hesperia Sylvanus Esp. sgd. 6/7. 72. Thür.

458. *Euphorbia Esula* L. Besucher (Thür. 13/7 73): A. Diptera: *Muscidae:* 1) Anthomyia hld. 2) Ulidia erythrophthalma hld. 3) Sepsis sp. B. Hymenoptera: *Formicidae:* 4) Myrmica ruginodis Nyl. ☿ hld. *Ichneumonidae :* 5) unbestimmte Arten, hld., in grosser Zahl.

459. *Euphorbia Gerardiana* Jacq. (Kitzingen 17/7. 73.) Besucher: Coleoptera: *Cerambycidae:* 1) Leptura livida F. hld. 2) Strangalia melanura L. hld. *Mordellidae :* 3) Mordella aculeata L. 4) M. pumila Gylh. hld.

Euphorbia Peplus L. fand ich in Thür. 17/4. 73 von honigleckenden Ameisen (Lasius spec. ☿) und kleinen Fliegen,

Euphorbia helioscopia L. daselbst 7/73 von Anthomyia spec. und anderen Dipteren besucht.

Geraniaceae. (S. 160—167.)

(114.) *Geranium pratense* L. S. 161. Weitere Besucher (Thüringen, Juli 73):

A. Hymenoptera: *Apidae:* 14) Osmia fulviventris F. ♀ sgd. (3) Chelostoma nigricorne L. ♀ ♂ sehr zahlreich, sgd. 15) Ch. campanularum K. ♀ ♂ sgd., häufig. 16) Heriades truncorum L. sgd. 17) Stelis phaeoptera K. ♀ ♂ sgd. 18) St. breviuscula Nyl. ♀ ♂ sgd. 19) St. minuta Lep. ♂ sgd. 20) Coelioxys conoidea (Ill.) Gerst. ♂ sgd. 21) C. elongata Lep. (simplex Sm. ♂) sgd. 22) C. quadridentata L. (conica L.) ♂ sgd. 23) C. rufescens Lep. ♀ ♂ sgd. 24) Andrena Gwynana K. ♀ sgd. B. Diptera: *Stratiomydae:* 25) Nemotelus pantherinus L. C. Coleoptera: *Curculionidae:* 26) Gymnetron campanulae L. u. 27) Coeliodes geranii Pk., beide nicht selten in den Blüthen (sgd.?) D. Lepidoptera: *Rhopalocera:* 28) Pieris napi L. sgd.

(116.) *Geranium sanguineum* L. (S. 162.) Weitere Besucher (Thür. 7/73.):

A. Hymenoptera: *Apidae:* 5) Bombus pratorum L. ♀ Psd. 6) Prosopis spec. sgd. *Tenthredinidae:* 6) Tarpa cephalotes F. sgd. sehr häufig. B. Diptera: *Syrphidae:* 7) Pipiza spec. Pfd. 8) Pelecocera tricincta Mgn. Pfd. 9) Merodon aeneus Mgn. sgd. hfg. C. Coleoptera: *Curculionidae:* 10) Gymnetron graminis Schh., in den Blüthen. 11) Coeliodes geranii Pk. desgl. in Mehrzahl. D. Lepidoptera: *Sphingidae:* 12) Ino globulariae Hbn. sgd.

(117.) *Geranium molle* L. (S. 163.) Weitere Besucher (6/73):

A. Diptera: *Conopidae:* 9) Myopa testacea L. sgd. 10) Dalmannia punctata F. sgd. *Muscidae:* 11) Sepsis spec. B. Hymenoptera: *Apidae:* 12) Chelostoma campanularum K. ♀ sgd. 17/6. 75. N. B. (Alle übrigen bei Lippstadt); 13) Halictus nitidus Schenck. ♀ sgd.

(118.) *Geranium pusillum* L. (S. 164.) Weitere Besucher (6/73):

A. Diptera: *Syrphidae:* 2) Rhingia rostrata L. sgd., aber nur einige wenige Blüthen. B. Hymenoptera: *Apidae:* 3) Andrena cingulata F. ♀ mehrere Blüthen. sgd. 4) Halictus lucidulus Schenck. ♀ andauernd sgd. *Sphegidae:* (5) Diodontus minutus v. d. L. desgl.

460. *Geranium dissectum* L. (S. 165.) Besucher (Thür. 7/73):

Hymenoptera: *Apidae:* 1) Andrena Gwynana K. ♀ ♂ sgd. B. Diptera: *Conopidae:* 2) Occemyia atra F. sgd. *Syrphidae:* 3) Merodon aeneus Mgn. sgd.

Ein kräftiger Stock von *G. dissectum*, der in meinem Garten als Unkraut aufgegangen war, wurde kurz vor dem Aufblühen mit einem dichten Netze überdeckt (dessen grösste Oeffnungen nach mikrosk. Untersuchung '¹/₅ mm Durchmesser hatten) und durch tägliches Nachsehen die Ueberzeugung gewonnen, dass auch Thrips und Ameisen nicht zutraten. 35 Blüthen, die nur durch spontane Selbst-bestäubung befruchtet sein konnten, lieferten 114 gute Samen-körner, nur 6 von diesen Blüthen waren ganz steril geblieben.

(119.) *Geranium robertianum* L. (S. 166.) Weitere Besucher:

A. Diptera: *Empidae:* 4) Empis spec. (Rüssellänge 3 mm) versucht vergeblich den Honig zu erreichen 28/6 76. N. B. *Syrphidae:* (1) Rhingia rostrata L. sgd. 6/73. N. B. B. Coleoptera: *Staphylini-dae:* 5) Anthobium spec. 15/6. 72. Teutob.Wald. C. Lepidoptera: (3) Pieris napi L. sgd. 6/7. 72. Thür. D. Hymenoptera: *Apidae:* 6) Bombus hortorum L. ☿ andauernd sgd. 18/6. 78. 7) B. muscorum L. ☿ sgd. 15/6. 72. Teutob. Wald. 8) Osmia rufa L. ♀ sgd. 6/73. N. B. 9) Osmia adunca F. ♂ sgd. daselbst. 10) Chelostoma nigri-corne Nyl. ♂ sgd. daselbst. 11) Ch. campanularum K. ♂ sgd. daselbst. 12) Andrena Gwynana K. ♂ 28/6. 76. N. B. 13) Halictus cylindricus F. ♀ sgd. 5/7. 72. Thür.

461. *Geranium silvaticum* (Strassburg 6/76. H. M.) Besucher:

Hymenoptera: *Apidae:* 1) Halictus sexnotatus K. ♀ sgd. 2) II. rubicundus K. ♀ desgl. 3) Andrena Trimmerana K. ♀ sgd.

B. Coleoptera: *Lamellicornia:* 4) Oxythyrea stictica L. häu-fig, zarte Blüthentheile abweidend.

(120.) *Erodium cicutarium* L. Herit, S. 166. (Siehe Encyklop. d. Naturw. Breslau, Trewendt. 1. Lief. S. 94. 95.) Weitere Besucher:

A. Hymenoptera: *Apidae:* 3) Andrena Gwynana K. ♀ sgd. 13/4. 73. Thür. 4) A. parvula K. ♀ sgd. 2/6. 73. 5) Halictus cylin-dricus F. ♀ sgd. 2/6. 73. 6) II. nitidiusculus K. ♀ sgd. 22/5. 72. 7) H. leucozonius K. ♀ sgd., einmal auch mit einem Blumenblatte, auf das er sich beim Saugen gestützt hatte, zu Boden fallend 22/6 73. 8) Sphecodes ephippia L. sgd. *Sphegidae:* 9) Ammophila sabulosa L. sgd. 29/5. 72. C. Diptera: *Conopidae:* 10) Myopa buccata L. sgd. *Muscidae:* 11) Lucilia cornicina F. sgd. 12) L. spec. sgd. 13) Calli-phora vomitoria L. sgd. *Syrphidae:* 14) Rhingia rostrata L. sgd. 15) Syritta pipiens L. sgd., alle diese Fliegen 2/6. 73; Rhingia auch sonst häufig. D. Lepidoptera: *Rhopalocera:* 16) Pieris rapae L. andauernd sgd. 22/5. 72. 17) P. napi L. desgl.; 13/9. 73.

Lineae. (S. 167.)

(122.) *Linum usitatissimum* (S. 168.) Besucher (bei Parkstein in der bair. Oberpfalz. 24/7. 73):

A. Hymenoptera: *Apidae:* (1) Apis mellifica L. ⚥ sgd. u. Psd. sehr zahlreich. Sie steckt ihren Rüssel oft von aussen zwischen zwei Kelchblättern hindurch, in die Blüthe, bisweilen an derselben Blüthe, an der sie vorher normal gesaugt hat. (2) Halictus cylindricus F. ♀ Psd. B. Lepidoptera: *Rhopalocera:* 4) Pieris rapae L. sgd.

462. *Radiola linoides* Gm. Am 22/6. 73 über-wachte ich längere Zeit bei brennendem Sonnenschein (früh zwischen 10 und 12 Uhr) diese winzigen Blümchen. Nach langem Warten sah ich einen Schritt von mir meh-rere (3 oder 4) winzige Dipteren über denselben schweben. Erst nach sehr langem Schweben setzten sie sich an Radi-ola und steckten den Kopf in die Blüthen. Es gelang mir nicht, sie einzufangen.

Balsamineae. (S. 170.)

463. *Impatiens Noli tangere* L. Besucher (b. Oberpf. 22/7. 73):

Als Kreuzungsvermittler sah ich nur Hummeln, die einzufangen mir leider misslang, einige mal in Thätigkeit. Von unberufenen Gästen fand ich eine kleine Biene, Ha-lictus zonulus Sm. ♀, ganz in den Sporn kriechend, 2 Käfer, nämlich Meligethes, in den Blüthen sitzend, und Dasytes flavipes Psd. und eine Fliege, Sargus cupra-rius L. ♂.

Tiliaceae. (S. 170.)

(123.) *Tilia europaea* L. Weitere Besucher:

B. Diptera: *Tabanidae:* 14) Tabanus bovinus L. sgd. 23/7. 73. b. Oberpf.

Malvaceae. (S. 171.)

(124.) *Malva silvestris* L. Weitere Besucher:

A. Hymenoptera: *Apidae:* (5) Bombus muscorum L. (agro-rum F.) ⚥ sgd. Thür. 32) B. pratorum L. ⚥ sgd. Thür. (6) Cilissa haemarrhoidalis F. ♀ ♂ sgd. Thür. „nicht selten (10) Halictus maculatus Sm. ♀ sgd. Thür. 33) H. cylindricus K. ♀ sgd. Thür. 34) H. flavipes F. ♀ sgd. (N. B.) 35) H. leucopus K. ♀ sgd. N. B. 36) H. minutus K. ♀ sgd. N. B. (16) Osmia aenea L. ♀ ♂ sgd. Thür. 37) O. fulviventris F. ♂ Thür. 38) Megachile centuncularis L. ♀ ♂ sgd. 39) Heriades truncorum L. ♀ ♂ sgd. nicht selten. Thür. 40) Coelioxys quadridentata L. ♂ sgd. Thür. 41) C. rufescens Lep. ♂ sgd. Thür. 42) Stelis aterrima Pz. ♀ ♂ sgd., Thür. 43) St. breviuscula Nyl. ♀ ♂ sgd., Thür., ziemlich häufig. 44) St. phaeoptera K. ♀● ♂ sgd., Thür., häufig. 45) Prosopis annularis Sm. ♀ sgd. Thür. *Sphegidae*: 46) Pompilus cinctellus v. d. L. ♂ sgd. Thür. *Ichneumonidae:* 47) Verschiedene Arten, vergeblich nach Honig suchend. B. Diptera: *Syrphidae:* 48) Syrphus balteatus De G. Pfd. C. Lepidoptera: *Rhopalocera:* 49) Pieris napi L. sgd. Thür. *Microl:* 50) Simaethis Fabriciana L. (alternalis Fr. — teste ·Speyer!) sgd. 18/6. 73. D. Coleoptera: *Curculionidae:* 51) Apion aeneum F. 52) A. radiolus K., beide nicht nur an den Stengeln, sondern auch in den Blüthen umherkriechend. 53) Gymnetron campanulae L., in den Blüthen, Thür. *Malacodermata:* 54) Danacaea pallipes Pz. desgl. Thür.

Ich bemerke ausdrücklich, dass auch in Thüringen, wo die meisten der hier aufgezählten weiteren Besucher im Juli 72 und 73 von mir beobachtet wurden, neben der höchst augenfälligen *M. silvestris* die unscheinbare *M. rotundifolia* wächst, dass ich aber an derselben keinen Insektenbesuch zu sehen bekam.

(124^b.) *Malva silvestris* L. (?) *flore albo.* An der Wandersleber Gleiche in Thüringen, aussen am Gemäuer der Burgruine fand ich im Juli 73 eine Malve in Menge blühend, die sich von der gewöhnlichen *M. silvestris* nur durch aufrechtere Stöcke und kleinere, weisse Blumen zu unterscheiden schien. Sie breitet ihre rein weissen Blumenblätter zu einem Kreise von kaum 20 mm Durchmesser auseinander. Ihre Staubfäden biegen sich, wenn die Narben zur Entwickelung kommen, nach unten zurück, jedoch langsamer und weniger stark als bei der augenfälligeren Form, so dass bei ausbleibendem Insektenbesuche nicht selten Narben mit noch mit Pollen behafteten Antheren in Berührung kommen und Selbstbefruchtung eintritt. Diese Malvenform, mag sie nun zu *M. silvestris* gestellt oder als eigene Art betrachtet werden, bildet also ebensowohl in Bezug auf ihre Augenfälligkeit wie in Bezug auf die

Sicherung der Kreuzung bei eintretendem und Ermöglichung der Selbstbefruchtung bei ausbleibendem Insektenbesuche eine Mittelstufe zwischen der gewöhnlichen *M. silvestris* und *M. rotundifolia.* Dass sie auch in Bezug auf Reichlichkeit des ihr zu Theil werdenden Insektenbesuches zwischen beiden in der Mitte steht, beweist folgende Liste von Insekten, die ich vom 8. bis 11. Juli 1873 ihre Blüthen besuchen sah:

A. Hymenoptera: *Apidae:* 1) Bombus pratorum L. ♀ ☿ ♂ in grosser Zahl. 2) B. muscorum L. ♀ ☿ sgd. 3) B. silvarum L. ♀ ☿ sgd. 4) Halictus albipes F. ♀ sgd., zahlreich. 5) H. cylindricus F. ♀ sgd. 6) H. flavipes F. ♀ sgd. 7) H. morio F. ♂ sgd. 8) H. nigerrimus Schenck. ♀ (teste Schenck!) sgd. 9) Prosopis armillata. Nyl. ♂ sgd. 10) Osmia aurulenta Pz. ♀ sgd. 11) Coelioxys conoidea. (Ill.) Gerst. ♂ sgd. 12) Stelis minuta Lep. ♂ sgd. 13) St. aterrima Pz. ♂ sgd. *Vespidae:* 14) Odynerus melanocephalus L. ♀ sgd. B. Diptera: *Muscidae:* 15) Ulidia erythrophthalma Mgn., in Mehrzahl in den Blüthen. C. Coleoptera: *Malacodermata:* 16) Danacaea pallipes Pz. desgl. *Nitidulidae:* 17) Meligethes desgl. D. Hemiptera: 18) Pyrocoris aptera L. sgd.

(125.) *Malva rotundifolia* L. (S. 172) Weitere Besucher:

A. Hymenoptera: *Apidae:* (4) Halictus morio F. ♂ sgd. 19/6. 75. NB. 5) H. tetrazonius Kl. ♀ sgd., daselbst B. Hemiptera: 6) Pyrocoris aptera L. sgd. 6/6. 73.

(126.) *Malva Alcea* L. (S. 172.) Weitere Besucher: Hymenoptera: *Apidae*: 4) Andrena Schrankella. Nyl. ♂ sgd. 8/7. 70. 5) Cilissa haemorrhoidalis F. ♂ sgd. 7/73. 19/6. 75. NB. 6) Rhophites canus Eversm. ♂ sgd. 17/7. 75. NB. 7) Chelostoma nigricorne Nyl. ♂ sgd. 7/73. 19/6. 75. NB.

Chenopodiaceae. (S. 179.)

An Chenopodium album wurde eine Anthomyia, an Beta vulgaris wurde Melanostoma mellina L. Pollen fressend beobachtet (6/75. NB.)

Polygoneae. (S. 174.)

(129.) *Polygonum Bistorta* L. (S. 175, 176.) Weitere Besucher:

A. Hymenoptera: *Apidae:* 8) Prosopis signata Pz. ♂ fliegt lange um die Blüthen herum, setzt sich endlich an dieselben, ohne

Ausbeute z**a** finden und umfliegt sie von Neuem 21,6. 73. *Sphegidae*:
9) Cerceris variabilis Schrk. und 10) Oxybelus uniglumis L. fliegen
hastig an die Blüthen an, kriechen eifrig und andauernd zwischen
denselben herum, finden aber keine Ausbeute. 17,6. 73. *Tenthredi-*
nidae: 11) Tenthredo spec. versucht vergeblich zu saugen. Vogesen 5/7. 74. B. Diptera: *Bibionidae:* 12) Bibio hortulanus F. sitzt
an den Blüthenständen ohne Ausbeute 26/5. 73. *Empidae:* 13) Empis
livida L. saugt mit ziemlicher Sicherheit und gleitet nur selten mit
dem Rüssel neben dem Blütheneingange vorbei. *Syrphidae:* 14) Eristalis arbustorum L. und (6) Rhingia rostrata L. saugen mit derselben Sicherheit wie Empis. (5) Syritta pipiens L. gleitet bei ihren
Versuchen, zum Honige zu gelangen, weit häufiger mit dem Rüssel
neben einer Blüthe vorbei, als in dieselbe hinein; bisweilen gelingt
ihr das letztere aber doch. Abwechselnd damit frisst sie Pollen.
15) Ascia podagrica F. Pfd. C. Coleoptera: *Coccinellidae:* 16) Coccinella 14-punctata L. sucht vergeblich an noch geschlossenen Blüthen
herum. *Lamellicornia:* 17) Trichius fasciatus L. weidet Blumenblätter
ab. Vogesen 6/7. 74. *Malocodermata:* 18) Malachius bipustulatus
F. Antheren fressend. *Nitidulidae:* 19) Meligethes läuft an den
Blüthen herum, aber am Eingange vorbei. D. Lepidoptera: *Rho-*
palocera: 20) Pieris brassicae L. sgd. *Microlep.:* 21) Botys purpuralis L. sgd. 26/5. 76. NB.

Rumex obtusifolius L. ist nach T. Tulberg (Botaniska, Notiscr 1868. p. 12) ausgeprägt proterandrisch,
indem erst nach dem Abfallen der Staubgefässe die Narbe
durch das Zurückbiegen der bis dahin sie verdeckenden
Kelchblätter der Befruchtung zugänglich wird. Die ausgeprägte Proterandrie theilt mit Rumex die nächstver-
wandte, aber insektenblüthige Gattung:

464. *Rheum (undulatum* L. ?) Fig. 44, 45. Eine
lebhaft gefärbte Blumenkrone hat diese der Windblüthig-
keit noch so nahe stehende Blume nicht erlangt. Die Blüthenhüllen sind grünlich, die Staubbeutel blassgelblich, die
Staubfäden und Narben weiss, die Ovarien gelb. Die
Blüthen stehen aber so massenhaft zusammen, dass sie im
Ganzen von Weitem durch grünlichgelbe Farbe bemerkbar
sind. Durch die schon zur Knospenzeit zwischen den
Blüthenblättern hervorragenden und um diese Zeit oft carminroth gefärbten Staubbeutel wird die Augenfälligkeit
der Blüthen oft wesentlich verstärkt. Als Genussmittel
scheinen die Blüthen ihren Besuchern ausser dem Blüthen-

staub auch ein wenig Honig darzubieten. Ich glaubte wenigstens im Grunde der Blüthe zwischen den Wurzeln der Staubfäden eine flache adhärirende Feuchtigkeitsschicht zu erkennen, die wohl aus dem fleischigen Blüthenboden abgesondert sein musste. Die Narben entwickeln sich erst nach dem Verblühen der Staubgefässe, so dass Selbst-befruchtung ausgeschlossen erscheint und bei stattfindendem Insektenbesuche wenigstens Kreuzung getrennter Blüthen gesichert ist.

Als Besucher beobachtete ich im Mai u! Juni 1877 und 78 im Garten der Lippstädter Realschule:

A. Diptera: *Empidae:* 1) Empis spec. ugd. *Muscidae:* 2) Sep-sis cynipsea. 3) Anthomyia verschiedene Arten. *Syrphidae:* 4) Ascia podagrica F. mehrfach. 5) Syritta pipiens L. häufig. 6) Cheilosia spec. 7) Eristalis nemorum L. 8) Helophilus floreus L. B. Coleop-tera: *Curculionidae:* 9) Spermophagus cardui. Schh. *Dermestidae:* 10) Anthrenus museorum L.

Nyctagineae. (S. 180.)

465. *Mirabilis Jalapa* L. wird nach der Beob-achtung und brieflichen Mittheilung meines Freundes, des Handelsgärtners E. Junger in Breslau, mit besonderer Vor-liebe von Sphinx Convolvuli besucht.

Caryophylleae. (S. 180.)

466. *Herniaria glabra* L. Fig. 46—49.

Die winzigen Blüthchen entbehren der Blumenblätter und fallen nur in Folge ihres in grosser Zahl dicht zu-sammen Stehens mit gelblicher Farbe aus einiger Entfer-nung in die Augen. Von ihren 10 Staubgefässen ist eben-falls die Hälfte verkümmert und völlig staubbeutellos. Die 10 Staubfäden sind am Grunde zu einem auf der Innen-seite Honig absondernden Ringe (n, fig. 46) zusammenge-wachsen, in dessen Mitte der Stempel hervorragt. Kurz nach ihrem Aufblühen ist die Blüthe zweigeschlechtig (Fig. 46, 47); ihre Staubgefässe sind mit Pollen bedeckt, ihre pollenbedeckte Seite ist nach innen und oft zugleich etwas nach oben gekehrt. Die beiden Griffel liegen noch dicht aneinander, ihre oberen, Narben tragenden Enden divergiren aber bereits etwas und haben entwickelte Narbenpapillen. An diesen haften sogar in der Regel schon einzelne Pollenkörner, und zwar selbst an solchen Exemplaren, die gegen Insektenzutritt sorgfältig geschützt, im Zimmer aufgeblüht sind. Diese Pollenkörner können daher nur aus den Staubgefässen derselben Blüthe auf die Narbe gefallen sein. Später, nachdem die Staubgefässe entleert und ziemlich verschrumpft sind, spreizen sich die Griffel stärker auseinander, und die Blüthen sind nun rein weiblich. Durch das räumliche Auseinanderstehen der männlichen und weiblichen Geschlechtsorgane und durch das theilweise zeitliche Auseinanderrücken ihrer Entwickelung ist, wie man ohne weitere Erörterung leicht einsicht, beim Besuche geeigneter Gäste Kreuzung hinreichend begünstigt, während die oben erwähnte spontane Selbstbefruchtung beim Ausbleiben der Kreuzungsvermittler zum einstweiligen Fortpflanzen der Art genügen wird. Erst nach mehrfachen vergeblichen Bemühungen ist es mir gelungen, die an Grösse den Blüthen ganz entsprechenden Kreuzungsvermittler auf der That zu ertappen. Es sind äusserst winzige Dipteren der Gattungen *Siphonella, Oscinis* und *Cecidomyia*. Während die Ameisen sonst, an honigreichen Blumen, andauernd an einem und demselben Nektarium zu sitzen pflegen und daher mehr als Honigdiebe, denn als Kreuzungsvermittler in Betracht kommen, sah ich bei *Herniaria glabra* eine Ameise, *Myrmica lacvinodis* Nyl. ⚥, jedenfalls in Folge der geringen Honigmenge, welche die einzelne Blüthe darbietet, oft an zahlreichen Blüthen nach einander bld. und so als Kreuzungsvermittler nützend.

(134.) *Scleranthus perennis* L. (S. 180.) Weitere Besucher:

Bei brennendem Sonnenschein Mittags zwischen 11 u. 12 Uhr sah ich einmal (27/6) eine Fliege (Muscide), *Miltogramma intricata* Mgn., ein andermal (23/7) einen Tagfalter, *Coenonympha pamphilus* L. an den weitgeöffneten Blüthen saugen.

467. *Spergula arvensis* L. Die Blüthen sind homogam.

Iu warmer Jahreszeit öffnen sie sich im Sonnenschein weit und begünstigen durch das nach aussen Biegen der Staubgefässe die Kreuzung getrennter Blüthen und Stöcke, indem nun Insekten den im Blüthengrunde um die Wurzeln der Staubfäden herum befindlichen Honig nicht erlangen können, ohne mit einer Seite ihres Rüssels, Kopfes oder Leibes die pollenbehafteten Staubbeutel, mit der entgegengesetzten die Narbe zu streifen und so, von Blüthe zu Blüthe, von Stock zu Stock fliegend, fremden Pollen auf die Narben zu übertragen. In dieser Weise fand ich auf Sandäckern bei Lippstadt an sonnigen Junitagen folgende Insekten als Kreuzungsvermittler thätig.

A. Diptera: *Muscidae:* 1) Lucilia spcc. sgd., einmal 2 Exemplare zugleich an einer Blüthe. *Syrphidae:* 2) Eristalis arbustorum L. sgd. u. Pfd. einzeln. 3) Helophilus pendulus L. desgl. 4) Melanostoma ambigua Fallén, desgl. 5) Melithreptus strigatus Staeg. desgl. 6) M. menthastri L. sgd. u. Pfd. in Mehrzahl. 7) Syritta pipiens L. sgd. und Pfd. häufig. 8) Syrphus balteatus DeG. sgd. und Pfd. einzeln. 9) S. corollae F. desgl. 10) S. ribesii Mgn. sgd. u. Pfd. in Mehrzahl. B. Hymenoptera: *Apidae:* 11) Sphecodes gibbus L. ♀ sgd. 12) Halictus malachurus K. ♀ sgd. u. Pfd., sehr zahlreich. 13) Andrena albicrus K. ♀ Psd. 14) A. convexiuscula K. ♂ sgd. *Sphegidae:* 15) Crabro Wesmaeli v. d. L. ♀ sgd. einzeln.

In kälteren Witterungsperioden erfolgt dagegen in den geschlossen bleibenden Blüthen spontane Selbstbefruchtung.

Während des milden Winters 1872—73 fanden sich z. B. bei Lippstadt viele Tausende von Exemplaren noch im December und Januar in Blüthe, aber keine Blüthe öffnete sich. Gleichwohl sah man alle Abstufungen von ganz jungen geschlossenen Blüthen bis zu solchen, deren Samenkapseln bereits weit über die Blumenblätter hinwegragten.

(135.) *Moehringia trinervia* Clairv. (S. 180.) Weitere Besucher:

A. Coleoptera: *Nitidulidae:* 2) Meligethes hld. in den Blüthen, in Mehrzahl. B. Diptera: *Bibionidae:* 3) Dilophus vulgaris. Mgn. hld. *Muscidae:* 4) Sapromyza rorida Fall. hld.

468. *Arenaria serpyllifolia* L. Bei brennendem Sonnenschein kann man die im Grunde der Blüthe abgesonderten Honigtröpfchen mit blossem Auge sehen. Als Kreuzungsvermittler beobachtete ich 2 kleine Bienenarten, die in demselben sonnigen Abhange ihre Bruthöhlen hatten, an welchem *Arenaria* blühte, nämlich:

1) *Sphecodes ephippium* L. ♀ in Mehrzahl, andauernd von Blüthe zu Blüthe fliegend und sgd. 2) *Halictus lucidulus* Schenk. ♀ desgl.

469. *Holosteum umbellatum* L. (Fig. 50, 51.) Thüringen 4/73.

Dieses Blümchen stimmt in mehrfacher Beziehung mit der S. 182 meines Werkes besprochenen *Stellaria media* überein, nämlich in der frühen Blüthezeit, der Kleinheit seiner weissen Blüthen, sowie auch darin, dass die Zahl seiner Staubgefässe in der Regel reducirt ist. Weit über $^9/_{10}$ der von mir untersuchten Blüthen enthielten 3 Staubgefässe, verhältnissmässig nur sehr wenige 4, 5 oder 2. Eine an der Aussenseite der Wurzel jedes Staubfadens befindliche grüne fleischige Anschwellung sondert ein leicht sichtbares Honigtröpfchen ab, gerade so wie bei den 5 äusseren Staubfäden von *Stellaria media*. Während aber bei dieser, wenn auch einzelne der 5 äussern Staubgefässe verkümmern, die Nektarien immer alle 5 erhalten bleiben, verschwinden bei *Holosteum* mit den Staubgefässen auch die Nektarien, so dass auch von diesen in der Regel nur 3 vorhanden sind.

Die Blüthen sind proterandrisch mit früh eintretender spontaner Selbstbestäubung, aber bei eintretendem Insektenbesuche darauf folgender Kreuzung. Wenn nämlich die Blüthen sich öffnen (Fig. 50), so sind die Narbenäste noch nicht zu ihrer vollen Länge entwickelt, stehen aufrecht oder schwach einwärts gebogen neben einander und bieten nur an ihrer Spitze einige Narbenpapillen der Berührung dar. Die Staubgefässe sind jetzt in die Mitte der Blüthe gebogen, so dass die Staubbeutel, mit Pollen bedeckt, gerade über die Enden der Narbenpapillen zu liegen kommen und eindringenden Insekten leicht ihren Blüthenstaub anheften. Bei ausbleibendem Insektenbesuche aber bleibt der

Blüthenstaub grossentheils in den langen Papillen der nun
sich immer weiter auseinanderspreizenden Narbenäste
(Fig. 51.) haften, und wenn dieselben auch anfangs, wenn
sie den Pollen aufnehmen, noch nicht empfängnissfähig
sind, so werden sie es doch später, so dass bei ausbleibendem Insektenbesuche spontane Selbstbefruchtung wohl
unausbleiblich ist.

Während die Narbenäste sich auseinander spreizen,
treten auch die nun entleerten Staubgefässe von der Blüthenmitte mehr nach aussen zurück, so dass nun eindringende Insekten ebenso unausbleiblich die Narbenpapillen
wie im ersten Stadium die pollenbedeckten Staubgefässe
streifen müssen. Die nun bei eintretendem Insektenbesuche
erfolgende Fremdbestäubung wird gewiss auch hier, wie
es in anderen Fällen durch den Versuch constatirt ist, die
vorher stattgehabte spontane Selbstbestäubung in ihrer
Wirkung überwiegen.

Der Insektenbesuch, welcher dem Holosteum zu Theil
wird, ist, seiner Unscheinbarkeit entsprechend, ein sehr
spärlicher. Ich beobachtete nur:

A. Diptera: *Muscidae:* 1) Anthomyia spec. ♀ B. Hymenoptera: *Apidae:* 2) Andrena Gwynana K. ♀ sgd. 3) A. parvula
K. ♀ desgl. 4) Halictus spec. ♀ sgd.

(136.) Stellaria graminea L. (S. 181) tritt in
Schweden gynodiöcisch auf (nach T. Tullberg, Botaniska
Notiser, Upsala 1868. p. 10), d. h. manche Stöcke haben
die von mir beschriebenen und abgebildeten ausgeprägt
proterandrischen Blüthen; im Spätherbst wurden jedoch
ihre Staubgefässe noch mit Pollen behaftet gefunden, während die Narben schon entwickelt waren. Andere, gleich
häufige Stöcke tragen Blüthen mit verkümmerten Staubgefässen und entwickelten Pistillen. Ob dieselben ebenso
grosse oder, wie bei andern gynodiöcischen Pflanzen, kleinere
Blumenkronen haben, wird nicht erwähnt. Als weitere
Besucher von *Stellaria graminea* beobachtete ich:

A. Diptera: *Empidae:* 2) Empis livida L. sgd. *Syrphidae:*
3) Syritta pipiens L. sgd. u. Pfd. B. Coleoptera: *Nitidulidae:* Meligethes sgd. und Pfd.

(137.) Stellaria holostea L. (S. 182). Weitere
Besucher:

A. Diptera: *Bombylidae:* 19) Bombylius canescens Mik. sgd.
5/73. NB. *Empidae:* 20) Empis ciliatà F. ♀ sgd., den Thorax dicht
mit Pollen behaftet, daselbst. *Muscidae:* 21) Anthomyia spec. sgd.
22) Siphona geniculata DeG. sgd. B. Hymenoptera: *Apidae:* (9)
Nomada flavoguttata K. ♂ sgd. 5/73. NB. (10) N. ruficornis L.
sgd. 5/73. NB. (11) Andrena cineraria L. ♀ sgd. 5/73. N. B. 23) A.
Schrankella. Nyl. ♀ sgd. daselbst. 24) A. Gwynana K. ♀ sgd.
(13) Halictus cylindricus K. ♀, zahlreich, sgd. u. Psd. NB. 25) H.
rubicundus Chr. ♀ sgd. 26) H. albipes K. ♀ sgd. und Psd. zahlreich.
27) H. flavipes K. ♀ sgd. 28) H. nitidiusculus K. ♀ sgd., sämmtlich
5/73. N. B. C. Coleoptera: *Nitidulidae:* (15) sehr zahlreich, oft zu
3 in derselben Blüthe, mit dem Kopf in den Blüthengrund gedrängt,
offenbar bld. D. Lepidoptera: *Rhopalocera:* 29) Pieris rapae L. sgd.

(138.) *Stellaria media* Vill. (S. 182.) variirt nach
Jahreszeit und Standort in der Grösse der Blumen, und
mit dieser Variabilität scheint die von mir bereits erwähnte Variabilität der Zahl der Staubgefässe unmittelbar
zusammenzuhängen. In den zwerghaftesten Pflänzchen, die
ausser den Keimblättern nur einige Blattpaare und eine
einzige winzige Blüthe hervorbringen, finden sich nur 2
Staubgefässe; etwas grössere Blüthen, wie man sie bei Lippstadt fast den ganzen Winter hindurch findet, besitzen
deren 3, noch grössere, wie man sie neben kleineren im
Frühjahr häufig findet, 4 oder 5. Soweit habe ich den
Zusammenhang zwischen Blüthengrösse und Staubgefässzahl
durch genaue, bei gleicher Vergrösserung ausgeführte Zeichnungen festgestellt. Ob er sich bis zu 10 Staubgefässen
verfolgen lässt, weiss ich nicht.

Stellaria media ist so verbreitet, so massenhaft auf-
tretend und bereits in so früher, ziemlich concurrenzfreier
Jahreszeit blühend, dass ihre Blüthen trotz ihrer Kleinheit eine erhebliche Anzahl verschiedenartiger Besucher
an sich locken, besonders zahlreiche kleine Bienen und
Fliegen. Ich habe der früheren Besucherliste (S. 183)
hinzuzufügen:

A. Hymenoptera: *Apidae:* (2) Andrena albicans K. ♀ sgd.
20,8. 75. 12) A. fasciata Wesm. ♂ desgl. 13) A. fulvicrus K. ♂
desgl. 14) A. Smithella K. ♂ desgl. 15) A. florea K. ♀ ♂ sgd.
16) A. chrysosceles K. ♂ sgd. 1/4. 73. 16) Halictus flavipes F. ♀
sgd. 21/5. 73. 17) H. sexstrigatus Schenck ♀ sgd., zahlreich 20/4. 75.
18) H. leucopus K. ♀ sgd. 20/4. 75. 19) Sphecodes gibbus L. kleines

♀ desgl. Cynipidae: 20) Eucoila spec. B. Diptera: *Syrphidae:* 21) Ascia podagrica F. sgd. 31/5. 73. 22) Cheilosia spec. sgd. 1/4. 73. *Muscidae:* 28) Anthomyia spec. sgd. 21/5. 73. 24) Sepsis spec. sgd. 31/5. 73.

(139.) *Cerastium arvense* L. (S. 183.) Weitere Besucher:

A. Diptera: *Conopidae:* 20) Dalmannia punctata F. sgd. 1/6. 73. *Empidae:* 21) Empis livida L. sgd. 15/5 72. *Muscidae:* 22) Onesia sepulcralis Mgn. sgd. 12/5. 72. 23) Pyrellia aenea Pfd. 17/6. 73. 24) Scatophaga merdaria F. sgd. 1/6. 73. *Syrphidae:* 25) Melithreptus scriptus L. sgd. 15,5. 72. 26) M. strigatus Staeg. Pfd. 7/5. 73. (11.) Melanostoma mellina L. sgd. häufig, auch in Paarung 15/5. 72. B. Hymenoptera: *Apidae:* 27) Andrena cineraria L. ♀ sgd. 21/4. 73. 28) Halictus sexnotatus K. ♀ sgd. in Mehrzahl 1/6. 73. 29) H. leucozonius Schr. ♀ sgd. 1/6. 73. *Ichneumonidae:* 30) Am 30/6. 76. sah ich einen sehr schmalen, etwa 5 mm langen Ichneumoniden an Cerast. arv. saugen, und zwar mit solcher Vorsicht, dass er, als ich ihm mit dem Finger nahe kam, ein paar Schritte zurückging und wartete. Als ich den Finger entfernt hatte, ging er wieder ein paar Schritte vor, so dass er mit dem Munde wieder den Honig erreichte. C. Coleoptera: *Carabidae:* 31) Amara spec. mit dem Kopfe im Blüthengrunde 2/6. 73. *Cerambycidae:* 32) Leptura livida F. steckte den Kopf tief in die Blüthe, ohne jedoch den Honig zu erreichen. Nach einigen vergeblichen Bemühungen zog sie sich wieder etwas zurück, bekam nun zufällig eine Anthere an den Mund und knabberte nun einige Zeit an dieser; dann steckte sie wieder den Kopf so tief als möglich in die Blüthe, kam aber wieder nicht bis zum Honig; trotzdem blieb sie viele Secunden lang in dieser Stellung, bis ich sie wegnahm 13/6. 76. *Malacodermata:* 33) Dasytes, kleine schwarze Art, einzeln und in Paarung in den Blüthen; Pfd. 21/5. 73. 34) Malachius bipustulatus F. in den Blüthen rastend 8 5. 73. *Nitidulidae:* 34) Meligethes hld. E. Lepidoptera: *Rhopalocera:* 35) Polyommatus dorilis Hfn. sgd. 2/6. 73. *Noctuae:* 36) Euclidia glyphica L. sgd.

(140.) *Cerastium triviale* Link. (S. 184.) Weitere Besucher:

Diptera: *Syrphidae:* 3) Melithreptus scriptus L. ♂ sgd. u. Pfd. Kitzingen 17/7. 73; desgl. Pfd. Thür. 13/7. 73.

(141.) *Cerastium semidecandrum* L. (S. 184.)

Die fünf mit den Blumenblättern abwechselnden Staubgefässe sind stets vorhanden; eine gelbliche fleischige Anschwellung an der Aussenseite der Wurzel ihrer Staubfäden sondert den Honig ab. Die fünf anderen Staubgefässe fehlen bald bis auf ein winziges Rudiment, bald sind noch kürzere oder längere Staubfadenstücke von einigen oder allen vorhanden, bisweilen selbst ein vollständiges Staubgefäss. Bei trübem Wetter erfolgt in den geschlossen bleibenden Blumen spontane Selbstbefruchtung. Weitere Besucher:

B. Hymenoptera: *Apidae*: 5) Sphecodes ephippium L. ♀ sehr emsig und andauernd sgd. 17/5. 73.

(142.) *Malachium aquaticum* Fries. (S. 184.) Weitere Besucher:

D. Hymenoptera: *Apidae*: 11) Halictus quadricinctus = quadristrigatus Latr.) ♀ sgd. NB. 12) Colletes Daviescana K. ♂ sgd. N.B.

(143.) *Dianthus deltoides* L. (S. 185.) Weitere Besucher:

Lepidoptera: *Rhopalocera*: 3) Hesperia thaumas Hfn. (linea W. V.) andauernd sgd., in Mehrzahl 21/7. 72. 4) H. lineola O. sgd., andauernd, sehr häufig. b. Oberpf. 21. 22/7. 73. 5) Lycaena icarus Rott. sgd. daselbst. 6) Pieris napi L. sgd. 13/7. 73. 15/8. 73. *Bombyces*: 7) Gnophria quadra L. (sgd?) b. Oberpf. 23/7. 73. *Microlep.*: 8) Nemotois Scabiosellus Sc. daselbst.

(144.) *Dianthus Carthusianorum* L. (S. 187.) Weitere Besucher: (Thür., Juli 72 u. 73):

Rhopalocera: 8) Coenonympha arcania L. (Rüssellänge 6 mm) sgd. oder versuchend. 9) Melanargia Galathea L. desgl. 10) Hesperia sylvanus Esp. sgd. 11) H. lineola O. sgd., beide sehr häufig. 12) Syrichthus malvae L. sgd., häufig. *Sphinges*: 13) Zygaena lonicerae Esp. sgd. häufig. 14) Z. minos W. V. desgl. Von unberufenen Gästen beobachtete ich weiter einige Käfer: Oedemera podagrariae L. steckte den Kopf in den Blütheneingang, natürlich ohne Ausbeute; trotzdem wiederholte sie dasselbe an mehreren Blüthen. Ebenso suchten Danacaea pallipes Pz. und Spermophagus cardui Schh. nur vergeblich an den Blüthen herum.

470. *Dianthus prolifer* L. Besucher:
Bombylius spec. sgd. 13/7. 75. NB.

(146.) *Gypsophila paniculata* L. (S. 187.) Weitere Besucher 7. 72:

A. Diptera: *Muscidae*: 20) Miltogramma spec. sgd. 21) Mosillus arcuatus Latr. sgd. B. Hymenoptera: *Apidae*: 22) Prosopis armillata. Nyl. (hyalinata Sm.) ♀ ♂ sgd. in Mehrzahl. 23) Pr. brevicornis Nyl. ♂ sgd. 24) Pr. communis Nyl. ♀ sgd. 25) Sphecodes ephippium L. ♂ sgd. *Sphegidae*: 26) Oxybelus 14-notatus Ol. ♀ ♂ sgd. in Mehrzahl.

Saponaria Vaccaria L. ist eine Tagfalterblume,
welcher in Folge ihrer geringen Augenfälligkeit und ihres
Standortes so spärlicher Besuch ihrer Kreuzungsvermittler
zu Theil wird, dass sie sich in der Regel durch spontane
Selbstbefruchtung fortpflanzen muss. Honig sondert sie,
wie ihre Verwandten, aus dem die Basis des Fruchtknotens
umschliessenden fleischigen Ringe ab, der durch die Ver-
wachsung der Staubfadenwurzeln gebildet wird, aber in
wenig reichlicher Menge. Gegen den räuberischen Einbruch von Hummeln, wie z. B. *Bombus terrestris*, ist dieser
Honig durch die bauchige Erweiterung des Kelches geschützt, die so stark ist, dass derselbe etwas unter seiner
Mitte 7. mm Durchmesser erreicht. Seine bauchig erweiterte Fläche faltet sich zwischen den scharf hervortretenden Längsrippen tief ein. Dadurch wird nicht nur der
Schutz gegen Raubhummeln wirksamer, die dieselben in
den Falten nicht anbeissen, von den hervorstehenden Kanten
aber, wenn sie dieselben wirklich anbeissen, wohl nicht
zum Honig gelangen können; sondern es werden dadurch
zugleich die Stiele der Blumenblätter eng um die Blüthenmitte herum zusammengehalten. An seinem oberen Ende,
13 bis 14 mm über seiner Basis, hat die Kelchröhre noch
2½ bis 3 mm Durchmesser, wird aber von den Blumenblättern, Staubgefässen und Griffeln bis auf einige sehr enge
Zwischenräume ausgefüllt, in denen nur Schmetterlingsrüssel bequem zum Blüthengrunde vordringen können. Die
rosenrothe Farbe der Blumenblätter, die sich höchstens zu
einem Kreise von 10 bis 12 mm Durchmesser auseinander
breiten, meist aber schräg aufwärts gerichtet bleiben, entspricht dem Geschmacke der Tagfalter. Bei ihrer Kleinheit wirken aber die Blumen, da sie noch dazu zwischen
dem Getreide stehen, so schwach anlockend, dass es mir
nicht gelungen ist, einen Tagfalter als Kreuzungsvermittler
dieser Pflanze auf der That zu ertappen. Im Gegensatze
zu den reichlich besuchten nächstverwandten Falterblumen
(Saponaria offic., Dianthus deltoides u. Carthusianorum,
Lychnis vespertina u. Githago), die theils durch ausgeprägte Proterandrie, theils durch Diöcismus ausschliesslicher Kreuzung angepasst sind, hat sich daher die spär-

lich besuchte *Saponaria Vaccaria* unausbleiblicher spontaner Selbstbefruchtung, bei offengehaltener Möglichkeit der Kreuzung durch gelegentlich wohl doch einmal ihren Honig aufsuchende Tagfalter angepasst, und sie zeigt interessante Abstufungen allmählicher Steigerung dieser Anpassung. Die 10 nacheinander zur Entwickelung kommenden' Staubgefässe sind nämlich unmittelbar nach dem Aufblühen, während die Narben schon entwickelt sind, noch sämmtlich geschlossen und bleiben nach dem Aufspringen pollenbedeckt theils in, theils etwas unter dem Blütheneingange stehen, ohne jemals über denselben emporzurücken. Die schraubenförmig gedrehten und mit einem breiten Streifen langer Narbenpapillen besetzten Griffel dagegen ragen bei manchen Stöcken mehr oder weniger weit aus den Blüthen hervor, während sie bei anderen nur die Länge des Kelchs oder auch nur ²/₃ derselben erreichen und daher beständig in der Blüthe eingeschlossen bleiben.

Zu Anfang der Blüthezeit ist nun bei eintretendem Falterbesuche Kreuzung offenbar durch die schwach ausgeprägte Proterogynie gesichert, etwas später aber bei den Stöcken mit hervorragenden Griffeln eben durch dieses Hervorragen, während dagegen bei den Stöcken mit in der Blüthe eingeschlossen bleibenden Griffeln, sobald einmal Antheren sich geöffnet haben, die den Honig saugenden Falter sowohl Selbstbefruchtung als Kreuzung bewirken können. Die Sicherung der spontanen Selbstbefruchtung steht bei beiderlei (durch alle Uebergänge mit einander verbundenen) Stöcken im umgekehrten Verhältniss, indem bei denen mit weit hervorragenden Griffeln höchstens die untersten Narbenpapillen, bei denen mit ganz eingeschlossen bleibenden Griffeln die ganzen Narben mit eigenem Pollen behaftet werden.

(147.) *Saponaria officinalis* L. (S. 187, 188.) Weitere unberufene Gäste:

Halictus flavipes F. ♀ Psd. 7/75. N. B.

(148.) *Lychnis flos cuculi* L. (S. 188, 189.) Weitere Besucher:

Hymenoptera: *Apidae*: 17) Psithyrus vestalis Fourcr. ♀ sgd. 16/6. 73.

471. *Lychnis Viscaria* L. (b. Oberpf. 19—22/7. 73).
Die Caryophylleen bieten bekanntlich alle Uebergangsstufen
von offenen allgemein zugänglichen zu langröhrigen, einseitig der Kreuzungsvermittlung durch Schmetterlinge angepassten Blumenformen dar; die ersteren pflegen weiss
gefärbt zu sein, die letzteren, wenn sie Tagfaltern angepasst sind, lebhaft roth, als Nachtfalterblumen ebenfalls
weiss (*Lychnis vespertina*) oder wenigstens blass (Saponaria off.). In dieser Stufenfolge steht *Lychnis Viscaria* nahe
dem Gipfel der ausgeprägten Tagfalterblumen. Der Kelch,
welcher hier durch seine rothe Farbe die Augenfälligkeit
der Blumen verstärkt, ist bis zur Spaltung in 5 dreieckige,
seine Richtung gerade fortsetzende Zipfel 10, bis zum Ende
derselben 13 mm lang. Die Blumenblätter, deren Stiele
von diesem Kelche umschlossen werden, breiten sich oberhalb der Kelchzipfel in fünf in wagerechter Ebene liegende,
verkehrteiförmige, rosenrothe Lappen von etwa 8 mm Länge
und 4—5 mm grösster Breite auseinander, welche den etwa
3 mm weiten Blumeneingang strahlig umgeben, so dass
die Blume von oben gesehen als rosenrother Stern von
18—20 mm Durchmesser erscheint. Vom oberen Ende des
Stiels (Nagels) jedes Blumenblattes steht ein 3 mm langes,
tief zweispaltiges Blattstück schwach auswärts gebogen in
die Höhe, wodurch der Blütheneingang von 3 auf 5 mm
erweitert wird. Zwischen diesen fünf aufrechten Blumen-
kronenanhängen stehen im ersten Blüthenstadium, ringsum
dick mit violettgrauem Pollen bekleidet, die fünf längeren, mit den Blumenblättern abwechselnden Staubgefässe,
ein wenig tiefer, im obersten Theile der Blumenröhre, die
fünf kürzeren, vor den Blumenblättern stehenden, die sich
gleichzeitig mit den längeren oder wenig später (beide oft
schon vor dem Aufblühen der Blume) öffnen und rings mit
Pollen bekleiden. Alle Staubgefässe rücken mit dem Verblühen aus der Blüthe heraus und biegen sich, die längeren in den Zwischenräumen zwischen zwei Blumenkronen-
anhängen, die kürzeren in den Einschnitten derselben, nach
aussen und unten, ganz aus dem Bereiche in die Blüthen
gesenkter Rüssel heraus. Gleichzeitig entwickeln sich die
Griffel zur Reife und strecken ihre umgebogenen, mit

langen Narbenpapillen besetzten Enden bis etwas über die
Spitzen der Blumenkronenanhänge aus der Blüthe heraus.
Bei eintretendem Besuche geeigneter Insekten ist hiernach
offenbar Kreuzung unausbleiblich. Ob bei ausbleibendem
Insektenbesuche in der Regel oder bisweilen spontane Selbstbefruchtung erfolgt, habe ich festzustellen versäumt. Zur
Erreichung des Honigs, der auch hier von der Innenseite
der Wurzel der Staubfäden abgesondert wird, ist übrigens
nicht, wie man aus der obigen Beschreibung vermuthen
könnte, ein etwa 13 mm langer Rüssel nöthig, sondern da
sich die Blüthenachse innerhalb des Kelchs erst noch 5 mm
weit fortsetzt, ehe sie Blumenblätter, Staubgefässe und
Stempel aus sich hervortreten lässt, so genügt dazu, selbst
ohne Auseinanderzwängen des Blütheneinganges, schon ein
Rüssel von 7—8 mm Länge.

Ich beobachtete als Kreuzungsvermittler: Lepidoptera:
Sphinges: 1) Jno statices L. sgd. 2) J. pruni Schaeff. sgd., als unberufene
Gäste: Hymenoptera: *Sphegidae*: 1) Hoplisus quinquecinctus F.
♀ vergeblich suchend. Coleoptera: *Nitidulidae*: 2) Meligethes,
zahlreich in den Blüthen.

(150.) *Lychnis Githago* L. (S. 189, 190.) Während in Deutschland diese Tagfalterblume nur ausgeprägt
proterandrisch beobachtet wurde, bietet sie in dem kälteren Klima Schwedens nach T. Tullberg (Botaniska Notiser, Upsala 1868. p. 10) Uebergänge von proterandrischer
zu homogamer Blüthenentwickelung dar. Weitere Besucher:

Lepidoptera: *Rhopalocera*: 4) Hesperia lineola O. sgd. 5) H.
thaumas Hfn. sgd. (2) Pieris brassicae L. sgd. alle drei: Thür. 7/73.
Sphinges: 6) Ino statices L. sgd.; b. Oberpf. 21/7. 73.

472. *Silene Otites* Sm. Fig. 79—80.

Ich hatte am 17/7. 73 bei Kitzingen Gelegenheit, diese
in Westfalen nicht vorkommende Blume von Insekten besucht zu sehen. Die Exemplare, welche ich aufs gerade-
wohl mitnahm und einige Tage später untersuchte und
zeichnete, erweisen sich aber leider nachträglich alle als
männlich, so dass ich die weiblichen Blüthen gar nicht
genauer angesehen habe. Die ♂ Blüthen lassen aus der
2—3 mm weiten Oeffnung des nur 3—4 mm langen becher-
förmigen Kelches 5 grünlichgelbe Blumenblätter hervor-

treten, die sich als schmale bandförmige Flächen etwa so lang als der Kelch wagerecht auseinander breiten. Nach dem Aufblühen treten zunächst die 5 mit den Blumenblättern abwechselnden Staubgefässe so lang aus der Blüthe hervor, dass sie dieselbe um die ganze Kelchlänge überragen, ihre pollenbedeckte Seite theils nach innen, theils nach oben kehrend, während die mit ihnen abwechselnden Staubgefässe noch geschlossen im Blütheneingange stehen und die 3 Griffel, noch unentwickelt neben einander liegend, denselben kaum erreichen. Im zweiten Blüthenstadium haben sich die 5 zuerst entwickelten, nun entleerten, Staubgefässe noch mehr verlängert und nach aussen gebogen, die 5 anderen sind aufgesprungen und an ihre Stelle getreten, die Griffel ragen etwas divergirend ein wenig aus der Blüthe hervor. Zur vollen Entwickelung gelangen die Griffel entweder gar nicht (so verhielten sich die von mir und offenbar auch die von Ascherson untersuchten Exemplare, die Ascherson in seiner Flora der Prov. Brandenburg S. 87 als diöcisch bezeichnet) oder nur auf gewissen Stöcken (so nach Garcke, der in seiner Flora von Nord- und Mitteldeutschland, 3. Aufl. S. 55 die Pflanze zweihäusig oder vielehig nennt). Als Besucher beobachtete ich:

Hymenoptera: *Sphegidae*: 1) Philanthus triangulum F. ♂ sgd. 2) Cerceris variabilis Schrk. ♀ ♂ sgd.

473. *Silene gallica* L. Besucher:
Hymenoptera: *Apidae*: 1) Halictus Smeathma nellus K. ♀ Psd. 18/6. 79. N. B.

Santalaceae.

474. *Thesium pratense* Ehrh. Besucher:
Apis mellifica L. ☿ sgd. zahlreich. Hoppekethal 11/7. 69.

Elaeagneae.

475. *Elaeagnus angustifolia* L. (Lippstadt, Realschulgarten):
A. Hymenoptera: *Apidae*: 1) Apis mellifica L. ☿ sgd.
B. Diptera: *Syrphidae*: 2) Syritta pipiens L. sgd., beide häufig.

Thymeleae.

476. *Daphne Mezereum* L. ist einem gemischten Besucherkreise von Bienen, langrüsseligeren Fliegen und Schmetterlingen, die alpine *D. striata* dagegen einseitig Schmetterlingen angepasst. (Vgl. Nature Vol. XI. p. 110. Fig. 41. 42; Kosmos Bd. III.) Besucher der D. Mezereum (Pöppelsche, 11/4 75):

A. Hymenoptera: *Apidae:* 1) Apis mellifica L. ⚲ sgd. häufig. 2) Anthophora pilipes F. ♂ wiederholt und andauernd saugend — an einem in meinem Fenster stehenden Strausse 20/4. 75. 3) Osmia rufa L. ⚲ ♂ desgl. 4) O. fusca Chr. ♂ sgd. 5) Halictus cylindricus F. ⚲ 6) H. leucopus K. ⚲, 7) H. nitidus Schenck. ⚲ und 8) H. minutissimus K. ⚲; alle vier in die Blüthen kriechend. B. Diptera: *Syrphidae:* 8) Eristalis sgd. C. Lepidoptera: *Rhopalocera:* 9) Vanessa urticae L. sgd. (Alle mit Ausnahme von 2 und 3 in der Pöppelsche bei Berge beobachtet).

Combretaceae. (S. 191.)

Combretum wird in Südbrasilien (am Itajahy) nicht nur von Kolibris, sondern auch von Gelblingen (Callidryas) häufig besucht und befruchtet. (Briefliche Mittheilung meines Bruders Fritz Müller.)

Lythraceae.

(151.) *Lythrum Salicaria* L. (S. 196.) Weitere Besucher:

A. Hymenoptera, *Apidae:* (1) Cilissa melanura Nyl. ⚲ ♂ sgd. 11/7. 73. 22/7. N. B. 23) Bombus lapidarius L. ⚲! sgd. 24) Megachile fasciata Sm. ♂! sgd. 25) Osmia adunca Latr. ♂! sgd. 11/7. 73. N. B. 26) Chelostoma nigricorne Nyl. ⚲; sgd. daselbst. 27) Halictus morio F. ⚲) sgd. daselbst 28) (H. leucopus K. ⚲) sgd. daselbst 29) H. leucozonius K. ⚲ ♂) sgd. daselbst. B. Diptera: *Syrphidae:* 30) Eristalis intricarius L. Pfd. 16/8. 73. (15) (Syrphus balteatus Deg.) Pfd. 22/7. 75. N. B. C. Lepidoptera: *Geometrae:* 31) Timandra amataria L. sgd., daselbst.

• Onagraceae. (S. 196.)

Lopezia (S. 197, 198.) An der knieförmigen Umbiegung der beiden oberen Blumenblätter glaubt man 2

Honigtröpfchen zu sehen. Diese sind aber in Wirklichkeit feste trockne glänzende Körper — unzweifelhafte Schein-nektarien, während als wirkliche Nektarien, nach Delpino, zwei an der Basis der beiden Staubgefässe (des fungiren-den und des ungebildeten) liegende gelbe Höhlungen fun-giren (Delpino, Ulteriori osservazioni Parte II, fasc. II. p. 124—126.)

(153.) *Epilobium angustifolium* L. (S. 198.)
Weitere Besucher:

A. Hymenoptera: *Apidae:* (1) Apis mellifica L. ⚥ sgd. u. Psd. in grösster Häufigkeit. Thür. 13/7. 73. b. Oberpf. 27/7. 73. (3) Bombus pra-torum L. ⚥ sgd. u. Psd. b. Oberpf. 22/7. 73. (6) B. muscorum L. (agrorum F.) ⚥ sgd., daselbst. 19) B. terrestris L. ⚥ sgd. daselbst. 20) Halic-tus malachurus K. ♀ sgd. 2/7. 73. N. B. 21) H. nitidus Schenck ♀ sgd. daselbst. 22) H. flavipes K. ♀ sgd. daselbst 23) Megachile ver-sicolor Sm. ♀ sgd. Thür. 13/7. 73. *Sphegidae:* 24) Crabro cribra-rius L. ♂ sgd.; b. Oberpf. 22.7. 73. B. Diptera: *Stratiomyidae:* 25) Chrysomyia polita L. sgd. 2/7. 73. N. B. C. Coleoptera: *Ceram-bycidae:* 26) Strangalia melanura L. hld. D. Lepidoptera: *Sphinges:* 27) Zygaena filipendulae L. sgd. Thür. 13/7. 73. (18) Ino statices L. sgd.; b. Oberpf. 20/7. 73.

(154.) *Epilobium parviflorum* Schreber. (S. 199).
Weitere Besucher:
Lepidoptera: *Rhopalocera:* 2) Pieris rapae L. sgd. — wieder-holt beobachtet.

477. *Epilobium montanum* L. (B. Oberpf. 7/73).
Besucher:
A. Diptera: *Muscidae:* 1) Anthomyia spec. ♀ Pfd. B. Lepi-doptera: *Rhopalocera:* 2) Pieris napi L. normal sgd.

Philadelpheae. S. 200.

(156.) *Philadelphus coronaria* L. (S. 200, 201.)
Weitere Besucher 5/72):
Hymenoptera: *Apidae:* (1) Apis mellifica L. ⚥ sgd. u. Psd. häufig. 15) Andrena tibialis K. (atriceps K.) ♀ sgd. 16) A. nitida K. ♀ Psd. 17) Halictus leucozonius K. ♀ Psd. 18) H. sexnotatus K. ♀ Psd. 19) Osmia rufa L. ♀ Psd. häufig. *Formicidae:* 20) Lasius niger L. ⚥ sgd. B. Diptera: *Muscidae:* 21) Sepsis spec. *Syrphidae:* 22) Eristalis arbustorum L. Psd. 23) Helophilus floreus L. Pfd. 24) Syritta pipiens L. Pfd. 25) Ascia podagrica F. sgd. u. Pfd. häufig.

C. Coleoptera: *Dermestidae:* 26) Anthrenus pimpinella F. und 27) A. scrophulariae L. *Malacodermata:* 28) Malachius bipustulatus F. Antheren fressend. *Lamellicornia:* 29) Phyllopertha horticola L. Blüthentheile abweidend. *Mordellidae:* 30) Mordella aculeata L. *Nitidulidae:* (13) Meligethes Pfd. 1 D. Lepidoptera: *Rhopalocera:* 31) Pieris brassicae L. 32) P. napi L. 33) P. rapae L. alle drei sgd.

Pomaceae. (S. 201.)

478. *Chaenomeles japonica* Lindl. (Cydonia japonica Pers.) Im Grunde der Blüthe findet sich, von den Wurzeln der Staubgefässe umschlossen und die Griffel umschliessend, ein fleischiger Ring von röthlicher Farbe, welcher reichlich Honig absondert. Wenn die Blüthen sich öffnen, springen zunächst die äusseren Antheren auf, während die Narben gleichzeitig entwickelt sind. Die inneren Staubgefässe bleiben noch längere Zeit nach unten gekrümmt. Zwischen ihnen und den äusseren aufgesprungenen befindet sich eine Zone aufgerichteter noch nicht aufgesprungener. Die meisten Besucher dringen zunächst in die Mitte der Blüthe ein und drängen sich dann bald zwischen den Griffeln, bald zwischen den Staubgefässen hindurch nach dem Honig führenden Blüthengrunde. Da sie auf diese Weise zuerst die Narben berühren, bewirken sie regelmässig Kreuzung. Die Honigbiene sah ich meist von ausserhalb der Staubgefässe eindringen; sie kann daher ebenso gut Selbstbestäubung bewirken. Ob bei ausbleibendem Insektenbesuche schliesslich spontane Selbstbefruchtung erfolgt, habe ich nicht festgestellt. Besucher (in [meinem Garten, April, Mai):

Hymenoptera: *Apidae:* 1) Apis mellifica L. ☿ meist sgd., bisweilen auch Psd. 2) Bombus pratorum L. ♀ ☿ sgd., sehr andauernd, zahlreiche Exemplare, den Kopf bald in die Blüthenmitte hineinsteckend und die Griffel auseinander drängend, bald zwischen Staubgefässen, selten von ausserhalb derselben. 3) B. terrestris L. ♀ desgl. 4) B. muscorum L..♀ sgd. 5) B. Rajellus Ill. ♀ sgd. 6) Anthophora pilipes F. ♂ ♀ sgd. 7) Andrena Gwynana K. ♀ Psd. 8) A. albicans K. ♀ bewegt sich langsam und ungeschickt in den Blüthen, sucht nach Honig, findet aber keinen und begnügt sich schliesslich mit Pollen. 9) Andrena fulva. Schr. ♀ Psd. 10) Halictus rubicundus Chr. ♀ Psd. B. Diptera: *Muscidae:* 11) Lucilia cornicina F. C. Coleoptera: *Coccinellidae:* 12) Rhizobius litura F. in den Blüthen herumkriechend.

(159.) *Sorbus aucuparia* L. (S. 202.) Weitere Besucher:

Hymenoptera: *Apidae:* (3) Andrena albicans K. ♂ sgd. N. B. *Formicidae:* 47) Formica rufa L. ♀ hld. D. Lepidoptera: *Rhopalocera:* 48) Thecla rubi L. sgd. N. B.

(160.) *Crataegus Oxyacantha* L. (S. 203.) Weitere Besucher:

A. Diptera: *Empidae:* 58) Empis punctata F. (diagramma Mgn.) sgd. 59) E. opaca F. sgd., beide häufig. B. Coleoptera: *Lamellicornia:* 60) Oxythyrea stictica L. Staubgefässe abfressend. 5/76. Strassburg, H. M. *Nitidulidae:* 61) Epuraea spec. hld. C. Hymenoptera: *Apidae:* (39) Andrena Schrankella Nyl. ♂ sgd. NB. (47) A. fulva Schrk. ♀ sgd. N. B. 62) A. Smithella. K. ♀ sgd. N. B.

Rosaceae. (S. 204.)

(161.) *Rosa canina* L. (S. 204.) Weitere Besucher:
A. Hymenoptera: *Apidae:* 21) Osmia rufa L. ♀ Psd. C. Coleoptera: *Buprestidae:* 22) Anthaxia nitidula L. in den Blüthen 6/73. NB. *Lamellicornia:* (3) Cetonia aurata L. NB. 23) Oxythyrea stictica L. 6/76. Strassburg, H. M.; beide häufig, zarte Blüthentheile abweidend. *Malacodermata:* 24) Trichodes alvearius F. ♀ NB.

(161^b.) *Rosa Centifolia* (S. 204, 205.) Weitere Besucher:

A. Hymenoptera: *Apidae:* 36) Osmia rufa L. ♀ Psd.

479. *Rosa rubiginosa* L. breitet ihre blassen oder dunkler rosafarbenen verkehrteiförmigen Blumenblätter zu einem Kreise von nur 25 bis 35 mm Durchmesser auseinander. Der Nachtheil, in welchem sie hierdurch gegen *R. canina* steht, wird durch weit würzigeren Geruch ¡und deutlichere Honigabsonderung aufgewogen. Im Anfange des Blühens ragen in der Mitte der Blüthe, vom breiten fleischigen Kelchrande umschlossen, zahlreiche empfängnissfähige Narben dicht an einander gedrängt als gewölbte polsterförmige Anschwellung hervor und bieten anfliegenden Insekten eine bequeme Standfläche, sowohl um den Honig zu lecken, der hier vom Kelchrande deutlich sichtbar, wenn auch als ganz flache adhärirende Schicht, abgesondert wird, als auch um Pollen zu fressen, welchen

die an der Aussenseite des Kelchrandes entspringenden, jetzt noch geschlossenen und nach auswärts gebogenen zahlreichen Staubgefässe in reicher Menge darbieten. Zunächst ist es also schwach ausgeprägte Protcrogynie, später, wenn die Staubgefässe sich geöffnet haben, die eigenthümliche sie als Anflugfläche geeignet machende Stellung der Narben, die bei eintretendem Insektenbesuche Fremdbestäubung begünstigt. Im weiteren Verlaufe ihrer Entwickelung krümmen sich endlich die Staubgefässe über der Blüthenmitte zusammen und bewirken daher bei ausbleibendem Insektenbesuche, stets reichliche Selbstbestäubung. Besucher (7. 8. Juli 73, Thür.):

A. Hymenoptera: *Apidae:* 1) Bombus pratorum L. ☿ Psd. 2) B. terrestris L. ☿ Psd. B. Coleoptera: *Chrysomelidae:* 3) Luperus flavipes L. häufig. 4) Cryptocephalus sericeus L. Blüthentheile fressend. *Malacodermata:* 5) Danacaea pallipes Pz., in grösster Zahl in den Blüthen. C. Diptera: *Stratiomyidae:* 6) Oxycera pulchella Mgn., einzeln.

(163.) *Rubus fruticosus* L. (S. 206.) Weitere Besucher:

A. Hymenoptera: *Apidae:* (2) Bombus muscorum L. (agrorum F.) sgd. Fichtelgeb. 27/7. 73. (3) B. terrestris L. ♂ desgl. (5) B. pratorum L. ♀ ♂ sgd., zahlreich, daselbst. (8) Psithyrus vestalis Fourcr. ♀ sgd. daselbst. 68) Psithyrus quadricolor ♂ sgd., sehr zahlreich. Silberhaus im Fichtelgeb. 27/7. 73. (16) Halictus villosulus K. ♀ sgd. u. Psd. N. B. (17) H. sexnotatus K. ♀ desgl. N. B. 69) H. Smeathmanellus K. ♀ desgl. N. B. 70) H. malachurus K. ♀ sgd. N. B. 71) H. flavipes F. ♀ sgd. N. B. 72) H. quadricinctus K. ♀ sgd. N. B. 73) H. affinis Schenck. sgd. Fichtelgeb. 74) H. leucopus K. ♀ sgd. NB. 75) Coelioxys rufescens Lep. ♂ sgd. Lippstadt; desgl. NB. 76) C. elongata Lep. ♀ ♂ sgd. N. B. *Sphegidae:* 77) Psammophila lutaria F. (affinis K.) hld. Fichtelgeb. 27/7. 73. 78) Cerceris variabilis Schrk. ♀ hld. N. B. *Formicidae:* 79) Formica congerens Nyl. ☿ hld. N. B. Diptera: *Conopidae:* 80) Sicus ferrugineus L. sgd. Lippstadt; desgl. Fichtelgeb. *Muscidae:* 81) Echinomyia grossa L. sgd. Fichtelgeb. 82) Lucilia sp. sgd. *Syrphidae:* 83) Volucella inanis L. sgd. Fichtelgeb., desgl. N. B. 84) V. pellucens L. sgd. Fichtelgeb., desgl. N. B. C. Coleoptera: *Curculionidae:* 85) Spermophagus cardui Schb., an den Antheren beschäftigt. *Cerambycidae:* 86) Leptura maculicornis Deg. sehr zahlreich in den Blüthen. Silberhaus im Fichtelgeb. 27/7. 73. *Elateridae:* 87) Lacon murinus L. *Lamellicornia:* 88) Phyllopertha horticola L. Blüthentheile abweidend.

Mordellidae: 89) Mordella aculeata L. in Paarung in den Blüthen. Thür. 7/72.

D. Lepidoptera: *Rhopalocera:* 90) Melitaea athalia Esp. sgd. häufig. Fichtelgeb. 91) Erebia ligea L. sgd., häufig. Silberhaus im Fichtelgeb. 92) Epinephele Janira L. sgd., Lippstadt; desgl. N. B. 93) Thecla ilicis Esp. sgd. NB.

Sehr bemerkenswerth ist die grosse Häufigkeit der Halictusarten, in welcher die Brombeerblumen ebenso wie in ihrem einfachen offenen Bau, in ihren zahlreichen Staubgefässen und in ihrem zwar geborgenen aber doch leicht zugänglichen Honige mit den Hahnenfussblumen (*Ranunculus acris, repens, bulbosus*) übereinstimmen. Die Bemerkung, welche ich bei diesen (Weitere Beobachtungen I. S. 50. 51.) über die sich entsprechenden niedrigen Ausbildungsstufen der Blumen und ihrer vorwiegenden Besucher gemacht habe, gilt ebenso auch für *Rubus fruticosus.*

(164.) *Fragaria vesca* L. (S. 207.) Weitere Besucher:

A. Diptera: *Empidae:* 26) Empis chioptera Fall. sgd. *Syrphidae:* 27) Paragus bicolor F. sgd. u. Pfd. 26/5. 73. N. B. *Muscidae:* 28) Scatophaga merdaria F. sgd. D. Hymenoptera: *Apidae:* 29) Halictus leucopus K. ♀ sgd. u. Psd. N. B. *Formicidae:* 30) Myrmica laevinodis Nyl. ♀ hld.

(165.) *Potentilla verna* L. (S. 207. 208.) Weitere Besucher: Thür. (15/4. 73.):

Hymenoptera: *Apidae:* 26) Halictus albipes F. ♀ sgd. (2) H. flavipes F. ♀ desgl. 27) H. morio F. ♀ desgl. 28) H. nitidiusculus K. ♀ desgl. 29) H. maculatus Sm. ♀ Psd. 30) H. semipunctatus Schenck. ♀ (teste Schenck!) sgd. (10.) Andrena parvula K. ♀ sgd. (15) Apis mellifica L. ♀ Psd. u. sgd. 31) Bombus terrestris L. ♀ Psd. *Formicidae:* 32) Formica congerens Nyl. ♀ hld. C. Coleoptera: *Curculionidae:* 33) Spermophagus cardui Schh. *Nitidulidae:* (25) Meligethes hld. häufig. Am 15. April 1873, dem Tage dieser Beobachtungen, einem herrlichen Frühlingstage, konnte ich den honigabsondernden Ring mit blossem Auge ringsum mit Tröpfchen besetzt sehen.

166. *Potentilla reptans* L. (S. 208.) Weitere Besucher:

A. Hymenoptera: *Apidae:* (2) Prosopis hyalinata Sm. (confusa Nyl.) sgd. (3) Halictus maculatus Sm. ♀ ♂ sgd. u. Psd. Thür.; N. B. 13) H. tetrazonius Kl. (quadricinctus K.) ♀ ♂ Psd. u. sgd.; Thür. N. B. (5) H. sexstrigatus Schenck. ♀ sgd. u. Psd. 14) H. cylindricus F. ♀ sgd. 15) H. flavipes F. ♀ sgd. u. Psd. NB. 16) Nomada flavoguttata K. ♀ sgd. N. B. *Sphegidae:* 17) Oxybelus bellus Dlb. (14-guttatus Shk.) hld. B. Diptera: *Empidae:* 18) Empis livida L. sgd. Thür. *Muscidae:* 19) Aricia spec. sgd. Thür. *Syrphidae:* 20) Syritta pipiens L. sgd. u. Pfd. Thür. 21) Eristalis arbustorum L. sgd. Thür. C. Coleoptera: 22) Notoxus monoceros L. in Mehrzahl in den Blüthen. Auch bei dieser Potentilla sah ich im brennenden Sonnenschein (22.6.73. 9³/₄ Uhr) den Honig absondernden Ring mit blossem Auge deutlich mit Tröpfchen ringsum besetzt.

(167.) *Potentilla anserina* L. (S. 208.) Weitere Besucher:

A. Hymenoptera: *Apidae:* 5) Halictus zonulus Sm. ♀ sgd. 61) Sphecodes gibbus L. sgd. 7) Apis mellifica L. ⚥ sgd. *Formicidae:* 8) Lasius niger L. ⚥ hld. B. Diptera: *Muscidae:* 9) Scatophaga merdaria F. sgd. 10) Anthomyia spec. ♀ sgd. C. Coleoptera: *Malacodermata:* 11) Dasytes spec. hld. *Nitidulidae:* 12) Meligethes häufig. *Staphylinidae:* 13) Tachyporus spec. hld. D. Hemiptera: 14) eine braune Wanze (Rhyparochromus vulgaris Schill.) sgd.

(168.) *Potentilla fruticosa* L. (S. 208. 209.) Weitere Besucher:

Diptera: *Culicidae:* 22) Culex pipiens L. sgd.

480. *Potentilla argentea* L. Besucher (Thür. 7/73; N. B. 6. 7/73):

Hymenoptera: *Apidae:* 1) Halictus maculatus Sm. ♀ sgd. Thür. 2) H. villosulus K. ♀ sgd. u. Psd. N. B. 3) H. morio F. ♀ sgd. N. B. 4) H. leucopus K. ♀ sgd. NB. 5) Andrena dorsata K. ♀ sgd. u. Psd. N. B. 6) Prosopis communis Nyl. ♀ sgd. Thür. 7) Stelis breviuscula Nyl. ♀ sgd. Thür. 8) Nomada Fabriciana L. ♀ sgd. NB. *Evaniadae:* 9) Foenus affectator F. hld. Thür. B. Diptora: *Muscidae:* 10) Anthomyia spec. ♀ sgd. häufig, Thür. 11) Aricia spec. sgd. Thür. 12) Ulidia erythrophthalma Mgn. sgd., in grosser Zahl, Thür. *Syrphidae:* 13) Paragus bicolor. F. sgd. NB. C. Coleoptera: *Buprestidae:* 14) Anthaxia punctata L. Thür. 15) Coraebus elatus F., Thür. *Nitidulidae:* 16) Meligethes hld.; Thür.

(169.) *Potentilla Tormentilla* (S. 209.) Weitere Besucher:

A. Hymenoptera. *Apidae:* 7) Andrena argentata Sm. ♀ Psd. B. Lepidoptera: 8) Pieris rapae L. sgd. sehr flüchtig sgd.

(172.) *Sanguisorba officinalis* L. (S. 210.) Weitere Besucher:

A. Diptera: *Muscidae:* 3) Echinomyia fera L. sgd. Luisenburg im Fichtelgeb. 26/7. 73. 4) Sarcophaga carnaria L. b. Oberpf.

22/7. 73. B. Lepidoptera: *Rhopalocera:* 5) Lycaena arcas Rott. sgd. 8/75. N. B. *Sphinges;* 6) Zygaena sp. sgd. b. Oberpf. 26/7. 73. (175.) Spiraea Ulmaria L. (S. 211.) Weitere Besucher:

Hymenoptera: *Apidae:* 23) Xylocopa violacea ♀ Psd. Strassburg 6/76. H. M. 24) Prosopis armillata Nyl. ♂ Pfd. zahlreich. 25) Pr. clypearis Schenck. ♂ Pfd. (3) Pr. communis Nyl. ♂ desgl. 26) Pr. confusa Nyl. ♂ Pfd. Luisenburg im Fichtelgeb. 26/7. 73. *Sphegidae:* 27) Crabro larvatus Wesm. ♀ 28) Cr. Wesmaeli v. d. L. ♂ 29) Cemonus unicolor F. B. Diptera: *Syrphidae:* 30) Volucella pellucens L. Pfd. Luisenburg (9) Eristalis nemorum L. Pfd. C. Coleoptera: *Cerambycidae:* 31) Leptura maculicornis Deg. Blüthentheile fressend; Luisenburg. 32) Pachyta 4-maculata L. desgl. b. Oberpf. 33) Strangalia 4-fasciata L. desgl., daselbst. *Lamellicornia:* (19) Cetonia aurata L. desgl., b. Oberpf. *Malacodermata:* 34) Malachius bipustulatus F. Antheren fressend, daselbst. 35) Trichodes apiarius L. desgl. daselbst.

(176.) Spiraea filipendula L. (S. 212). Weitere Besucher (Thür. 7./73):

Coleoptera: *Cerambycidae:* 8) Strangalia bifasciata Schrank. ♀ Pfd. *Lamellicornia:* 9) Cetonia aurata L. Antheren durchkauend. *Oedemeridae:* 10) Oedomera podagrariae. L. Pfd.

(177.) Spiraea Aruncus L. (S. 213.) Weitere Besucher:

A. Hymenoptera: *Apidae:* 10) Prosopis communis Nyl. ♂ Pfd. in Mehrzahl. 11) P. clypearis Schenck. ♂ Pfd. zahlreich. 12) Pr. armillata Nyl. ♂ in Mehrzahl. *Sphegidae:* 13) Oxybelus uniglumis L. C. Coleoptera: *Dermestidae:* 14) Anthrenus museorum L. 15) Attagenus Schaefferi Herbst.

(178). Spiraea salicifolia & ulmifolia. (S. 213.) Weitere Besucher:

A. Diptera: *Stratiomydae:* 99) Odontomyia viridula F. sgd. *Syrphidae:* 100) Cheilosia gilvipes Zett. sgd. u. Pfd. *Tabanidae:* 101) Chrysops coecutiens L. ♂ sgd. B. Hymenoptera: *Formicidae:* (42) Myrmica laevinodis Nyl. ☿ 102) Lasius niger L. ☿ hld. *Evaniadae:* 103) Foenus spec. hld. N. B. *Apidae:* 104) Sphecodes gibbus L. ♀ sgd. N. B. 105) Halictus villosulus K. ♀ sgd. 106) Nomada ruficornis L. ♀ sgd. C. Coleoptera: *Cerambycidae:* (90) Strangalia attenuata L. auch in Paarung (92) Leptura livida L. desgl. *Lagriidae:* 107) Lagria hirta hld. *Lamellicornia:* 108) Cetonia aurata L. *Malacodermata:* 109) Rhagonycha melanura F. Orthoptera: 110) Blatta lapponica L. hld.?

Amygdaleae. (S. 215.)

481. *Persica vulgaris Mill.* Der becherförmige
Theil des Kelches ist, bis zur Trennung in 5 Zipfel etwa
8 mm lang; die untersten 5 mm sind mit einer orangefarbenen Honig absondernden Schicht ausgekleidet. Die
Blüthen sind daher, bei übrigens gleicher Einrichtung einem
engeren langrüsseligeren Besucherkreise angepasst, als unsere übrigen Amygdaleen. Ich fand sie (ausser; von Meligethes) nur von Bienen besucht, nämlich:

1) Osmia cornuta Latr. ♀ ♂ sgd. 2) O. rufa L. ♂ sgd.
3) Bombus terrestris L. ♀ sgd. 4) Andrena albicans K. ♀ ♂ Psd.
aber auch tief in die Blüthe kriechend u. sgd.

(179.) *Prunus spinosa* L. (S. 215.) Weitere Besucher. (Thür. 17/4. 73):

A. Hymenoptera: *Apidae:* (1) Halictus cylindricus F. ♀
sgd. (9) Andrena Gwynana K. ♀ sgd. (15.) Apis mellifica ☿ sgd.,
zahlreich. B. Diptera: *Syrphidae:* 28) Eristalis tenax L. sgd. u. Pfd.
D. Lepidoptera: *Rhopalocera:* 29) Vanessa Jo L. andauernd sgd.

482. *Prunus Armeniaca* L. Besucher ebenfalls
hauptsächlich Bienen, nämlich:

Hymenoptera: *Apidae:* 1) Osmia rufa L. ♂ sehr eifrig und
andauernd sgd., zahlreich. 2) Andrena fasciata Wesm. ♀ Psd. 3) A.
parvula K. ♀ Psd. 4) Halictus sexstrigatus Schenck. ♀ Psd. u. sgd.
5) H. leucozonius K. ♀ sgd. *Pteromalidae:* 6) Chalcis spec.? sgd.
in Mehrzahl.

(180.) *Prunus Padus* L. (S. 215.) Weitere Besucher:

Coleoptera: *Cerambycidae:* 5) Grammoptera ruficornis Pz.
bld. *Malacodermata:* 6) Dasytes spec. bld. *Mordellidae:* 7) Anaspis
rufilabris Gylh. desgl.

(181.) *Prunus Avium* L. Besucher (Jena 17/5. 75.
H. M.):

A. Hymenoptera: *Apidae:* 1) Apis mellifica L. ☿ sgd. u.
Psd. 2) Anthophora aestivalis Pz. ♂ ♀ sgd. u. Psd. 3) Halictus maculatus Sm. ♀ Psd. 4) Osmia aurulenta Pz. ♀ ♂ sgd. 5) O. fusca
Christ. ♀ Psd. B. Coleoptera: *Crysomelidae:* 6) Haltica spec. Cerambycidae: 7) Tetrops praeusta L.

Papilionaceae. S. 217.

483. *Amorpha fruticosa L.* Fig. 52—54.
Diese aus Nordamerika in unsere Gärten eingeführte

Papilionacce unterscheidet sich von allen bei uns einheimischen Familiengenossen durch folgende bereits von Delpino (Ulteriori osservazioni Parte I p. 67. 68) hervorge-
hobene Eigenthümlichkeiten: Flügel und Schiffchen sind
spurlos verschwunden. Die Fahne allein umschliesst in der
Knospe die Geschlechtsorgane. Im Anfange des Blühens
ragt nur der Griffel, von einer entwickelten Narbe gekrönt,
weit unter dem von der Fahne gebildeten Dache hervor
(Fig. 52), während die Staubgefässe noch geschlossen und
unter demselben geborgen sind. Alsbald verlängern sich
aber die Staubgefässe in dem Grade, dass sie nicht nur
ebenfalls unter dem Fahnendache hervorkommen, sondern
oft selbst die Narbe noch überragen. (Fig. 53). Diese bleibt,
wenn sie nicht vorher befruchtet wurde, empfängnissfähig,
bis die Staubgefässe aufgesprungen sind. Bei ausbleibendem Insektenbesuche erfolgt, daher schliesslich spontane
Selbstbestäubung, und zwar ebenso wohl wenn die Narbe
zwischen den Staubgefässen liegt (Fig. 54), durch unmittelbare Berührung beider, als wenn sie von denselben überragt wird (Fig. 53), durch Herabfallen von Pollen auf die
Narbe. Bei zeitig eintretendem Insektenbesuche ist dagegen durch die beschriebene Proterogynie wenigstens
Kreuzung getrennter Blüthen gesichert.

An dem einzigen Strauch, den ich in einem Garten
Lippstadts zu beobachten Gelegenheit habe, findet sich die
Honigbiene (*Apis mellifica* L. ☿) sehr häufig sgd. und Psd.
ein. An der dichtgedrängten Blüthenähre selbst in die
Höhe kriechend zeigte sie deulich, dass die winzigen Blüthen
einer besondern Anflug- oder Stützfläche, welche bei unseren *Papilionaceen* von den Flügeln und dem Schiffchen
hergestellt wird, nicht bedürfen.

(182.) *Lotus corniculatus* L. (S. 217.) Weitere
Besucher:

A. Hymenoptera: *Apidae:* a) Bauchsammler: 32) Osmia
adunca Latr. ♀ ♂ sgd. u. Psd. N. B. (2) O. aurulenta Pz. ♀ NB.
(3) O. aenea L. ♀ ♂ sgd. u. Psd. Thür. 33) O. pilicornis Sm. ♀ NB.
34) O. fuciformis Latr. ♀ sgd. Thür.; N. B. 35) O. rufa L. ♀ ♂
sgd. Jena HM. N. B. (4) Diphysis serratulae Pz. ♀ ♂ sgd. u. Psd.;
Thür.; N. B. 36) Megachile argentata F. ♀ ♂ sgd. L. NB. (3) M.
Willughbiella K. ♀ ♂ sgd. u. Psd. NB. (6) M. fasciata Sm. ♀ ♂

sgd. u. Psd. Thür. NB. (7) M. circumcincta K. ♀ ♂ NB. (8) Anthidium manicatum L. ♀ N. B. 37) Anthidium oblongatum ♂ ♀ sgd. u. Psd. häufig. NB. (9) A. punctatum Latr. ♀ ♂ desgl. N. B. (10) A. strigatum Latr. ♀ ♂ desgl. N. B. 38) Chelostoma nigricorne. Nyl. ♂ sgd. N. B.

b) Schenkel- und Schienensammler: 11 Bombus (agrorum F.) muscorum L. ♂ ♀ sgd., seltener Psd. N. B. 39) B. lapidarius L. ♀ sgd. Thür. 40) B. pratorum L. ♀ N. B. 41) B. senilis Sm. ♀ sgd. Thür., N. B. 42) B. silvarum L. ♀ sgd. Thür. (13) Apis mellifica L. ♀ sgd. u. Psd. häufig. Thür. (14) Eucera longicornis L. ♀ ♂ sgd. N. B. 43) Cilissa haemorrhoidalis F. ♂ sgd. N. B. 44) C. leporina Pz. ♀ sgd. N. B. 45) Halictus leucopus K. ♀ N. B. 46) H. leucozonius K. ♀ N. B. 47) H. lugubris K. ♀ N. B. 48) H. sexnotatus K. ♀ N. B. 49) H. Smeathmanellus K. ♀ N. B. c) Kukuksbienen: 50) Coelioxys elongata Lep. (simplex Sm.) ♀ sgd. Thür. B. Diptera: *Conopidae:* 51) Myopa testacea L. sgd. N. B. C. Lepidoptera: *Rhopalocera:* 52) Coenonympha arcania L. sgd. Thür. 53) Lycaena aegon S. V. sgd. Thür. 54) L. Damon S. V. Thür. 55) Thecla spini S. V. sgd. Thür. *Sphinges:* 56) Zygaena filipendulae sgd. Thür. D. Coleoptera: *Elateridae:* 57) Agriotes sputator L. Thür. 58) Mordella fasciata L. Thür. beide vergeblich suchend.

(183.) *Trifolium repens* L. (S. 220—222.) Weitere Besucher:

A. Hymenoptera: *Apidae:* 12) Halictus sexnotatus K. ♀ sgd. 13) H. Smeathmanellus K. ♀ sgd. N. B. 14) H. zonulus Sm. ♀ sgd. b. Oberpf. 15) Andrena nigriceps K. ♀ sgd. b. Oberpf. 16) Cilissa leporina Pz. ♂ sgd. b. Oberpf. N. B. 17) Psithyrus quadricolor ♂ sgd. Fichtelgeb. 27/7. 73. C. Lepidoptera: *Rhopalocera*: 18) Melitaea Athalia Esp. sgd. Thür. 19) Pieris napi L. sgd. 20) Coenonympha pamphilus L. sgd. Thür.

484. *Trifolium hybridum* L. Besucher:

Hymenoptera: *Apidae*: 1) Cilissa leporina Pz. ♂ sgd. b. Oberpf. N. B.

(184.) *Trifolium fragiferum* L. Weitere Besucher:

Hymenoptera: *Apidae*. 2) Andrena albicans K. ♀ 17/7. 73. Kitzingen. *Sphegidae:* Bembex rostrata F. ♂ sgd. daselbst.

(185.) *Trifolium pratense* L. Weitere Besucher:

A. Hymenoptera: *Apidae:* (1) Bombus silvarum L. ♀! sgd. N. B. (3) B. Rajellus Ill. ♀ ♀! sgd. Thür. (11) B. (Psithyrus) campestris Pz. ♀! b. Oberpf. (14) B. pratorum L. ♀ (10—12)! sgd. N. B. 40) Anthophora aestivalis Pz. (15)! sgd. N. B. (17) Eucera longicornis L. ♀ Psd. Thür. (18) Cilissa leporina Pz. ♂ (3 ¹/₂) vergeblich zu saugen versuchend. N. B. 41) Andrena convexiuscula K. ♂ desgl. N. B. 42) A. labialis K. ♂ desgl. 43) Halictus tetrazonius

Kl. ♀ Psd.! N. B. 44) H. malachurus K. ♀ desgl.! N. B. 45) H. interruptus Pz. ♀ Psd! Thür. 46) H. sexnotatus K. ♀ vergeblich zu saugen versuchend. N. B. 47) H. cylindricus F. ♀ desgl. N. B. 48) Osmia aurulenta Pz. ♀ Psd! Thür. C. Lepidoptera: *Rhopalocera*: 49) Papilio Podalirius L. sgd. N. ♭. 50) Melanargia Galatea L. sgd., häufig, Thür. 51) Coenonympha pamphilus L. ♀ sgd. *Bombyces*: 54) Gnophria quadra L. an den Blüthen sitzend, b. Oberpf.

485. *Trifolium alpestre* L. (Thür. 7/73.) Die Blüthenköpfchen dieser Kleeart sind von ansehnlicherer Grösse und lebhafter rother Farbe und daher weit augenfälliger, als die von Tr. pratense; in der Blütheneinrichtung stimmen beide in den meisten Stücken überein. Während aber bei T. pratense die Blumenröhre bis zur Spaltung in Schiffchen und Fahne 7, bis zum Ende des Schiffchens 11 mm lang ist, sind bei Tr. alpestre die entsprechenden Längen 11 und 14 mm. Es wird dadurch ein erheblicher Theil unserer Hummeln von der normalen Gewinnung des Honigs von Trif. alpestre ausgeschlossen. Während ferner bei Tr. pratense die Fahne etwa 2 bis 2½ mm über das Schiffchen hinausragt und daher besuchenden Bienen eine bequeme Angriffsfläche zum Gegenstemmen des Kopfes beim Niederdrücken der Flügel und des Schiffchens darbietet, dagegen Schmetterlingen durch Verdeckung der richtigen Stelle das Einführen des Rüssels erschwert, wird bei Tr. alpestre das Schiffchen nebst den es umschliessenden Flügeln von der Fahne nicht oder nur kaum merklich überragt, das Einführen des Rüssels also den Bienen erschwert, den Schmetterlingen erleichtert. Während endlich bei Tr. pratense das Schiffchen kaum höher ist als die Blumenröhre und die Richtung derselben fast gradlinig, nur ganz schwach nach oben gebogen, fortsetzt, ist bei alpestre das Schiffchen erheblich höher als die Blumenröhre und stark aufwärts gebogen. Ein in die Blüthe von Tr. pratense unter der Mittellinie der Fahne eingesenkter Falterrüssel wird daher den Blüthengrund erreichen können, ohne mit Staubgefässen und Narben in Berührung zu kommen; bei Tr. alpestre dagegen wird er, ebenso eingeführt, in den oben offenen Spalt des Schiffchens gerathen müssen und Narbe und Staubgefässe (in dieser Reihenfolge) streifen, also bei wiederholten Besuchen

regelmässig Kreuzung bewirken. Hiernach scheint mir Tr.
alpestre der Kreuzung durch Falter angepasst, ohne seine
Anpassungen an die Kreuzungsvermittlung der Hummeln
aufgegeben zu haben. Der beobachtete Insektenbesuch
entspricht dieser Auffassung. Ich fand nämlich (7/73 Thür.)
als Besucher:

A. Hymenoptera. *Apidae*: 1) Psithyrus rupestris F. ♀ (13—14)
sgd.! mehrere Exemplare. 2) Eucera longicornis L. ♂ (10—12) sgd.
B. Lepidoptera: *Rhopalocera*: 3) Hesperia thaumas Hfn. sgd.
sehr häufig. 4) Syrichthus malvae L. (7—8) versuchend. 5) Melanargia Galatea (11—12) sgd. oder versuchend in Mehrzahl. 6) Coenonympha pamphilus L. (6—7) und 7) C. arcania L. versuchend. 8) Epinephele Janira L. (10) desgl. 9) Melitaea Athalia L. (8½—9) desgl.
10) Pieris rapae L. (14—18) sgd.! in Mehrzahl. 11) Lycaena semiargus Rott (7—8) versuchend.

(186.) *Trifolium arvense* L. (S. 224.) Weitere
Besucher:

A. Hymenoptera: *Apidae:* 14 Saropoda bimaculata Pz. ♂
sgd. zahlreich. 15) Andrena carbonaria Chr. ♂ sgd. 16) A. fuscipes K. ♂ sgd. 17) A. denticulata K. sgd. 18) Halictus flavipes F.
♀ sgd. 19) Epeolus variegatus L. sgd. 20) Megachile argentata F.
♂ sgd. B. Lepidoptera: *Rhopalocera*: 21) Polyommatus Phlaeas
L. sgd. 22) Lycaena aegon S. V. sgd. 23) Coenonympha pamphilus
L. sgd. Thür. C. Diptera: *Muscidae*: 24) Gonia capitata Fallén
sgd. N. B.

(187.) *Trifolium rubens* L. (S. 224.) Während
bei Tr. pratense und alpestre die Blüthen, in kugeligen
Köpfchen stehend, theils schräg abwärts, theils wagerecht,
theils schräg aufwärts gerichtet sind und gerade Blumenröhren haben, weil durch ihre sehr verschiedene Stellung
die Möglichkeit einer bestimmten Anpassung der Richtung
der Röhre an die bequemste Stellung des Rüssels der
Besucher ausgeschlossen ist und war, stehen dagegen
bei Tr. rubens die Blüthen an einer verlängerten Achse
sämmtlich in gleicher Stellung schräg aufwärts und haben,
ebenso wie in der Regel die in gleichem Falle befindlichen Labiaten, den oberen Theil ihrer Blumenröhre
stärker nach aussen gekrümmt, die ganze Röhrenkrümmung
also der bequemsten Rüsselhaltung langrüsseliger Bienen
angepasst. Im Uebrigen stimmt die Blütheneinrichtung
in den meisten Stücken mit Tr. pratense und alpestre

überein und hält in denjenigen Stücken, in welchen sich diese beiden Arten von einander unterscheiden, ungefähr die Mitte zwischen beiden.

Die Blumenröhre ist nämlich bis zur Spaltung in Fahne und Schiffchen 8—9 (bei prat. 7, bei alp. 10), bis zum Ende des Schiffchens 13—14 (bei prat. 11, bei alp. 14) mm lang; die Fahne überragt das Schiffchen um 1—1¹/₂ (bei prat. 2—2¹/₂, bei alp. 0 bis ¹/₂) mm; das Schiffchen übertrifft die Blumenröhre an Höhe und ist aufwärts gerichtet — stärker als bei pratense, schwächer als bei alpestre. Nur in der Haltung der Flügel nimmt rubens nicht die Mitte zwischen prat. und alp. ein, sondern dieselben sind zu fast wagerechter Lage nach aussen gebogen, während sie bei prat. und alp. das Schiffchen schwach nach aussen gewölbt umschliessen. Dadurch wird besuchenden Bienen eine ebenso bequeme Angriffsfläche zum Abwärtsdrücken des Schiffchens geboten, wie bei prat. durch die Verlängerung der Fahne, während andererseits den Schmetterlingen die zum Einführen des Rüssels geeignete Stelle fast eben so frei sichtbar bleibt wie bei alpestre. Diesen zwischen Tr. prat. und alp. ungefähr die Mitte haltenden Verhältnissen des Blüthenbaues entsprechend nimmt Tr. rubens auch in Bezug auf seine Befruchter eine mittlere Stellung zwischen dem fast nur durch Bienen gekreuzten Tr. prat. und dem überwiegend durch Falter gekreuzten alpestre ein, indem es von Insekten beider Ordnungen ziemlich gleich häufig besucht und befruchtet wird. An Augenfälligkeit übertrifft es, durch die weit längeren Blüthenstände bei ebenso lebhafter Farbe wie alp., beide Arten. Weitere Besucher:

A. Hymenoptera: *Apidae*: (1) Bombus muscorum L. ♀ (12) sgd. ☿ Psd. 3) B. Proteus Gerst. ☿ (12—13) sgd. 4) B. silvarum L. (12—14) ♀ sgd. 5) B. tristis Seidl ☿ sgd. 6) Psithyrus rupestris F. ♀ (12—14) sgd. B. Lepidoptera: *Rhopalocera*: 7) Melanargia Galatea L. (11—12) andauernd sgd. 8) Epinephele hyperanthus L. sgd. 9) Hesperia sylvanus Esp. (16) sgd. 10) Lycaena Corydon Scop. (9—11) sgd. 11) Pieris napi L. sgd. *Sphinges:* 12) Zygaena lonicerae (Esp.) (12) sgd. 13) Z. filipendulae L. (11) sgd. C. Coleoptera: *Elateridae*: 14) Corymbites holosericeus L. vergeblich suchend. Sämmtliche Besucher wurden im Juli 72 u. 73 bei Mühlberg in Thüringen beobachtet.

(188.) *Trifolium filiforme* L. (S. 224.) Weitere Besucher:

B. Lepidoptera: *Rhopalocera*: 4) Lycaena aegon S. V. sgd. 18/6. 73.

(189.) *Trifolium medium* L. (S. 224.) Weitere Besucher:

A. Hymenoptera: *Apidae*: 3) Bombus senilis Sm. ♀ sgd. N. B. 4) B. terrestris L. ♀, die Blumenröhre etwas über dem Kelche an der Seite anbeissend und durch Einbruch sgd. Thür. 5) Psithyrus campestris Pz. ♀ sgd. N. B. 6) Ps. Barbutellus K. ♀ sgd. N. B.. 7) Halictus Smeathmanellus K. ♀ versuchend. N. B. B. Lepidoptera: *Rhopalocera*: 8) Melanargia Galatea sgd., Thür. 9) Coenonympha pamphilus sgd. Thür. 10) Hesperia lineola O. sgd. b. Oberpf. 11) Lycaena semiargus Rott. sgd. b. Oberpf. C. Diptera: *Syrphidae*: 12) Volucella plumata L. versuchend, N. B.

(190.) *Trifolium procumbens* L. (S. 224.) Weitere Besucher:

A. Hymenoptera: *Apidae*: 3) Andrena Schrankella Nyl. ♀ sgd. N. B. 4) Halictus nitidiusculus K. ♀ sgd. N. B. B. Lepidoptera: *Rhopalocera*: 5) Epinephele Janira L. sgd. Thür. 6)`Lycaena icarus Rott. sgd. C. Diptera: *Muscidae:* 7) Ocyptera brassicariae F. sgd. N. B.

486. *Trifolium agrarium* L. Besucher:

A. Hymenoptera: *Apidae*: 1) Apis mellifica L. ♀ sgd. B. Lepidoptera: *Rhopalocera*: 2) Epinephele hyperanthus L. sgd. b. Oberpf. 3) Hesperia lineola O. sgd. b. Oberpf. 4) Lycaena aegon. S. V. ♂ sgd.

(191.) *Trifolium montanum* L. (S. 224.)

Während bei Trif. pratense, rubens, alpestre etc. die Stiele aller Blumenblätter zu einer Röhre verwachsen sind, ist hier die Fahne vom Grunde an frei; sie umschliesst mit ihrer breiten Basis die Stiele der Flügel und des Schiffchens vollständig und trägt dadurch erheblich dazu bei, diese Blätter, wenn sie hinabgedrückt waren, in die ursprüngliche Lage zurückzuführen. Die Flügel haften den Seiten der Blätter des Schiffchens durch Ineinanderstülpen der Oberhautzellen fest an und sind dadurch mit ihm zu gemeinsamer Bewegung verbunden, ohne im Uebrigen mit ihm verwachsen zu sein. Die blasenförmigen Anschwellungen oben an der Basis der Flügel-Blattflächen, welche über der Geschlechtssäule zusammenschliessen, sind zwar schwach entwickelt, genügen aber, vereint mit der Umschliessung durch die Fahne, um Flügel und Schiffchen, wenn sie herabgedrückt gewesen sind, in ihre frühere Lage zurückzuführen. Die das Schiffchen seitlich umschliessenden Blätter der Flügel überragen dasselbe als schmale senkrecht gestellte Flächen, schwach divergirend vorgestreckt, nur um etwa 1 mm; die ebenfalls schmale Fläche der Fahne aber überragt, dachförmig zusammengefaltet und schwach schräg aufsteigend, die Flügel um noch weitere 4 mm.

Da die Blüthe vom Grunde der Blumenblätter bis zum Ende des Schiffchens nur 5 mm lang ist, so ist ihr Honig allen Insekten von dieser Rüssellänge zugänglich, den Bienen, indem sie, mit den Vorderbeinen die Flügel der Blume als Hebelarme benutzend und den Kopf gegen die Fahne stemmend das Schiffchen nach unten drücken und mit ihrer Bauchseite die aus demselben hervortretenden Geschlechtstheile (erst die etwas hervorragende Narbe, dann die Staubgefässe) streifen, den Schmetterlingen, indem sie ihren Rüssel in der von der zusammengelegten Fahne gebildeten Rinne hinabgleiten lassen, wobei er, in den oben offenen Spalt des Schiffchens eintretend, ebenfalls Narbe und Staubgefässe streifen muss (wovon man sich durch Einführen einer Borste, die dann pollenbehaftet wieder herausgezogen wird, leicht überzeugen kann).

Trifolium montanum erscheint also ebenso wie rubens der Befruchtung sowohl durch Bienen als durch Falter angepasst. An Augenfälligkeit steht es mit seinen kleinen weissen Köpfchen hinter rubens offenbar weit zurück und die Zugänglichkeit seines Honigs für eine weit grössere Mannigfaltigkeit von Insekten wird überdiess bewirken, dass die nahrungsbedürftigsten und emsigsten langrüsseligeren Bienen die so grosser Concurrenz preisgegebenen Blüthen seltener aufsuchen. Die von der Fahne geleistete bequemere Führung der Schmetterlingsrüssel ist dagegen ein Vortheil, den Trif. montanum vor rubens voraus hat. Besucher, Thür. 7/15:

A. Hymenoptera: *Apidae:* 1) Apis mellifica L. ☿ sgd. sehr häufig. 2) Bombus pratorum L.♂sgd. 3) Nomada ruficornis L. ♀sgd. 4) Roberjeotiana Pz. ♀ sgd. *Sphegidae:* 5) Misous campestris L. ♀♂

sgd. wiederholt. B. Lepidoptera: *Rhopalocera:* 6) Melitaea Athalia Esp. andauernd sgd. zahlreich. Thür.. ebenso bei Kitzingen 17/7. 73. 7) Lycaena Corydon. Scop. sgd. 8) L. aegon W. V. ♀ sgd. 9) Hesperia sylvanus Esp. sgd.

(193.) *Melilotus vulgaris* Willd. (S. 225.) Weitere Besucher:

·A. Hymenoptera: *Apidae:* 8) Macropis labiata Pz. ♂ sgd. in Mehrzahl. N. B. B. Diptera: *Empidae:* 9) Empis livida L. eifrig sgd. Thür.

(194.) *Medicago sativa* L. (S. 225—229) Weitere Besucher:

Hymenoptera: *Apidae:* 12) Bombus muscorum L. ♀ ☿ sgd. Strassburg 6/76. II. M. 13) Xylocopa violacea L. ♂ sgd. daselbst. 14) Cilissa leporina Pz. ♂ sgd. Kitzingen 17/7. 73. 15) Rhophitoides canus Eversm. ♂ sgd. daselbst. 16) Halictus morio ♀ sgd. N. B. 17) Colletes spec. ♂ sgd. Kitzingen. 18) Megachile argentata F. ♀ sgd. N. B., ♂ sgd. Strassburg. II. M. 19) M. Willughbiella K. ♂ sgd. Strassburg, H. M. 20) Osmia aenea L. ♀ sgd. u. Psd., zahlreich, daselbst. 21) Osmia rufa L. ♀ sgd. daselbst. 22) Coelioxys umbrina Sm. ♀ sgd. daselbst. *Sphegidae:* 23) Bembex rostrata F. sgd. Kitzingen. B. Lepidoptera: *Rhopalocera:* 24) Hesperia lineola O. sgd. N. B. 25) Rhodocera rhamni L. sgd. N. B. 26) Colias Edusa L. sgd. N. B. (7) C. Hyale L. sgd. N. B.

(195.) *Medicago falcata* L. (S. 229, 230.) An demselben Standorte, am Röhmberge bei Mühlberg, beobachtete ich im Juli 1872 und 73 noch folgende Schmetterlinge als Besucher dieser Blume:

(14) Hesperia sylvanus Esp. sgd. (15) Lycaena Corydon Scop. sgd. zahlreich. 19) Melitaea Athalia L. sgd. 20) Pieris rapae L. sgd. 21) Epinephele Janira L. sgd. 22) Vanessa urticae L. sgd.

(196.) *Medicago lupulina* L. Fernere Besucher:

Hymenoptera: *Apidae:* 8) Bombus muscorum L. ♀ ☿ sgd. Strassburg 6/76. II. M.

487. *Astragalus glycyphyllos* L.

Narbe und Staubgefässe treten beim Niederdrücken des Schiffchens einfach aus demselben hervor. Die Ränder des Schiffchens schliessen in ihrem vorderen, die Staubgefässe umschliessenden Theile so eng aneinander, dass sie beim Zurückkehren des abwärts gedrückten Schiffchens in seine frühere Lage etwas Blüthenstaub abschaben und aussen lassen. Die Flügel sind nur in den vorderen Theil des Schiffchens eingestülpt; ihre fingerförmigen Fortsätze (d, Fig.

94, S. 244) sind breit und flach, mit der unteren Kante
der Geschlechtssäule fest aufsitzend. Die Enden der Flügel
überragen das Schiffchen zwar nur etwa 2 mm, bilden aber,
indem sie unter einem Winkel von 60—90° aus einander
treten, trotzdem bequeme Hebelarme zum Hinabdrücken
des Schiffchens. Der breite Basaltheil der Fahne umschliesst nur die obere Hälfte der Blüthe und geht ohne
scharfe Umbiegung in den aufgerichteten Theil über. Dieser
ist in der Mitte von einer tiefen Rinne durchzogen, welche
dem Bienenrüssel als Führung dient und das Eindringen
unter die Fahne wesentlich erleichtert. Der wagerecht
liegende Theil derselben ist 8—10 mm lang; da er aber
nur die obere Hälfte der Blüthe umschliesst, so bleibt
zwischen ihm und den Stielen der Flügel jederseits ein
Spalt offen, der mit Bequemlichkeit zum Wegstehlen des
Honigs benutzt werden kann und von der Honigbiene regelmässig benutzt wird.

In den Waldlichtungen des Hasenwinkels bei Mühlberg (Thüringen) erhebt sich die Pflanze zwischen Gesträuch, indem sie ihre steifen, wagerecht abstehenden
Blattmittelrippen auf Zweige stützt, oft bis zu gleicher
Höhe wie die ebendaselbst wachsende Vicia pisiformis
mittels ihrer Ranken. Die Blüthenstände beider sehen
sich dann aus einiger Entfernung sehr ähnlich, werden
aber von der Honigbiene nie verwechselt. Besucher
(Thür. 7/73):

A. Hymenoptera: *Apidae:* 1) Apis mellifica L. ☿ sgd. sehr
häufig, steckt den Rüssel nicht mitten unter der Fahne, sondern
ganz an einer Seite vor dem Kelch, dicht über dem Schiffchen hinein. 2) Bombus Rajellus Ill. ♀ normal sgd. u. Psd. 3) B. lapidarius L.
☿ sgd. 4) B. hortorum L. ♀ ☿ ♂ normal sgd. in Mehrzahl. 5) B.
muscorum L. ♀ desgl. Thür. N. B. 6) B. tristis Seidl ☿ sgd.
B. Lepidoptera: *Rhopalocera:* 7) Melanargia Galatea L. sgd. *Geometridae:* 8) Odezia chaerophyllata L.

488. *Oxytropis pilosa* DC. (Thüringen 7/73.)
Auch hier treten Narbe und Staubgefässe beim Niederdrücken des Schiffchens einfach aus demselben hervor und
kehren beim Aufhören des Druckes in dasselbe zurück.
Der gelblichgrüne, mit anliegenden schwärzlichen Borsten
besetzte Kelch umschliesst die Blumenblätter auf 6 mm

Länge. Der wagerechte Theil der Fahne bedeckt innerhalb des Kelchs nur die Geschlechtssäule von oben, verbreitert sich aber in seinem den Kelch überragenden 2—3
mm langen Theile so, dass er auch die Flügel umschliesst.
Von da biegt sich die Fahne allmählich nur schwach schräg
aufwärts, indem sie sich zugleich in eine an den Seiten
zurückgeschlagene, längs der Mittellinie scharf zusammen-
gefaltete, an der Spitze eingeschnittene Fläche verbreitert,
welche die Flügel um etwa 3 mm überragt. Diese umschliessen das Schiffchen dicht anliegend und ragen, schräg
aufwärts weiter gehend, etwa 1½ mm über dasselbe hinaus. Ihre vorragenden Enden bilden, mit der Falte der
Fahne zusammen, eine Führung für die Bienenrüssel; zugleich dienen sie den Vorderbeinen der Bienen als Stützpunkte und als Hebelarme zum Hinabdrücken des Schiffchens, mit welchem die Flügel durch zwei tiefe Einstül-
pungen in den hinteren Theil desselben zu gemeinsamer
Bewegung verbunden sind. Besucher:

A. Hymenoptera: *Apidae:* 1) Apis mellifica L. ⚥ sgd. häufig. B. Lepidoptera: *Rhopalocera:* 2) Pieris rapae L. in Mehrzahl,
andauernd sgd.

489. *Ononis repens* L. Besucher ebenfalls nur
Bienen, und zwar:

A. Bauchsammler: 1) Megachile argentata F. ♀ Psd. N. B.
2) M. fasciata Sm. ♂ sgd. N. B. 3) M. circumcincta K. ♀ Psd. N. B.
4) Osmia spinulosa K. ♀ Psd. Thür. 5) Anthidium manicatum L.
♀ ♂ Psd. N. B. 6) A. oblongatum Latr. Psd. N. B. B. Schienensammler: 7) Bombus tristis ⚥ Psd. Thür. 8) Cilissa leporina Pz.
♀ sgd. N. B. — (Es versteht sich von selbst, dass die mit sgd. bezeichneten Bienenarten an dieser honiglosen Blume nur vergebliche
Saugversuche machten.)

490. *Cytisus sagittalis* Koch. Besucher nur Bienen,
nämlich:

1) Bombus lapidarius L. ⚥ Psd. 5/7. 74. Vogesen. 2) B. terrestris L. ♀ Psd. daselbst. 3) B. tristis Seidl ⚥ Psd. N. B. 4) Halictus rubicundus Chr. ♀ Psd. Vogesen. 5) Andrena convexiuscula K.
♀ daselbst. 6) Osmia fulviventris F. ♀ Psd. daselbst. 7) Megachile
circumcincta K. ♀ Psd. N. B. 8) Diphysis serratulae Pz. ♂ N. B.

491. *Cytisus nigricans* L. Fig. 55—58. (b. Oberpf.
7. 73).

Die Blütheneinrichtung ist dadurch von besonderem

Interesse, dass sie eine Zwischenstufe darbietet zwischen der Pumpeneinrichtung (die ich bei Lotus beschrieben) und derjenigen mit einfach aus dem niedergedrückten Schiffchen hervortretenden Geschlechtstheilen.

In der jungen Knospe (Fig. 58) überragen die sehr grossen mit den Blumenblättern abwechselnden Staubgefässe die sehr kleinen vor den Blumenblättern stehenden vollständig. Die Staubfäden der letzteren sind am Ende einwärts gekrümmt. Einige Zeit vor dem Aufblühen der Blume springen die grossen Staubgefässe auf und schrumpfen rasch zu langen schmalen schwärzlichen entleerten Taschen zusammen, so dass ihr Blüthenstaub in lose zusammenhängenden Massen, völlig frei gegeben, nur vom Schiffchen umschlossen, zwischen ihnen liegt — im Grunde des aufwärts gebogenen, nach oben verschmälerten Theiles des Schiffchens. Jetzt strecken sich die am Ende einwärts gebogenen Filamente der kleinen Antheren gerade aus, indem sie wahrscheinlich gleichzeitig noch etwas wachsen; ihre Staubbeutel rücken dadurch zwischen die entleerten Taschen der grossen und schieben den Blüthenstaub derselben in das leere aufwärts gebogene Ende des Schiffchens. Sie sind zu dieser Wirkung dadurch besonders befähigt, dass sie etwas später aufspringen als die grossen Staubgefässe, und auch nach dem Aufspringen noch frisch und mit ihrem Blüthenstaube behaftet bleiben, so dass sie nicht nur an Umfang nichts einbüssen, sondern im Gegentheil noch anschwellen.

Während so die kleinen Staubgefässe für sich allein die Funktion haben, den Pollen der grossen in das obere Ende des Schiffchens zu pressen, haben die verdickten Filamente der grossen Staubgefässe vereint mit den kleinen Staubbeuteln die Funktion, beim Niederdrücken des Schiffchens den sein oberes Ende ausfüllenden Pollen zur Oeffnung der Spitze des Schiffchens herauszupressen. Die Filamente der grossen Staubgefässe besitzen die zu diesem Herauspressen nöthige Steifigkeit, die kleinen Staubbeutel das zur Ausfüllung des untersten Theils des Pollenbehälters nöthige Volum; die ersteren wirken daher als Kolbenstange, die letzteren, indem sie von den verdickten Staubfäden

verhindert werden, beim Niederdrücken des Schiffchens
abwärts zu rücken, als Kolben.

Wesentliche Bedingung der Wirksamkeit dieser Pumpeneinrichtung ist, dass das Pumpenrohr schliesst, d. h.
dass die Ränder des Schiffchens bis zur Oeffnung seiner
Spitze dicht zusammenhalten. Das ist in jungen Blüthen
der Fall, und wenn man das Schiffchen einer solchen niederdrückt, kommt auch stets etwas Pollen aus der Spitze hervorgequollen, ja man kann diesen Versuch an derselben Blüthe
3—4mal wiederholen. Bei etwas älteren Blüthen aber haften
die oberen Ränder des Schiffchens so lose zusammen, dass
beim Niederdrücken desselben die Staubgefässe und die
sie überragende Narbe frei aus dem oben ganz offen gespaltenen Schiffchen hervortreten.

Eine innige Ineinanderfügung der Flügel und des
Schiffchens findet hier nicht statt. Die ersteren umschliessen, wie Fig. 55 zeigt, den obersten, in eine scharfe Kante
verschmälerten Theil des letzteren, als zwei senkrechte,
schwach auswärts gewölbte Flächen von beiden Seiten,
so dass ihre unteren Kanten sich der Verbreiterung der
Seiten des Schiffchens aufstützen, ihre oberen Kanten über
dem Schiffchen ziemlich dicht an einander schliessen und
ihre Spitzen die Spitze des Schiffchens umfassen. Zur
Herabdrückung des Schiffchens sind sie nur dann brauchbar, wenn sie nahe ihrer Basis von oben gefasst und
niedergedrückt werden. Gerade ein solches Anfassen und
Niederdrücken wird aber den besuchenden Bienen durch
die ungewöhnlich weit zurückgeschlagene Fahne vorgeschrieben, da dieselbe nur mit ihrer Basis dem Kopfe des
Insektes eine Stütze bietet.

Da die Blüthen, wie alle monadelphischen Papilionaceen, honiglos sind, so können sie nur Pollen suchende
Insekten zu andauernd wiederholten Besuchen veranlassen
und zwar, bei der vollständigen Bergung des Pollens, hauptsächlich nur Pollen sammelnde Bienen. Ich fand die
Blüthen thatsächlich von Pollen sammelnden Weibchen der
Andrena xanthura K. andauernd besucht.

(201.) *Genista anglica* L. (S. 240, 241.) Weitere
Besucher:

Hymenoptera: *Apidae:* 4) Andrena nigroaenea K. ♀ Psd.

(200.) *Genista tinctoria* L. (S. 235—239.) Weitere Besucher:

C. Lepidoptera: 25) Melitaea Athalia L. probirt einige Blüthen, geht aber dann sofort zu anderen Blumen über; Thür. 7/73. 26) Lycaena Damon S. V. desgl. D. Coleoptera: *Elateridae:* 27) Agriotes ustulatus Schall und 28) A. gallicus Lap. vergeblich suchend. Thür.

(203.) *Sarothamnus scoparius* Koch. (S.240—243.) Weitere Besucher:

A. Hymenoptera: *Apidae:* 10) Bombus hortorum L. ♀ Psd. Oberseite ganz roth bestäubt 11) B. muscorum L. ♀ Psd. Tekl. B. C. Coleoptera: 12) Anthobium abdominale in grosser Anzahl in den Blüthen 13) A. florale Pz. einzeln.

(205.) *Lathyrus pratensis* L. (S. 244—246.) Weitere Besucher:

Hymenoptera: *Apidae:* (1) Eucera longicornis L. ♀ sgd. N. B. (2) Bombus muscorum L. ♀ sgd. Thür. 6/7. 73. (3) Diphysis serratulae Pz. ♂ sgd. N. B. B. Lepidoptera: *Geometridae:* 6) Ortholitha limitata Scop. sgd., indem sie den Rüssel vom Kelche in die Blüthe einführt. N. B.

(206.) *Lathyrus tuberosus* L. (S. 246.) Beim Niederdrücken des Schiffchens tritt das mit Narbenpapillen besetzte Griffelende ganz nach rechts gewendet aus demselben hervor. Ausser den schon genannten Besuchern fand ich (Thür. 7/73) zahlreiche Thrips mit schwarzen Querbinden in den Blüthen und Lycaena Damon S. V. sgd.

492. *Lathyrus odoratus* L. Besucher: Hymenoptera: *Apidae:* (1) Anthidium manicatum L. ♀ sgd. Strassburg 6/76. H. M.

(209.) *Orobus vernus* L. (S. 247.) Weitere Besucher:

Hymenoptera: *Apidae:* (1) Bombus hortorum L. ♀ sgd. u. Psd. 2) B. (agrorum F.) muscorum L. Psd. 3) B. lapidarius L. ♀ sgd. u. Psd. 4) B. pratorum L. ♀ ⚥ Psd. alle vier: Jena 15/5. 75. H. M. 5) B. terrestris L. ♀ durchbricht den Kelch an der Oberseite, bisweilen auch die Blumenkrone dicht vor dem Kelche und stiehlt dann den Honig — so häufig, dass nur wenig nicht gewaltsam erbrochne Blüthen zu finden sind (L. Thür.) 6) Apis mellifica L. ⚥ stiehlt durch diese Löcher ebenfalls Honig. 7) Anthophora aestivalis Pz. ♂ sgd. ♀ sgd. u. Psd. 8) Eucera longicornis L. ♂ sgd. 9) Andrena parvula K. ♀ Psd. 10) Osmia fusca Chr. ♀ sgd. 11) O. aurn-

lenta Pz. ♀ ♂ sgd. 12) O. rufa L. ♀ sgd. 7 bis 12 ebenfalls:
Jena 15/5. 75. H. M.

493. *Ervum Lens* L. Besucher (Thür. 7. 73.):

A. Hymenoptera: *Apidae*: 1) Apis mellifica L. ♀ sgd. und
Ped. B. Lepidoptera: *Rhopalocera*: 2) Coenonympha pamphilus.
L. sgd.

494. *Vicia pisiformis* L. Fig. 59—66. (Thür. 7/73.)

Hummeln und Bienen machen sich nicht nur alle
möglichen einem gemischten Besucherkreise angepassten
Blumen zu Nutze; sie haben sich auch für ihren ausschliess-
lichen Gebrauch Blumen der mannigfachsten Farben gezüchtet:
blaue (Salvia), gelbe (Galeobdolon), rothe (Lamium maculatum), weisse (Lamium album) und selbst wenig hervor-
stechende trübgefärbte, wie z. B. V. pisiformis mit grünlich bis gelblich weissen Blüthen. Indem sich dieselben
in stattlichen Trauben frei über das Gesträuch der Waldlichtungen erheben, an welchem die Pflanzen mittels ihrer
Blattranken bis zu beträchtlicher Höhe emporklettern, machen
sie sich trotz ihrer wenig hervorstechenden Farbe den Bienen
schon aus der Ferne hinreichend bemerkbar, und der Honig,
den sie an der gewöhnlichen Stelle absondern und darbieten, fliesst so reichlich, dass er die einmal angelockten
Bienen leicht zu andauernd wiederholten Besuchen veranlasst. In den Einzelheiten der Bestäubungseinrichtung
weicht diese Viciaart von den anderen von mir untersuchten wieder so weit ab, dass eine Einzelbeschreibung nöthig
erscheint. Der Griffel ist von der Narbe abwärts auf etwa
$^2/_5$ seiner Länge mit einer sehr regelmässig ausgebildeten
Cylinderbürste versehen (Fig. 65, 66), in welcher die ringsum stehenden, schon zur Knospenzeit aufspringenden Staubgefässe den grössten Theil ihres Pollens haften lassen.
Die oberen Ränder des Schiffchens schliessen aber so wenig
fest zusammen, dass beim Niederdrücken desselben nicht
nur Narbe und Griffelbürste, sondern auch alle Staubgefässe aus dem Schiffchen hervortreten. Die das Schiffchen
umschliessenden, aufwärts etwas überragenden Flügel sind
mit demselben zu gemeinsamer Bewegung in ähnlicher
Weise wie bei V. Cracca u. sepinum durch 2 vordere und
2 hintere Einsackungen verbunden. Die beiden vorderen

Einsackungen klemmen sich aber nicht bloss auf eine Einbuchtung des Schiffchens hinter seinem die Staubbeutel umschliessenden vordersten Theile, sondern jede derselben fasst, wie Fig. 63 deutlich zeigt, hinter die Aussenwand der tiefen Rinne, welche jederseits der Spalte des Schiffchens längs der oberen Seite desselben verläuft. Die hintere weit tiefere Einsackung jedes Flügels senkt sich in den tiefsten Theil dieser Rinne hinein. Die Fortsätze an der Basis der Flügelblätter, welche bei Cracca und Sepium fingerförmig die Geschlechtssäule von oben umfassen und die Rückkehr aller Theile in die ursprüngliche Lage sichern helfen, sind hier breiter und dicker, dreikantig, erst gegen die Spitze hin allmählig verschmälert und verflacht, und leisten denselben Dienst in noch weit wirksamerer Weise; denn mit einer ebenen Fläche liegen sie der Geschlechtssäule dicht auf, mit einer zweiten ebenen Fläche liegen sie aneinander, und aussen sind sie von einer schwach gebogenen Fläche begrenzt. Die Fahne, welche mit ihrer breiten Basis (dem sogen. Nagel) Flügel und Schiffchen von oben und von den Seiten umschliesst und ihre Fläche schräg aufrichtet und an den Seiten etwas zurückschlägt, ist da, wo der Nagel sich in die aufgerichtete Fläche umbiegt, durch zwei schwache, nach oben und vorn convergirende Eindrücke den Flügeln angedrückt. Sie steht in dieser den Abschluss nutzloser Gäste bewirkenden Einrichtung, ebenso wie in der Festigkeit aller Blumenblätter, zwischen V. sepium u. Cracca etwa in der Mitte.

Der Basaltheil (Nagel) der Fahne, unter welchem die Rüssel besuchender Bienen zum Honig vordringen müssen, ist 8—10 mm lang; viele Bienen mögen jedoch im Stande sein, sich mindestens mit dem ganzen Kopf unter denselben zu drängen und dann auch mit weit kürzerem Rüssel den Honig zu erlangen.

Was die Sicherung der Kreuzung betrifft, so wird man, bis directe Versuche vorliegen, hier, wie bei anderen Papilionaceen, deren Narben von Anfang an von eigenem Pollen umgeben sind, mit Delpino vermuthen dürfen, dass dieselben erst nach Entfernung des eigenen Pollens und

Zerreiben eines Theils ihrer Papillen empfängnissfähig werden. Besucher (Thür. 7/73):

A. Hymenoptera: *Apidae*: 1) Bombus silvarum L. ♀ sgd. u. Psd. 2) B. Rajellus Ill. ♀ ♀ sgd. 3) B. lapidarius L. ♀ sgd. 4) Halictus tetrazonius Kl. ♀ Psd. 5) Megachile circumcincta K. ♀ sgd. u. Psd. 6) M. versicolor. Sm. ♀ sgd. u. Psd. B. Lepidoptera: *Rhopalocera*: 7) Coenonympha arcania L. sgd. C. Diptera: *Syrphidae*: 8) Syrphus balteatus Deg. anschwebend und vergeblich suchend.

495. *Vicia cassubica* L. (Thür. Röhmberg bei Mühlberg 7/73):

Hymenoptera: *Apidae*: 1) Eucera longicornis L. ♂ sgd.

496. *Vicia hirsuta* Koch. (*Ervum hirsutum* L.) Fig. 67—73. Diese Art ist von besonderem Interesse durch die grosse Vereinfachung der ganzen Blütheneinrichtung, durch welche sie sich von den grossblumigen Viciaarten auffallend unterscheidet und welche vermuthlich eine Folge ihrer Reduction zu so winzigen Blüthendimensionen ist.

Statt der Griffelbürste sind nur ¹/₂ bis höchstens 1 Dutzend Härchen vorhanden (Fig. 73), wahrscheinlich ein nutzlos gewordenes verkümmertes Erbtheil von Stammeltern her, die mit einer den Pollen hervorfegenden Griffelbürste versehen waren. Dicht um die Narbe herum und zum Theil dieselbe überragend stehen die Staubgefässe; sie öffnen sich schon in der Knospe, während die Fahne noch nach unten zusammen geschlagen ist, und es gelang mir nie, die Narbe einer so eben aufgeblühten oder dem Aufblühen nahen Blüthe bloss zu legen, ohne sie bereits mit Pollen behaftet zu finden. Das Schiffchen, welches Staubgefässe und Griffel umschliesst, hat weder die den Pollen enthaltende Anschwellung, noch die Einbuchtung hinter derselben, noch die Einbuchtung der Oberseite, welche bei Vicia Cracca und sepium so deutlich ausgeprägt sind, (siehe H. Müller, Befruchtung der Blumen Fig. 86, 3. Fig. 87, 3.) Oben ist das Schiffchen seiner ganzen Länge nach offen, so dass beim Niederdrücken desselben Staubgefässe und Narbe hervortreten — die einfachste Bestäubungseinrichtung, die bei einheimischen Papilionaceen überhaupt vorkommt. (Siehe Melilotus!) Auch die Zusammenfügung der Flügel mit dem Schiffchen ist bei V. hirsuta

höchst einfach. Die Innenfläche der Flügel und die Aussenfläche des Schiffchens sind nämlich jederseits an einer einzigen flach eingebuchteten Stelle durch schwaches Ineinanderstülpen der beiderseitigen Oberhautzellen hinreichend
fest zu gemeinsamer Bewegung mit einander verbunden.
Es fehlen aber den Flügeln nicht bloss die Einsackungen,
welche bei V. Cracca u. sepium, und ebenso bei pisiformis
(Fig. 61, 63, 64.) die feste Verbindung mit dem Schiffchen herstellen, sondern auch die fingerförmigen Fortsätze,
welche bei diesen Arten die Geschlechtstheile umfassen
und ein Zurückkehren der Blumenblätter in die jungfräu-
liche Lage bewirken. Bei V. hirsuta sind statt dieser
fingerförmigen Fortsätze nur 2 winkelige Vorsprünge vorhanden (Fig. 69), die sich auf der Oberseite der Geschlechtssäule nähern, ohne sich indess zu berühren.

Da die Blattflächen der Flügel diejenigen des Schiffchens umschliessen, und weit überragen, so sind sie es,
welche, von besuchenden Insekten niedergedrückt, die Ab-
wärtsbewegung des Schiffchens und das Hervortreten der
Geschlechtstheile aus demselben bewirken. Beim Aufhören
des Druckes führt die blosse Elasticität der Flügel und
des Schiffchens, unterstützt von der Elasticität der breiten
beide einschliessenden Fahne und von der die Wurzeln aller
Blumenblätter zusammenhaltenden Wirkung des Kelches,
die hinabgedrückten Theile in ihre frühere Lage, die Geschlechtstheile also in ihr früheres Behältniss zurück.

Als eine besondere Eigenthümlichkeit verdient noch
der im Verhältniss zur Blüthengrösse kolossale Honigreichthum hervorgehoben zu werden. Während sonst der Honig
zwischen der Basis des Ovariums und der Staubfäden geborgen bleibt, tritt er hier aus den beiden Saftlöchern (zu
beiden Seiten der Basis des freien Staubfadens) hervor
und sammelt sich zu einem grossen Tropfen, der an der
Unterseite der Fahne haftend bis über den Kelch hinaus-
reicht und von aussen durch die Fahne hindurch gesehen
werden kann. Diesem Honigreichthum ist es wohl zuzu-
schreiben, dass die winzigen, kaum 4 mm langen Blüthchen, deren weissliche Fahne sich als nur 2 mm lange
Fläche aufrichtet, häufiger von Insekten besucht werden,

als man nach ihrer geringen Augenfälligkeit erwarten
sollte. Besucher:

A. Hymenoptera: *Apidae:* 1) Apis mellifica L. ♀ ßgd. andauernd. 2) Halictus flavipes K. ♀ sgd. N. B. 3) Andrena convexiuscula K. ♂ sgd. *Sphegidae:* 4) Ammophila sabulosa L. ♂ nur flüchtig, zu saugen versuchend. B. Lepidoptera: *Rhopalocera:* 5) Coenonympha pamphilus L. sgd. 6) Lycaena aegon. W. V. sgd.

Um zu sehen, ob die regelmässig eintretende spontane Selbstbefruchtung von Erfolg sei, liess ich ein mit
zahlreichen Knospen versehenes Exemplar vom 5. Juli bis
zum 1. August unter einem Netze abblühen, dessen grösste
Oeffnungen kaum ¼ mm Durchmesser hatten. Alle Blüthen
entwickelten sich zu Früchten. Am 1. August waren 3
derselben schon ausgefallen; 51 theils reife, theils fast reife
wurden eingeerntet; diese ergaben 82 gute Samenkörner;
31 Hülsen hatten je zwei, 20 je ein Samenkorn entwickelt.

(211) *Vicia Cracca* L. (S. 250—252) Weitere Besucher:
A. Hymenoptera: *Apidae:* (1) Apis mellifica L. ♀ normal
sgd., zahlreich. Thür. 7/73. B. Lepidoptera: *Rhopalocera:* 17) Hes-
peria lineola O. sgd. 18) Melanargia Galatea L. sgd. 19) Lycaena
Arion L. sgd., alle 3 Thür. 7/73. *Sphingidae:* 20) Zygaena meliloti
Esp. sgd. Thür. 7/73. Kitzingen 7/73.

497. *Vicia sativa* L. Besucher (Thür. 7/73):
Lepidoptera: *Rhopalocera:* 1) Coenonympha pamphilus L. sgd.

(212.) *Vicia sepium* L. (S. 252—254). Weitere
Besucher:

A. Hymenoptera: *Apidae:* (1) Bombus (agrorum F.) muscorum L. ♀ normal sgd. Thür. 7/73. 9) B. senilis Sm. ♀ sgd. N. B.
10) Anthophora aestivalis Pz. ♂ sgd. N. B. 11) Eucera longicornis L.
♀ ♂ sgd., in Mehrzahl N. B. 12) Osmia aurulenta Pz. ♀ sgd. in
Mehrzahl. N. B. (7) O. rufa L. ♀ sgd. häufig, N. B. 13) Megachile
circumcincta K. ♀ sgd. N. B. B. Diptera: *Bombylidae:* 14) Bombylius canescens Mik sgd. N. B.

498. *Vicia angustifolia* Al. (stimmt in der Bildung der Griffelbürste mit V. sepium überein) Besucher:

A. Hymenoptera: *Apidae:* 1) Bombus senilis Sm. ♀ sgd.
2) B. muscorum L. ♀ desgl. andauernd. 3) Saropoda rotundata Pz.
sgd. B. Lepidoptera: *Rhopalocera:* 4) Lycaena aegon L. V. sgd.
Sphingidae: 5) Ino pruni L. sgd.

499. *Ornithopus perpusillus* L. (Fig. 74—77.)
An Winzigkeit der Vicia hirsuta nahekommend, jedoch
durch die purpurfarbigen Streifen der Fahne immerhin

noch merklich augenfälliger, bieten die Blüthen dieser Pflanze eine ähnliche, jedoch nicht ganz so weit gehende Einfachheit der Bestäubungseinrichtung dar. Auch bei ihnen bewirkt ein Niederdrücken des Schiffchens einfaches Hervortreten der Staubgefässe und der sie überragenden Narbe. Die Flügel sind aber mit einer etwas tieferen Einsackung (c, Fig. 76) dem Schiffchen verbunden und ihre fingerförmigen Fortsätze (d, Fig. 75) sind sogar ungewöhnlich stark entwickelt und blasig angeschwollen, so dass sie die Oberseite der Geschlechtssäule fest umschliessen. Auch hier ist vermuthlich bei günstigem Wetter die Honigabsonderung eine ungemein reichliche, obgleich ich, als ich die Blüthe untersuchte und zeichnete, gar keinen Honig fand. Die Eigenthümlichkeit nämlich, dass die Blumenblätter und Staubgefässe bis a b, Fig. 75 mit dem Kelche verwachsen sind, scheint mir darauf hinzudeuten, dass sich der ganze Grund des Blüthchens bis a b mit Honig füllt.

Als ich zahlreiche Stöcke in brennender Mittagssonne (22. Juni, 10—12 Uhr) überwachte, fand ich sie von 4 Exemplaren einer winzigen Biene, Halictus flavipes K. ♀, sgd. u. Psd., und von einer winzigen Grabwespe, Passaloecus turionum Dhlb. ♂, (sgd.?) besucht.

(215.) *Onobrychis sativa* Lam. Weitere Besucher:
A. Hymenoptera: *Apidae:* (1) Apis mellifica L. ☿ sgd. Strassburg 6/76. H. M. (4) B. (agrorum F.) muscorum L. ☿ sgd. 29) Xylocopa violacea L. ♂ sgd. 30) Coelioxys umbrina Sm. ♂ sgd. in Mehrzahl. 81) Anthidium manicatum L. ♂ ♀ sgd. ♀ auch Psd. 32) Megachile argentata F. ♂ sgd. 33) M. Willughbiella K. ♀ sgd. u. Psd. ♂ sgd. 34) M. fasciata Sm. ♂ sgd. 35) M. centuncularis L. ♂ sgd. 36) Osmia fulviventris Pz. ♀ sgd. und Psd. in Mehrzahl. 37) O. aenea L. ♀ sgd. u. Psd. zahlreich. 38) O. rufa L. ♀ sgd. Die bisher aufgezählten Besucher sämmtlich: Strassburg 6/76. H. M., O. rufa L. ♀ sgd. auch: Lippstadt 6/73. C. Lepidoptera: *Rhopalocera:* 39) Lycaena icarus Rott. sgd. 40) L. aegon S. V. ♂ sgd. 41) L. Corydon Scop. sgd. 42) Thecla ilicis Esp. sgd. alle vier. Thür. 7/73.

500. *Glycine chinensis* Curt. Besucher (Strassburg 6/76. H. M.):
Hymenoptera: *Apidae:* 1) Anthophora personata Ill. ♀ ♂ sgd. 2) Xylocopa violacea L. ♀ ♂ sgd. ♂ sehr häufig. 3) Anthidium manicatum L. ♂ sgd. 4) Megachile Willughbiella K. ♂ sgd. 5) Osmia aenea L. ♀ sgd. 6) O. rufa L. ♀ sgd.

Erythrina crista galli. Ich fand im zool. Garten zu Köln eine Erythrina in Blüthe, die vielleicht dieser Art zugehören mag, obgleich sie dort keinen Honig entwickelte. Die Abbildung derselben (Fig. 78) wird dasjenige erläutern, was auf S. 257 meines Werkes über Befruchtung der Blumen durch Insekten in Bezug auf E. crista galli gesagt ist.

Erklärung der Abbildungen.

---

32. 33. *Thlaspi arvense* L. (Thüringen 17/4. 78.)

  32. Blüthe nach Entfernung eines Kelchblattes und zweier Blumenblätter von der Seite gesehen.

  33. Blüthe gerade von oben gesehen. (7:1).

    a a Die beiden kürzeren Staubgefässe, n Nektarium.

34. 35. *Acer platanoides* L· (Lippstadt 19/4. 78.)

  34. Männliche Blüthe, gerade von oben gesehen. (3:1).

  35. Weibliche Blüthe, schräg von oben gesehen. (3:1).

    s sepala, p petala, n nectarium, ov ovarium.

36—40. *Buxus sempervirens* L. (Lippstadt, Realschulgarten 6/4. 77.)

  36. Einzelne Blüthenähre, gerade von oben gesehen (7:1). In der Mitte der Figur ist die gipfelständige weibliche Blüthe mit 3 Narben, 3 mit ihnen abwechselnden Nektarien (n), 5 Perigonblättern und 2 Vorblättern (v) sichtbar. Um diese herum stehen hier 6 (sonst oft auch mehr) männliche Blüthen. Die Staubgefässe und Perigonblätter der ersten sind mit a' und p' die der zweiten mit a² und p² u. s. f. bezeichnet.

  37. Weibliche Blüthe, nach Entfernung der Perigonblätter, von der Seite gesehen (7:1) ov Ovarium, n Nektarium, gr Griffel, st stigma.

  38. Dieselbe, gerade von oben gesehen. Auf jedem Nektarium ist ein Honigtröpfchen sichtbar.

  39. Männliche Blüthe mit ihrem Vorblatt (v) von der Seite gesehen (7:1).

  40. Dieselbe nach Entfernung der Blüthenhülle und gewalt-

samer Auseinanderspreizung der Staubgefässe, um das
Rudiment des Ovariums zu zeigen, welches als Nektarium zu fungiren und mit einigen winzigen Tröpfchen
bedeckt zu sein scheint.

41—43. *Euphorbia peplus* L..

41. Einzelne Blüthengesellschaft im ersten, weiblichen Zu-
stand, von der Seite gesehen.' h Gemeinsame Hülle derselben, n Nektarien am Rande der Hülle, z Zipfel derselben.

42. Dieselbe Blüthengesellschaft, gerade von oben gesehen.
Die Staubgefässe sind noch unentwickelt und im Grunde
der gemeinsamen Hülle verborgen.

43. Einzelne Blüthengesellschaft im zweiten, männlichen Zustande.

Das schon bedeutend angeschwollene Ovarium, dessen Narben
längst verwelkt und braun sind, hängt an langem Stiele aus der
gemeinsamen Hülle heraus. Von den sich nacheinander entwickelnden Staubgefässen stehen zwei eben aufspringende (a) und ein ver-
verkümmertes etwas aus derselben hervor.

44. 45. *Rheum* (Lippstadt, Realschulgarten 19/5. 77).

44. Blüthe im ersten, männlichen Zustande, schräg von oben
gesehen (7:1). Die Narben sind noch unentwickelt; von
den Staubgefässen sind die beiden mit a bezeichneten
offen gesprungen und mit Pollen bedeckt.

45. Blüthe im zweiten, weiblichen Zustande. Alle Staubgefässe sind vertrocknet, die Narben (st) entwickelt.

46—49. *Herniaria glabra.*

46. Blüthe im ersten, zweigeschlechtigen Zustande von oben
gesehen 47. Stempel derselben, stärker vergrössert, von
der Seite gesehen.

48. Blüthe im zweiten, weiblichen Zustande, schräg von
oben gesehen.

49. Narbe derselben, stärker vergrössert, in derselben Ansicht.

50. 51. *Holosteum umbellatum.*

50. Blüthe, die sich eben erst geöffnet hat, nach Entfernung
der vordern Kelch- und Blumenbl., von der Seite gesehen (7:1).

51. Aeltere, im zweiten, weiblichen Zustande befindliche
Blüthen (mit bedeutend vergrösserten Blumenblättern)
schräg von oben gesehen.

52—54. *Amorpha fruticosa* L.

52. Junge Blüthe mit weit hervorragendem Griffel und
schon entwickelter Narbe; die Staubgefässe noch geschlossen und unter der dachförmigen Fahne geborgen (7:1).

53. Aeltere Blüthe mit grösstentheils aufgesprungenen Staubgefässen, welche die bereits befruchtete Narbe überragen.

54. Eine ältere Blüthe nach Entfernung des Kelches und der
Fahne. Bei n tritt ein Honigtropfen hervor, der ver-
muthlich vom glatten fleischigen Grunde des Ovariums
abgesondert wird und der sowohl die rinnenförmige
Basis der Fahne, als den Zwischenraum zwischen dieser,
dem Stempel und den obersten Staubfäden ausfüllt.
Die Blüthen bieten häufig Bildungsabweichungen dar.
So hat die in Fig. 53 dargestellte Blüthe 11, die in Fig.
54 dargestellte nur 9 Staubgefässe und überdiess ein
Staubgefäss a, dessen Staubbeutel zur Hälfte normal, zur
Hälfte blumenblattartig ausgebildet ist.

55—58. *Cytisus nigricans* L.

55. Entwickelte Blüthe von der Seite gesehen (3$^1/_3$:1).

56. Dieselbe nach Entfernung des Kelches, der Fahne und
der Flügel von der Seite gesehen, gegen das Licht ge-
halten, so dass man den Pollen und die Geschlechtssäule durchscheinen sieht.

57. Dieselbe, nachdem auch die rechte Hälfte des Schiffchens
entfernt worden und die Geschlechtssäule etwas nach unten
aus der linken Hälfte desselben herausgetreten ist (7:1).

58. Geschlechtstheile der jungen Knospe mit der rechten
Hälfte des Schiffchens (7:1).

In allen 4 Figuren bedeutet br Blüthendeckblatt, ca Kelch,
F Fahne, F' Wurzel derselben, Fl Flügel, Fl' Wurzel desselben,
sch Schiffchen, co Geschlechtssäule, co' dieselbe, durch die Fahne
hindurch scheinend, po Pollen, po' derselbe, g Staubbeutel durch
die Fahne durchscheinend, st Narbe.

59—66. *Vicia pisiformis* L. Vergr. der Figuren 59—64.
3$^1/_2$fach. (Bedeutung der Buchstaben wie bei Vicia Cracca.)

59. Eine Blüthe von unten gesehen.

60. Eine andere Blüthe (mit nicht zweilappiger Fahne) gerade von vorn gesehen.

61. Eine Blüthe nach Entfernung des Kelchs und der Fahne,
von oben gesehen.

62. Eine Blüthe nach Entfernung des Kelchs, der Fahne und
der Flügel von oben gesehen.

63. Eine Blüthe nach Entfernung des Kelchs, der Fahne und
des rechten Flügels von der rechten Seite gesehen.

64. Der rechte Flügel von der Innen-Seite.

65. Vordere Hälfte des Fruchtknotens mit dem Griffel und
der Narbe (7:1).

66. Ende des Griffels mit Griffelbürste und Narbe (20:1).

67—73. *Vicia hirsuta* Koch. (Fig. 67—72 sind 7mal vergrössert).

67. Blüthe von oben gesehen; a von aussen sichtbare Grenze des Honigtropfens.

68. Fahne von unten gesehen; n Honigtropfen.

69. Blüthe nach Entfernung der Fahne und der oberen Hälfte des Kelches von oben gesehen.

70. Blüthe von unten gesehen.

71. Blüthe nach Entfernung der Fahne und der rechten Hälfte des Kelches, der Flügel und des Schiffchens, von der rechten Seite gesehen.

72. Linker Flügel und linke Hälfte des Schiffchens, von der Innenseite; ✕ Stelle, an welcher beide zusammenhaften.

73. Griffel mit Narbe und Rudimenten der Griffelbürste (70:1).

74—77. *Ornithopus perpusillus* L. (10:1).

74. Blüthe von unten gesehen.

75. Blüthe nach Entfernung der Fahne und der oberen Hälfte des Kelches von oben gesehen.

76. Linker Flügel von aussen.

77. Blüthe im Längsdurchschnitt.
Bis a b sind die Staubfäden und Blumenblätter mit dem Kelche verwachsen.

78. *Erythrina (crista galli?)* Blüthe von der Seite gesehen.
k Kelch, f Fahne, Fl Flügel, sch Schiffchen, a Antheren, st Stigma. (Zur Erläuterung dessen, was auf S. 257 meines Werkes über Befruchtung der Blumen durch Insekten über *Erythrina crista galli* gesagt ist.)

79. 80. *Silene Otites* Sm. (Kitzingen, 7:1.)

79. Männliche Blüthe im ersten Zustande, im Aufriss.

80. Männliche Blüthe im zweiten Zustande, schräg von oben gesehen.

Berichtigungen zu vorstehendem Aufsatze.

Seite 198 Zeile 12 von oben hinter fressend ein Punkt.
»　　»　　»　13 von oben hinter Blüthen ein Punkt.
»　　»　　»　2 von unten lies bleibendem statt bleidenden.
»　200　»　15　»　　»　　»　angepasst statt angefasst.
»　203　»　20　»　　»　　»　rufilabris statt rufilabris.
»　207　»　14　»　　»　　»　kleinblumigen statt kcimblumigen.
»　210　»　17　»　oben　»　Curculionidae statt Cucurlionidae.
»　212　»　8　»　　»　　»　entwischte statt entwichte.
»　123　»　18　»　　»　　»　Nyctagineae statt Nyctaginae.
»　288　»　1　»　　»　　»　pimpinellae statt pimpinella.

Taf. I u. II

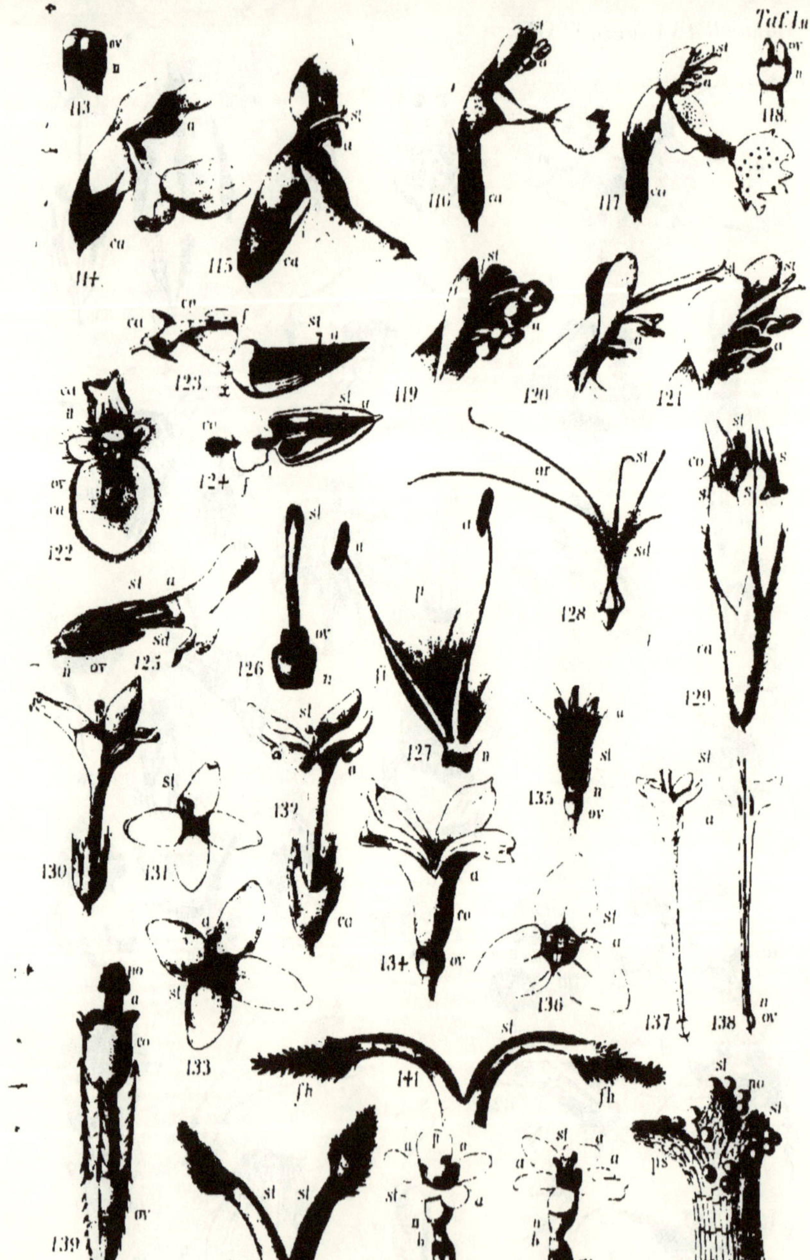

Lith. Anst. v. A. Henry, in Bonn

Weitere Beobachtungen über Befruchtung der Blumen durch Insekten.

Von

Dr. Hermann Müller,

Oberlehrer an der Realschule zu Lippstadt.

III.

(Hierzu Tafel I u. II.)

Bevor ich die in früheren Jahrgängen dieser Verhandlungen [1]) begonnenen Vervollständigungen meines Werkes „die Befruchtung der Blumen durch Insekten und die gegenseitigen Anpassungen beider" (Leipzig 1873) weiter fortsetze, dürfte es wohl am Platze sein, eine Einwendung etwas näher zu beleuchten, die von namhafter Seite gegen den Titel dieses Werkes erhoben und neuerdings von anonymer Seite gegen den Titel meines anderen Werkes „Alpenblumen, ihre Befruchtung durch Insekten und ihre Anpassungen an dieselben" wiederholt worden ist. Dr. J. W. Behrens und ein anonymer Recensent bestreiten nämlich die Zulässigkeit des Ausdruckes „Befruchtung durch Insekten", indem sie die kühne Behauptung aufstellen, kein Insekt könne die Befruchtung einer Blume, d. h. die Vermischung des Pollenschlauch-Inhaltes mit dem der Eizelle im Innern der Samenknospe vermitteln [2]).

---

1) 1878 S. 272—329 Taf. VI; 1879 S. 198—268 Taf. II u. III.
2) Dr. J. W. Behrens, Beiträge zur Geschichte der Bestäubungstheorie. Elberfeld 1878 S. 16. — Vgl. auch die anonyme Re-

1

Unmittelbar kann allerdings kein Insekt die Befruchtung einer Blume bewirken. Zum Vermitteln der Befruchtung aber ist weiter nichts nöthig, als unter normalen Bedingungen den Blüthenstaub auf die Narben anderer Stöcke derselben Pflanzenart zu bringen ; denn sobald das geschehen ist, erfolgt, durch eine Kette mit Nothwendigkeit auf einander folgender Ursachen und Wirkungen, das Hinabwachsen der Pollenschläuche bis in die Samenknöspchen und das Verschmelzen ihres Inhaltes mit dem der Eichen ohne weiteres äusseres Hinzuthun. Wer daher unter normalen Bedingungen die Pollenkörner einer Blume auf die Narben eines anderen Stockes derselben Blumenart bringt, der vermittelt ihre Befruchtung, oder, kürzer gesagt, der befruchtet die Blume. Nachgewiesenermaassen besorgen das die Insekten in umfassendster Weise. Mit vollstem Rechte nennen wir sie daher die natürlichen Befruchter der Blumen. Mit gleichem Rechte sprechen wir von künstlichen Befruchtungsversuchen u. s. w. Jedem unbefangenen Leser wird daher auch der Titel meines Werkes „Befruchtung der Blumen durch Insekten" ohne weiteres klar und verständich sein. Haben doch auch Chr. Konr. Sprengel, Charles Darwin und alle hervorragendsten Autoritäten auf diesem Gebiete von jeher von einer Befruchtung der Blumen durch Insekten gesprochen.

Wer indess, an den Buchstaben sich anklammernd und einem freien Blicke auf das Wesentliche sein Auge krampfhaft verschliessend, trotzdem über die Berechtigung des Ausdruckes „Befruchtung der Blumen durch Insekten" noch irgendwie im Zweifel sein sollte, der möge doch nur durch irgend ein analoges Beispiel aus dem alltäglichen Leben sich zu orientiren suchen. Gesetzt z. B., eine Person A drückt den Hahn eines geladenen und auf den Kopf einer anderen Person B gerichteten Gewehres ab und B fällt, von der Kugel durchbohrt, todt nieder, so werden wir doch gewiss kein Bedenken tragen zu behaupten: „A

---

cension meines Werkes über Alpenblumen in Dr. Zarnke's literarischem Centralblatt 1881 Nr. 24.

hat den B erschossen". Die Einwendung: „A hat nur seinen rechten Zeigefinger gekrümmt; nicht A, sondern die
Kugel hat den B getödtet" würde auf völlig gleicher Linie
stehen mit dem Einwurfe meines Recensenten!

Wenn aber auch der von mir gewählte Titel vollbe-
rechtigt und dadurch, dass die hervorragendsten Autoritäten ihn von jeher in gleichem Sinn gebraucht haben,
sanktionirt sein mag: ist nicht der statt dessen verlangte
Ausdruck „Bestäubung der Blumen durch Insekten" und
„Anpassung der Blumen an ihre Bestäubung durch Insekten" vielleicht wenigstens buchstäblich genommen rich-
tiger und deshalb vorzuziehen?

Versuchen wir es! ·Entkleiden wir auch das Wort
„Bestäubung" desjenigen Sinnes, der ihm bloss durch den
Gebrauch der Autoren, und zwar in noch viel neuerer
Zeit, beigelegt ist und nehmen es ebenfalls buchstäblich,
so haben wir dieses Wort ebensowohl auf Strassenstaub
als auf Blüthenstaub zu beziehen und müssen auch das
als eine Bestäubung der Blumen durch Insekten anerkennen, wenn in den Strassenstaub gefallene Insekten auf
Blumen herumkriechen und irgend welche Theile derselben staubig machen. Dahin führt es, wenn man die
strenge Wissenschaftlichkeit im besinnungslosen Festklammern an den Buchstaben sucht! Aber selbst wenn wir
von dieser unabweislichen Consequenz ganz absehen und
das Wort „Bestäubung" in dem durch den Gebrauch sank-
tionirten Sinne als gleichbedeutend mit „Behaftung der
Narbe mit Pollen" nehmen, ist es durchaus unstatthaft,
von einer Anpassung der Blumen an ihre Bestäubung durch
Insekten zu reden, und „Befruchtung durch Insekten"
bleibt in dieser Verbindung der allein richtige Ausdruck.
Denn Bestäubung und selbst Kreuzbestäubung (sit venia
verbo!) ist an sich für das Leben der Pflanze völlig
gleichgültig. Die Pollenkörner, welche durch Insektenver-
mittlung unzählig oft von einer Blumenart auf die Narben
einer himmelweit verschiedenen Blumenart übertragen
werden, haben für dieselbe nicht mehr Bedeutung, als
eben so viel unorganischer Staub. Irgend welche Anpassung eines Organismus an eine für ihn gleichgültige

Erscheinung ist aber ganz undenkbar. Eine Anpassung der Blumen an ihre Bestäubung durch Insekten ist daher unmöglich. Nur insofern sie zur Befruchtung führt, hat die Bestäubung für das Leben der Pflanze Bedeutung. Nicht der Bestäubung, sondern nur der Befruchtung durch Insekten haben sich also die Blumen (durch Naturauslese) angepasst. Man kann daher zwar wohl von einer Bestäubungseinrichtung oder von einem Bestäubungsmechanismus reden, da diese Ausdrücke den ursächlichen Zusammenhang, der zur Ausprägung einer Blumenform geführt hat, ganz unberührt lassen. Von einer Anpassung einer Blume an ihre Bestäubung durch Insekten zu reden, ist unter allen Umständen verkehrt.

Caesalpiniaceae. (S. 262.)

501. *Cassia multijuga* (Blumenau, Südbrasilien). Die grossen, weithin leuchtenden, goldgelben Rispen verdecken in der Höhezeit der Blüthe völlig das Laub des Baumes. Besucht wird dieser prächtige Baum hauptsächlich von *Xylocopa artifex* Smith und von einer (wahrscheinlich noch unbeschriebenen) grösseren, glänzend schwarzen *Xylocopa*-Art, die nur ausnahmsweise so niedrig kommt, dass man sie erwischen kann. Ausserdem besucht die Blüthen dieser Cassia die wilde, schwer einzufangende *Centris lineolata* St. Farg., ein hübsches Thier, etwa 18 mm lang, schwarz, die Brust mit fuchsigem Pelze bedeckt. Sie netzt, gleich Hummeln und Honigbienen, den Blüthenstaub beim Sammeln mit Honig. Den (gelben) Blüthenstaub der Cassia schienen übrigens die beobachteten Exemplare nicht zu sammeln; die ansehnlichen, über Hinterschienen und Fersen ausgedehnten Hös'chen derselben bestanden aus weisslichem Blüthenstaub.

An den Blüthenstielen von Cassia multijuga kommen ziemlich häufig dichtgedrängte Gesellschaften einer Membracidenlarve[1]) vor, zwischen und auf denen *Trigona Ca-*

---

1) Nach der Bestimmung Rogenhofer's in Wien zur Gattung *Potnia* Stål (= Umbonia Fairm.) gehörig und höchst wahrscheinlich mit *Indicator* Fairm. identisch. Nature Vol. VIII p. 201.

cafogo H. Müller[1]) den ganzen Tag herum marschirt.
Zwischen die Finger genommen lassen die Membraciden-
larven ein wasserhelles Tröpfchen aus dem Ende des aufwärts gebogenen Hinterleibs treten — wahrscheinlich eine
süsse Flüssigkeit, um derentwillen sie von der Trigona
besucht werden.

(Nach brieflichen Mittheilungen meines Bruders Fritz
Müller vom 7. u. 8/2 1873.)

Mimosaceae. S. 262.

Inga Plum. — Ein auffallendes Beispiel von indivi-
dueller Verschiedenheit zwischen Pflanzen, die aus Samen
desselben Stockes hervorgehen, bietet, nach brieflicher
Mittheilung meines Bruders Fritz Müller vom 15. Dez.
1872, ein von demselben in Blumenau (Südbrasilien) beobachteter Fall dar:

„Von einem *Ingá*-Baume, in dessen Früchten die
weisse, zuckerreiche Umhüllung der Samen besonders
reich entwickelt war, pflanzte ich vor mehreren Jahren
einige Samen. In diesem Jahre blühten die Bäumchen
zum ersten Male. An dem einen standen die Blüthen in
lockeren, längeren Aehren; die Kelche, von unten nach
oben schwach und gleichmässig erweitert, hatten meist
fünf Zipfel; Staubfäden zählte ich in einer Blüthe 168,
Griffel fanden sich in der Regel 2 bis 3. An einem anderen standen die Blüthen in dichteren, kürzeren, einem
Köpfchen ähnlichen Aehren: die Kelche waren stark blasig
aufgetrieben (besonders in der Knospe) und hatten meist
7—8 Zipfel; Staubfäden zählte ich 377; Griffel fanden sich
meist 8—11. In jeder Beziehung mitten inne stand ein
dritter Baum, dessen Blüthen z. B. meist fünf Griffel hatten; ich zählte in einer Blüthe 230 Staubfäden.

(Bis auf die Mehrzahl der Griffel stimmt diese Pflanze
völlig mit Inga überein und führt auch hier denselben
Namen [Ingá]; die Laien haben, scheint mir, hierin den

---

1) Nature Vol. X p. 31.

Botanikern gegenüber Recht, die aus diesen mehrgriffe-
ligen Ingás eine eigene Gattung *Affonsea* [St. Hil.] gemacht haben.)

Die unpaarig gefiederten Blätter haben bei dem einen
Baume fast constant zwei, bei dem anderen drei Paar
Blättchen."

Convolvulaceae. (S. 262.)

(216.) *Convolvulus arvensis* L. Weitere Besucher
(mit Ausnahme von Nr. 24 und 32 am 8. bis 13. Juli 1873
bei Mühlberg in Thüringen beobachtet):

A. Coleoptera: Curculionidae: 19) *Spermophagus cardui*
Schh., sich in den Blüthengrund drängend. Malacodermata;
20) *Malachius viridis* F., Pfd. **B. Diptera**: Bombylidae: 21)
Bombylius canescens Mik., sgd. Empidae: (7) *Empis livida* L.,
sgd. Muscidae: 22) *Oliviera lateralis* Pz., sgd. 23) *Ulidia erythrophthalma* Mgn., in den Blüthen umherlaufend, auch an den
Saftlöchern sitzend. **C. Hymenoptera**: Apidae: 24) *Andrena cingulata* F. ♀, sgd., abwechselnd mit Geranium pusillum, Lippstadt
22/6 73. 1) *Apis mellifica* L. ☿ sgd. u. Psd., zahlreich. (6) *Chelostoma
campanularum* K. ♂ sgd. 25) *Halictus leucozonius* Schr. ♀ Psd.
26) *H. malachurus* K. ♀ Psd. (2) *H. morio* F. ♀, sgd. und Psd.
27) *H. Smeathmanellus* K. ♀, sgd. 28) *H. tetrazonius* Kl. ♀ sgd. 29)
Panurgus Banksianus K. ♂ sgd. Formicidae: 30) *Lasius niger*
L. ☿ an den Saftlöchern sitzend und, wohl vergeblich, mit dem
Kopf in dieselben sich drängend. Sphegidae: 31) *Entomognathus
brevis* v. d. L. ♂ sgd. **D. Lepidoptera**: Rhopalocera: 32) *Argynnis Latonia* L. sgd. Wöllershöf, bair. Oberpfalz 23/7 73. 33) *Epinephele Janira* L. sgd. 34) *Pieris napi* L. sgd. 35) *P. rapae* L.
sgd. **E. Thysanoptera**: 36) *Thrips*, sehr zahlreich.

(217.) *Convolvulus sepium* L. (S. 263) ist in dem
Grade auf die Kreuzungsvermittlung des Windenschwärmers (Sphinx Convolvuli) angewiesen, dass die Grenzen
seiner geographischen Verbreitung durch diejenigen dieses
Kreuzungsvermittlers bedingt erscheinen. Nach F. Bucha-
nan White ist der Windenschwärmer in England selten
und die Heckenwinde setzt daselbst selten Samen an. In
Schottland, wo der Windenschwärmer ganz zu fehlen
scheint, wird auch Convolvulus sepium nur selten wild an-

getroffen. (The Journal of Botany, british and foreign. new ser. Vol. II. Jan. 1873.)

Dass der Verbreitungsbezirk der Winde über den des Windenschwärmers etwas hinausgreift, wird schon daraus erklärlich, dass in untergeordneter Weise auch andere Insekten sich an der Kreuzungsvermittlung dieser Blume betheiligen können. Beobachtet wurden von solchen:

A. Coleoptera: Nitidulidae: 1) *Meligethes spec.*, ungemein zahlreich, Pollen fressend und sich nach den Saftlöchern drängend. **B. Diptera:** Empidae: 2) *Empis tesselata* F. sgd. Syrphidae: 3) *Rhingia rostrata* L., sgd. und Pfd. **C. Hymenoptera:** Apidae: 4) *Chelostoma nigricorne* Nyl. ♂ sgd. 10|7, 16|7 73. 5) *Halictus cylindricus* K. ♂ sgd., wiederholt beobachtet. 6) *H. zonulus* Sm. ♀ Psd. 10|7 73. 7) *Megachile centuncularis* L. ♂ sgd. 10|7 73. 8) *Stelis aterrima* Pz. ♂ sgd. (N. B. 11|7 73). **D. Thysanoptera:** 9) *Thrips*, sehr zahlreich. Alle ausser Nr. 8 bei Lippstadt beobachtet.

502. *Cuscuta Epithymum* L. (Fig. 81—83). Der unterste, durch seine grüne Farbe abstechende Theil des übrigens weisslichen Fruchtknotens sondert Honig ab, der im Grunde des kugeligen Glöckchens sitzen bleibt und hier durch fünf blattförmige gefranste Anhänge der Blumenkrone, welche sich über dem Fruchtknoten zusammenbiegen, gegen Regen geschützt wird. Ueber diesen als Saftdecke dienenden Anhängen entspringen die fünf Staubfäden, welche, der Achse der Blüthe parallel, gerade in die Höhe stehen, etwas über den Rand des Glöckchens hinausragen und am oberen Ende die nach innen aufspringenden und sich mit gelbem Blüthenstaube bedeckenden Staubbeutel tragen. Die dreieckigen Saumlappen der Blumenkrone sind anfangs schräg aufwärts gerichtet, später annähernd oder vollständig in eine Ebene aus einander gebreitet. Die Zahl der Kelchblätter, Blumenblätter und Staubgefässe beträgt meist 5, nicht selten 4, selten 3, ausnahmsweise sogar bloss 2![1] Die beiden Griffel werden von den Staubgefässen erheblich überragt; sie sind meist

---

1) Wieder ein Beleg dafür, dass mit der Grösse der Blüthen nicht selten auch die Zahl der Blüthentheile herabsinkt!

unregelmässig gebogen, in ihrer oberen, als Narbe fungirenden Hälfte purpurfarben; doch erscheinen sie auch hier, selbst mit starker Lupe betrachtet, glatt. Erst bei stärkerer Vergrösserung zeigen sie sich dicht mit kleinen, wenig hervorragenden Narbenpapillen besetzt, die nur $\frac{1}{3}$ oder $\frac{1}{4}$ so grosse Durchmesser haben als die Pollenkörner. Die Narben sind mit den Staubgefässen gleichzeitig entwickelt. Fremdbestäubung ist bei eintretendem Insektenbesuche durch die gegenseitige Lage der Befruchtungsorgane insofern begünstigt, als Staubgefässe und Narben so gestellt sind, dass sie in der Regel von entgegengesetzten Seiten des Insektenrüssels berührt werden müssen. Spontane Selbstbestäubung wird bei ausbleibendem Insektenbesuche dadurch ermöglicht, dass die Narben in der Fall-Linie des Blüthenstaubes liegen. Besucher (N. B. 18/7 73):

Hymenoptera: Sphegidae: 1) *Crabro elongatulus* v. d. L. ♂, sgd., einzeln. 2) *Philanthus triangulum* F. ♂, sgd., in Mehrzahl.

Polemoniaceae. (S. 264.)

503. *Polemonium coeruleum* L. Die Blütheneinrichtung dieser hauptsächlich auf den Alpen verbreiteten, ausgeprägt proterandrischen Blume habe ich in meinem Werke über Alpenblumen (S. 257—259) beschrieben und durch Abbildungen erläutert. Während ich sie auf den Alpen nur unter sich gleiche Blüthen hervorbringen sah, traten in meinem Garten an manchen Stöcken neben den gewöhnlichen proterandrischen Zwitterblüthen weit kleinere, rein weibliche Blüthen auf. Während ich ferner auf den Alpen in weit überwiegender Menge Hummeln als ihre Kreuzungsvermittler beobachtete, konnte ich im Tieflande bisher nur folgende Insekten als Besucher ihrer Blüthen constatiren:

A. Coleoptera: Malacodermata: 1) *Dasytes flavipes* F., häufig in den Blüthen (Lippstadt 16|6 75). **B. Hymenoptera:** Apidae: 2) *Apis mellifica* L. ☿ sgd. (daselbst). 3) *Chelostoma campanularum* K. ♂ sgd.; N. B. 8|7 73. 4) *Ch. nigricorne* Nyl. ♂ sgd.; N. B. 27|6 73. 5) *Coelioxys spec.* ♂ sgd. (Lippstadt 16|6 75). 6) *Osmia*

rufa L. ♀ sgd. u. Psd.; N. B. 27|6 73.   7) *Megachile spec.* ♂ sgd.;
Lippstadt 16.6 75.

Hydrophyllaceae.

504. *Phacelia tanacetifolia* Benth. Besucher
(in meinem Garten, Mitte Juni 1873):
A. Coleoptera: 1) *Dasytes flavipes* F. Pfd. 2) *Meligethes spec.*,
Pfd. Staphylinidae: 3) *Tachyporus obtusus* L., mit dem Munde
an den Antheren beschäftigt. **B. Diptera:** Syrphidae: 4) *Rhingia
rostrata* L. sgd. und Pfd. **C. Hymenoptera:** Apidae: 5) *Apis mellifica* L. ♀, sgd., in grösster Menge. 6) *Bombus hortorum* L. ♀ ♀,
sgd., häufig. 7) *Halictus sexnotatus* K. ♀ sgd., häufig. 8) *Osmia
rufa* L. ♀ sgd., häufig.

Boragineae. (S. 264.)

505. *Cerinthe minor* L. (Fig. 84—87), die ich seit
mehreren Jahren in meinem Garten cultivirt und beobachtet habe, ist von der in meinem Werke über Alpenblumen[1]) beschriebenen und abgebildeten *Cerinthe alpina*
Kit. (glabra Mill.) in so zahlreichen Einzelheiten ihrer Anpassung verschieden, dass es wohl der Mühe lohnt, ihre
ganze Blüthencinrichtung näher ins Auge zu fassen.

Von geringster Bedeutung ist noch die aus einiger
Entfernung zunächst in's Auge fallende Blumenfarbe. Denn
von so einsichtigen Kreuzungsvermittlern, wie sie die
Cerinthe-Arten an sich locken (ausgeprägten Bienen), werden die gelblichen, mit Blau und Purpurroth verzierten
Blumen der *C. alpina* natürlich eben so leicht und sicher
aufgefunden als die rein gelben Blumenglöckchen der *Cerinthe minor.* Beide Arten sondern aus dem fleischig an-
geschwollenen Basaltheile des Fruchtknotens so reichlich
Honig ab, dass sie die zahlreich angelockten Bienen zu
immer neuen Besuchen veranlassen. Bei beiden ist der
Honig schon dadurch, dass er im Grunde eines schräg

---

1) H. Müller, Alpenblumen. Leipzig W. Engelmann 1881;
S. 264. 265, Fig. 101, wo *Cerinthe alpina* Kit. irrthümlich unter der
Benennung *C. major* L. angeführt ist.

oder senkrecht abwärts gerichteten Glöckchens geborgen
liegt, gegen Regen vortrefflich geschützt und theils eben
dadurch, theils durch die um den Griffel herum zusam-
mengeneigten Antheren auch den weniger einsichtigen und
kurzrüsseligeren Blumengästen entzogen. Die Art aber,
wie beide ausgeprägten Bienen im Einzelnen sich angepasst haben, ist wesentlich verschieden. Denn während
bei *C. alpina* die freien Enden der Blumenblätter sich mit
ihren Rändern so dicht an einander legen, dass die Kreuzungsvermittler nur in dem einzigen Eingange, der zwischen ihren Spitzen frei bleibt, mit Rüssel und Kopf in
das Glöckchen eindringen können, legen sich dagegen bei
Cerinthe minor die schmal dreieckigen freien Enden der
Blumenblätter mit ihren Spitzen dicht an den Griffel an,
lassen dagegen zwischen ihren Seitenrändern fünf Spalten
zum Eindringen in das Glöckchen frei. Durch diese verschiedene Gestaltung und Lage der freien Enden der
Blumenblätter wird bewirkt, dass bei *Cerinthe alpina* nur
Hummeln mit wenigstens 9 mm langem Rüssel, bei *Cerinthe
minor* dagegen auch die Honigbienen mit nur 6 mm langem
Rüssel den Honig erlangen und als Kreuzungsvermittler
dienen können. *Cerinthe alpina* ist hiernach als Hummel-
blume, *C. minor* als Bienenblume zu bezeichnen.

In Blumen, die eben erst aufzublühen beginnen, ist
es bei beiden Cerinthearten für die Kreuzungsvermittler
ziemlich unbequem, sich von unten an die Glöckchen fest-
zuklammern; denn von der glatten Aussenfläche der Kelchblätter und der Corolla gleiten ihre Krallen leicht ab.
Bei weiterer Entwickelung der Blüthe aber krümmen
sich bei *Cerinthe alpina* die Spitzen der Blumenblätter
nach aussen zurück (H. M. Alpenbl. S. 265 Fig. 101 D),
und bei *Cerinthe minor* biegen sich die Ränder der freien
Enden der Blumenblätter einwärts (vorliegende Abhandl.
Fig. 84); so bieten bei beiden Arten die Blumen, sobald
sie voll entwickelt sind, den Krallen der sich anklammernden Kreuzungsvermittler sichere Stützpunkte dar.

Diese Deutung der genannten Bildungen habe ich
nicht nur aus der Gestalt der Blüthentheile erschlossen,

sondern auch durch directe Beobachtung der Kreuzungsvermittler bestätigt gefunden.

An *C. alpina* sah ich *Bombus alticola* mit den Vorderbeinen an den zurückgekrümmten Spitzen der Blumenblätter sich festklammern. Bei *C. minor* dagegen hält
sich die Honigbiene mit den Vorder- und Mittelbeinen
seitlich an den Corollazipfeln der Blume, die sie ausbeuten
will, fest, während ihre Hinterbeine auf dieselbe oder die
benachbarte Blüthe oder auf Deckblätter sich stützen. An
jungen Blüthen gleiten ihre Krallen nicht selten erst mehrmals ab, ehe sie einen Halt finden, an den älteren dagegen
werden die nun eingebogenen Ränder der Corollazipfel
meist sofort mit Sicherheit erfasst. Bei den Hummeln
konnte ich, da sie die Blüthen von Cerinthe minor weit
rascher bearbeiten als die Honigbiene, die einzelnen Bewegungen nicht so genau verfolgen; doch sah ich deutlich,
dass auch sie nicht ohne einige Unbequemlichkeit an
jungen Blüthen sich von unten anhängen und bisweilen
erst eine halbe Umdrehung machen müssen, ehe sie in
die rechte Lage kommen.

Ebenso wie die Blumenkronenzipfel neigen bei *C. minor*
auch die mit ihnen abwechselnden, auf kurzen steifen Filamenten sitzenden Antheren nach unten um den Griffel
zusammen und legen sich mit ihren Spitzen demselben
dicht an. Mit ihren Seitenrändern berühren sie sich, und
an ihrer Basis trägt jede Pollentasche einen fadenförmigen
Anhang, der mit dem fadenförmigen Anhange der angren-
zenden Pollentasche der benachbarten Anthere zusammen-
haftet (x, Fig. 86). So stellen die fünf Antheren zusammengenommen eine ringsum geschlossene, mit der Spitze
nach unten gerichtete Pyramide dar, durch welche der
Griffel als Achse hindurchgeht, und welche sich, da die
Staubbeutel nach innen aufspringen und weissen, pulverigen Pollen hervortreten lassen, mit demselben füllt.

Ist nun ein Bienenrüssel in dem Spalte zwischen zwei
Blumenkronenzipfeln eingedrungen, so muss er weiter, um
zu dem honigführenden Blüthengrunde zu gelangen, zwischen
zwei Filamenten (i, Fig. 87) sich hindurchdrängen. Dadurch werden diese etwas aus einander gedrückt, die An-

therenpyramide öffnet sich, und ein Theil des trockenen, pulverigen Blüthenstaubes fällt auf die Unterseite des Bienenkopfes hinab. Da die Filamente mit den Blumenkronenzipfeln abwechseln, so liegen auch die Durchgänge zwischen ihnen abwechselnd mit den Spalten zwischen den Blumenkronenzipfeln; der Bienenrüssel kann daher immer nur mit starkem Drucke gegen eines der Filamente in den Grund der Blumenglocke vordringen, so dass er ein Oeffnen der Antherenpyramide selbst dann bewirken müsste, wenn der Durchgang zwischen zwei Filamenten an sich geräumig genug wäre, um den Rüssel ohne Anstoss passiren zu lassen, was wohl kaum der Fall ist. Ebenso versetzt das rasche Zurückziehen des Rüssels jedesmal eine der benachbarten Antheren in kräftige Erschütterung, und man kann bei dem plötzlichen Zurückziehen eines Hummelrüssels bisweilen sehr deutlich eine Menge des lockeren pulverigen Blüthenstaubes neben dem Hummelrüssel vorbei in die Luft fliegen sehen.

Die an der Unterseite der Blume festgeklammerte Biene pflegt über das aus dem Glöckchen hervorragende Griffelende hinweg den Rüssel in einen der Spalte zu stecken, so dass sie mit der Unterseite des Kopfes die Narbe streift und aus früher besuchten Blüthen mitgebrachten Pollen an derselben absetzt. So ist bei eintretendem Bienenbesuche Fremdbestäubung gesichert. Und zwar wird durch die Form des Blüthenstandes in eigenthümlicher Weise Kreuzung getrennter Stöcke oder wenigstens getrennter Zweige herbeigeführt. Der im Verlaufe des Verblühens sich immer länger streckende Wickel ist nämlich jederzeit, soweit er Fruchtkelche trägt, schräg aufwärts gerichtet, soweit er Blüthen und Knospen trägt, in der Weise nach unten umgebogen und eingerollt, dass nur alte, dem Abfallen nahe Blüthen schwach schräg aufwärts gerichtet oder wagerecht zu stehen kommen, frische dagegen schräg oder senkrecht abwärts gerichtet, Knospen noch eingerollt sind. Hummeln sieht man sowohl schräg als senkrecht abwärts gerichtete Blumen aufsuchen; die ersteren werden aber von dem Gewichte der Hummel ebenfalls senkrecht nach unten gezogen; die Honigbienen

sieht man fast immer nur senkrecht nach unten gerichtete
in Angriff nehmen, deren Ausbeutung ihnen bequemer zu
sein scheint. Beiderlei Kreuzungsvermittler hängen daher
während des Saugens gerade von unten an dem Glöckchen
und müssen, wenn sie dasselbe verlassen, fliegend ein an-
deres aufsuchen. Sie fliegen daher stets erst eine Strecke
weiter, an einen anderen Zweig oder Stock; ich habe nie
gesehen, dass sie unmittelbar nach einander an zwei Blüthen
desselben Blüthenstandes gesaugt hätten. Die Eigenthümlichkeit des Wickels, die gerade auf der Höhe ihrer Entwickelung stehenden Blüthen nach unten zu kehren, hat
also bei eintretendem Besuche der Kreuzungsvermittler,
eine Kreuzung getrennter Zweige oder Stöcke zur Folge,
und zwar in weit kürzeren Zwischenräumen, als wenn
jedesmal erst ein langer Blüthenstand von unten nach oben
abgesucht würde.

Ihre grosse Fertigkeit im Erkennen geringfügiger
Unterschiede der Blumen beweisen die Honigbienen und
Hummeln auch beim Ausbeuten von C. minor. An besuchten Blüthen nämlich, deren Staubgefässpyramide an
ihrer Spitze aus einander gedrückt ist, fliegen sie vorbei
ohne sie zu berühren; andere, wahrscheinlich ebenfalls
schon ausgebeutete Blüthen berühren sie flüchtig, um sie
sogleich wieder zu verlassen. So fliegen sie mit ausgestrecktem Rüssel summend und beständig suchend von
Blüthe zu Blüthe, bis sie von neuem eine noch mit Honig
gefüllte gefunden haben.

Beiderlei Kreuzungsvermittler gehen an Cerinthe
minor nur dem Honige nach, machen sich aber auch den
Blüthenstaub, der ihnen dabei auf das Haarkleid der Unterseite fällt, zu nutze, indem sie ihn mit den Fersenbürsten
abfegen und an das Sammel-Körbchen streifen.

Die Blüthen von Cerinthe minor sind homogam, und
bei ausbleibendem Insektenbesuche fällt aus der schliesslich an der Spitze sich öffnenden Antherenpyramide von
selbst Pollen aus, aber er gelangt nicht auf die Narbe, da
die Blüthe nun nicht mehr senkrecht herabhängt, sondern
sich in schräge oder wagerechte Lage emporgehoben hat.

Erst wenn die Corolla abfällt und die Antheren an der Narbe vorbeistreifen, erfolgt spontane Selbstbestäubung.

Besucher: **Hymenoptera**: Apidae: 1) *Apis mellifica* L. ☿. 2) *Bombus muscorum* L. (agrorum F.) ☿. 3) *B. terrestris* L. ☿, alle drei eifrig und andauernd saugend.

(219.) *Echium vulgare* L. (S. 264.) Weitere Besucher:

A. Diptera: Conopidae: 68) *Physocephala rufipes* F. sgd., 16/6 73 Lippstadt. 69) *Sicus ferrugineus* L. sgd. 13/7 75 N. B. Syrphidae: 70) *Microdon devius* L. Pfd. 6/73 N. B. **B. Hymenoptera**: Apidae: 71) *Andrena Hattorfiana* F. ♂ sgd., Thür. 12/7 73. 72) *Anthidium manicatum* L. ♂ sgd. 13/7 75 N. B. 73) *A. oblongatum* Latr. ♀ sgd. 16 7 75 N. B. 74) *Ceratina albilabris* F. ♀ sgd. 18.6 75 N. B. 75) *Halictus albipes* F. ♀ Pfd. 1/7 75. N. B. 76) *H. Smeathmanellus* K. ♀ sgd. 11/7 73 Thür. (36) *Osmia adunca* L. ♀ sgd. u. Psd. 6 73 N. B. (34.) *O. aenea* L. ♀ sgd. u. Psd. Strassburg 6,76 H. M. (35) *O. caementaria* Gerst. ♀ sgd. u. Psd. 6.73 N. B. (38) *O. rufa* L. ♀ sgd. daselbst. **C. Lepidoptera**: Noctuidae: (66) *Plusia gamma* L. sgd. 17/7 75 N. B. Rhopalocera: 77) *Hesperia comma* L. sgd. daselbst. 78) *Lycaena euphemus* H. sgd. daselbst. 79) *Pieris rapae* L. sgd. Thür. 8/7 72. 80) *Vanessa urticae* L. sgd. daselbst. Sphingidae: (65) *Macroglossa stellatarum* L. sgd. 17/7 75 N. B.

(220.) *Borago officinalis* L. S. 266. Weitere Besucher:

A. Hymenoptera: Apidae: 6) *Anthidium oblongatum* Latr. ♀ sgd. 19 6 75 N. B. (2) *Bombus pratorum* L. ☿ sgd. daselbst. (5) *Megachile centuncularis* L. ♂ sgd. 14/7 73, in Mehrzahl daselbst. 7) *M. fasciata* Sm. ♂ sgd. 19.6 75, in Mehrzahl daselbst. 8) *Osmia fulviventris* Pz. ♂ sgd., in Mehrzahl daselbst. 9) *O. rufa* L. ♀ sgd. 27/6 73 N. B. Vespidae: 10) *Odynerus parietum* L. ♂ 19 6 75, daselbst (ob saugend?). **B. Lepidoptera**: Noctuidae: 11) *Plusia gamma* L. sgd., Abends 25!7 79, Lippstadt.

(221.) *Symphytum officinale* L. (S. 268). Weitere Besucher, im Juni 1876 von meinem Sohne bei Strassburg im Elsass beobachtet:

A. Hymenoptera: Apidae: 13) *Anthophora personata* Ill. sgd.! (10) *Apis mellifica* L. ☿, die Blüthen sorgfältig an der Basis untersuchend, niemals anbeissend, nur schon vorhandene (vou Bombus terrestris gebissene) Löcher benutzend und durch diese saugend, sehr häufig (2) *Bombus muscorum* L. (agrorum F.) ♀ ☿, normal sgd., sehr häufig. (5) *B. terrestris* L. ♀, anbeissend und durch die

gebissenen Löcher saugend, sehr häufig. 14) *Osmia aenea* L. ♀ ♂gd.
15) *Xylocopa violacea* L. ♀ ♂ normal .♂gd.

(222.) *Anchusa officinalis* L. (S. 269.) Vgl. ausserdem Alpenblumen S. 261. T. Tullberg (Botaniska Notiser
1868 p. 14) hat die sonderbare Meinung ausgesprochen,
die Blüthen dieser Pflanze seien weit eher zur Vermeidung
einer Befruchtung mit fremdem Pollen, als zur Beför-
derung einer solchen eingerichtet, da ja der an den Rüs-
seln der besuchenden Insekten sich anheftende Blüthenstaub beim Herausziehen aus der Blüthe und beim Hineinstecken in eine andere durch die den Blütheneingang verschliessenden Taschen abgestreift werden müsse und thatsächlich abgestreift werde, wie man an der Menge des
Blüthenstaubes sehe, der sich in der Regel an diesen
Taschen abgesetzt vorfinde. Die Staubgefässe beschreibt
Tullberg als an der Mündung der Blumenkronenröhre
befestigt und daher für spontane Selbstbestäubung günstig
gestellt.

Ich habe, nachdem mir diese Meinung Tullbergs
bekannt geworden war, mich wiederholt durch directe Beobachtung überzeugt, dass sie mit den bei Anchusa vorliegenden Thatsachen nicht minder in Widerspruch steht,
als mit der Gesammtheit der sonstigen bekannten Blütheneinrichtungen, die ausnahmslos Kreuzung ermöglichen oder
begünstigen. Denn sowohl in Deutschland als in der
Schweiz fand ich Anchusa immer nur mit die Staubgefässe weit überragendem Griffel (vgl. H. M. Befruchtung
S. 269 Fig. 93) und trotzdem die Narben noch frischer
Blüthen häufig mit Pollen belegt, der also nur aus anderen
Blüthen dahin gebracht sein konnte. Untersucht man die
Rüssel Anchusa besuchender Hummeln mit der Lupe, so
findet man stets Kieferladen, Lippentaster und Zunge
reichlich mit Pollen behaftet, der nur zum Theil durch
die den Blütheneingang verschliessenden Taschen abgestreift werden kann. Diese Taschen hindern also die
Fremdbestäubung nicht im mindesten, wohl aber halten
sie in wirksamster Weise die meisten als Kreuzungsvermittler untauglichen Insekten von den Blüthen ab. Wei-

tere Besucher, vom 8. bis 11. Juli 1873 bei Mühlberg in
Thüringen beobachtet:

A. Hymenoptera: Apidae: 8) *Anthophora aestivalis* Pz. ♀ sgd.
9) *A. quadrimaculata* Pz. ♀ ♂ sgd. (1) *Apis mellifica* L. ♀ sgd.
(3) *Bombus muscorum* L. (agrorum F.) ♀ ♀ sgd. (2) *B. pratorum*
L. ♀ ♀ ♂ sgd., zahlreich (6) *B. senilis* F. (Sm.) ♀ sgd. 10) *B.
tristis* Seidl. ♀ sgd. 11) *Coelioxys conoidea* Ill. (Gerst.) ♂ sgd.
12) *Melecta luctuosa* Scop. ♀ sgd. 13) *Osmia caementaria* Gorst.
♂ sgd. 14) *O. emarginata* Lep. (mustelina Gerst.) ♀ sgd. 15)
Psithyrus rupestris F. ♀ sgd. 16) *Saropoda bimaculata* Pz. ♀ ♂
sgd. — Ameisen kehren vor den verschlossenen Thüren um!

Um Liebenau bei Schwiebus fand ich (1 9 80) zahlreiche Stöcke
mit Blüthen, die in ihrer Färbung nicht über Roth hinausgingen.

(223.) *Lycopsis arvensis* L. (S. 270) hält T.
Tullberg (Botaniska Notiser 1868 p. 14) aus demselben
Grunde, oder vielmehr mit derselben Grundlosigkeit, für
eine ganz auf spontane Selbstbestäubung beschränkte Pflanze
wie Anchusa officinalis.

(224.) *Lithospermum arvense* L. (S. 270). Weitere Besucher bei Lippstadt:

A. Hymenoptera: Apidae: 3) *Apis mellifica* L. ♀, einige Blüthen saugend, 18⁄5 73. 4) *Bombus muscorum* L. (agrorum F.) ♀,
sah ich auf einem Unkrautacker andauernd ohne Unterschied Lithospermum arvense und die ungefähr eben so grossen und eben so
gefärbten Blüthen von Viola tricolor var. arvensis saugen, 28⁄5 73.
B. Diptera: Syrphidae: 5) *Rhingia rostrata* L., andauernd sgd.,
2,6 73. 6) *Syritta pipiens* L. sgd. 2⁄6 73. **C. Lepidoptera:** Rhopalocera: 7) *Pieris rapae* L. sgd. 2⁄6 73.

(225.) *Pulmonaria officinalis* L. S. 270. Weitere Besucher, am 15. und 17. April 1873 bei Mühlberg in
Thüringen beobachtet:

A. Hymenoptera: Apidae: 18) *Andrena Gwynana* K. ♀ Psd.
(1) *Anthophora pilipes* F. ♂ ♀ sgd. und Psd., zahlreich. 19) *A.
retusa* K. (acervorum F.) ♀ sgd. und Psd., nicht selten, aber viel
scheuer und flüchtiger als pilipes, von der sie sich durch kohl-
schwarze Farbe auf den ersten Blick unterscheidet. (9) *Bombus
pratorum* L. ♀ sgd. (7) *B. Rajellus* Ill. ♀ sgd., häufig. (6) *B.
silvarum* L. ♀ sgd., häufig. (8) *B. terrestris* L. ♀ sgd., häufig. 20)
Halictus cylindricus F. ♀ Psd. **B. Diptera:** Bombylidae: (13)
Bombylius discolor Mgn. sgd.

(226.) *Myosotis silvatica* Hoffm. (S. 272). Weitere Besucher, vom 22. Mai bis 1. Juni in Gärten in Lippstadt beobachtet:

A. Coleoptera: Dermestidae: 13) *Anthrenus Scrophulariae* L., sitzt auf den Blüthen, hat den Mund am Blütheneingange, kann aber nicht hinein. Malacodermata: 14) *Anthocomus fasciatus* L., vergeblich suchend. Nitidulidae: 15) *Meligethes spec.*, kriechen an den Blüthen herum; ich sah sie aber nie im Innern der Blumenkronenröhre. B. Diptera: Conopidae: 16) *Myopa spec.* sgd. Empidae: 17) *Empis opaca* F. sgd. 18) *E. vernalis* Mgn. sgd. Muscidae: 19) *Anthomyia radicum* L. ♀ ♂. 20) *Chlorops scalaris* Mgn. 21) *Musca domestica* L. sgd. 22) *Opomyza germinationis* L. sgd., zahlreich. (6) *Scatophaga merdaria* F. 23) *Sc. stercoraria* L. 24) *Sepsis atriceps* Macq., in copula auf den Blüthen. 25) *Siphona geniculata* De G. sgd. C. Hymenoptera: Apidae: 26) *Andrena pilipes* F. ♀ sgd. 27) *A. varians* Rossi ♀ sgd. 28) *Apis mellifica* L. ♀ sgd., häufig. 29) *Megachile fasciata* Sm. ♂, sich auf den Blüthen sonnend. 30) *Osmia rufa* L. ♀, ein Exemplar, sgd. D. Lepidoptera: Rhopalocera: 31) *Pieris spec.* sgd.

(227.) *Myosotis intermedia* Link. (S. 273). Weitere Besucher, vom 2. bis 21. Juni bei Lippstadt beobachtet:

A. Diptera: Muscidae: 6) *Aricia incana* Wiedem. sgd., häufig. 7) *Limnophora sp.* sgd. 8) *Pollenia Vespillo* F. sgd., Syrphidae: 9) *Ascia podagrica* F. sgd. 10) *Syritta pipiens* L. sgd., häufig. B. Hymenoptera: Apidae: 11) *Andrena nana* K. ♂ sgd. 12) *A. parvula* K. ♀ sgd., in Mehrzahl. 13) *Sphecodes gibbus* L. ♀ sgd. C. Lepidoptera: Rhopalocera: 14) *Coenonympha Pamphilus* L. sgd., häufig. 15) *Pieris rapae* L. sgd. 16) *P. napi* L. sgd.

506. *Myosotis versicolor* Sm. (Nature Vol. X, p. 129, Fig. 39. 40, von mir beschrieben und abgebildet), zeichnet sich aus durch die eigenthümliche Art, in welcher bei ausbleibendem Insektenbesuche spontane Selbstbefruchtung erfolgt. Staubgefässe und Stempel eilen nämlich in ihrer Entwickelung der Corolla voraus. Wenn diese sich öffnet, hat sie weder ihre blaue Farbe noch ihre volle Grösse erreicht. Sie ist noch gelb gefärbt, ihr röhrenförmiger Theil nur wenig über 2 mm lang, die dem oberen Theile derselben angefügten, nun bereits zur Reife entwickelten und aufspringenden Staubgefässe werden daher von dem bereits völlig ausgewachsenen, fast 3 mm langen Griffel erheblich überragt; die völlig entwickelte Narbe

desselben ragt sogar aus dem Blütheneingange ein wenig hervor. Wird in diesem Zustande die Blüthe von einem Insekte besucht, das seinen bereits mit Pollen behafteten Rüssel in den honigführenden Blüthengrund steckt, so ist natürlich Fremdbestäubung völlig gesichert, da der Insektenrüssel eher die Narbe berührt und mit fremdem Pollen behaftet, als er an den Antheren vorbeistreift und neuen Pollen sich anhängt. Bleibt aber, wie es bei den sehr unansehnlichen Blümchen überwiegend häufig vorkommt, Insektenbesuch aus, so erfolgt mit gleicher Sicherheit spontane Selbstbefruchtung, indem die Blumenkrone nun, während sie sich ausfärbt (blau wird), noch erheblich wächst und damit auch die an ihr angehefteten Staubgefässe so hoch emporhebt, dass sie die Narbe dicht umgeben und auf das reichlichste mit Blüthenstaub bedecken. Besucher (bei Lippstadt):

A. **Diptera:** Syrphidae: 1) *Rhingia rostrata* L., andauernd saugend 2/6 73. 2) *Syritta pipiens* L. sgd. 2/6 73. **Hymenoptera:** Apidae: 3) *Bombus muscorum* L. (agrorum F.), sah ich 18/5 73 einige Blüthen saugen. Die winzige Honigausbeute mochte ihr aber doch wohl zu gering sein; denn sie ging sogleich zu anderen Blumen (Lamium purpureum) über. 4) *Halictus sexnotatus* K. ♀ sgd. 2/6 73. 5) *H. zonulus* Sm. ♀ sgd. 2/6 73; 18,6 73 desgl.

(229.) *Myosotis hispida* Schlechtend., stimmt in ihrer Bestäubungseinrichtung im Wesentlichen mit M. intermedia Link überein (H. M. Befruchtung S. 273, Fig. 96). Wie bei dieser sind die winzigen Blüthchen (deren Röhre kaum 2 mm Länge, deren Saum kaum 2 mm Durchmesser überschreitet) homogam und die Staubgefässe neigen sich über der Narbe zusammen und überschütten sie bei ausbleibendem Insektenbesuche reichlich mit Pollen. Tritt aber zeitig genug Insektenbesuch ein, so wird auf folgende Weise Kreuzung gesichert: Durch die taschenförmigen Einsackungen, deren goldgelbe Farbe, wie beim Vergissmeinnicht, vom himmelblauen Saume schön absticht und als Saftmal dient, wird zugleich der Blütheneingang so verengt, dass der Insektenrüssel von oben her nur gerade in die Mitte der Blumenröhre eindringen kann. Schon $1/4$ mm unter dem Eingange enden nun die convergirenden und zurückgebogenen Connectivanhänge der fünf Antheren und führen den eindringenden Insektenrüssel zwischen sich in der Richtung der Blüthenachse weiter, so dass er unvermeidlich die Narbe trifft und, an ihrer Rundung vorbeigleitend, sie mit Pollen früher besuchter Blüthen behaftet, ehe er den Honig erreicht; erst während er aus der Blüthe zurückgezogen wird und die Innenseite der nach oben convergirenden Antheren in der Richtung von unten nach oben streift, behaftet er sich dann von Neuem mit Pollen. Weitere Besucher:

Diptera: Muscidae: 2) *Anthomyia spec.* sgd., zwei Exemplare, 21/5 73, bei warmer windstiller Luft und schönem Sonnenschein.

507. *Echinospermum Lappula* Lehm. (Alpenblumen S. 261, Fig. 99). Besucher (bei Mühlberg in Thüringen im Juli 1873):

A. Diptera: Muscidae: 1) *Anthomyia spec.* sgd. Syrphidae: 2) *Syritta pipiens* L. sgd., in Mehrzahl. B. Hymenoptera: Apidae: 3) *Andrena spec.* ♂ sgd. Sphegidae: 4) *Cerceris variabilis* Schrk. in Mehrzahl, sehr andauernd sgd.

508. *Cynoglossum officinale* L., Fig. 88—90. Die schmutzig purpurfarbenen Blumen haben den von der fleischigen Grundlage des Fruchtknotens in sehr reichlicher Menge abgesonderten Honig im Grunde einer nur 3 mm langen und ziemlich ebensoweiten Röhre geborgen. Die Zugänglichkeit des Honigs ist aber durch taschenartige Aussackungen, welche den Blütheneingang bis auf eine nur 1 mm weite Oeffnung verengen, erheblich beschränkt. Durch ihre etwas dunklere Farbe wirken diese Taschen, vereint mit den nach der Blüthenmitte hin zusammenlaufenden dunkleren Adern, zugleich als Saftmal; durch ihre sammetartige Behaarung, welche keinen Regentropfen auf ihnen haften lässt, als Saftdecke; durch die Verengerung des Blütheneinganges bewirken sie nicht nur Beschränkung des Insektenbesuchs auf solche Arten, welche mit einem wenigstens 3 mm langen Rüssel versehen sind, sondern nöthigen zugleich die Besucher, den Rüssel in der Blüthenmitte einzuführen und annähernd in der Richtung der Achse in den honigführenden Blüthengrund zu senken. In der Blüthenachse selbst steht, etwa $^2/_3$ ihrer Länge

einnehmend, der mit einer zweilappigen Narbe endende Griffel; dicht über der Narbe, rings um dieselbe herum, stehen die nach innen aufspringenden und sich mit Pollen bedeckenden Staubgefässe. Ein in der Blüthenmitte eingeführter und annähernd in der Richtung ihrer Achse in den Grund der Blüthe gesenkter Rüssel kann daher kaum vermeiden, mit einer Seite die Narbe, mit der entgegengesetzten 1 oder 2 pollenbedeckte Staubgefässe zu streifen und so bei zahlreichen Blüthenbesuchen überwiegend Fremdbestäubungen zu bewirken. Bei wiederholtem Hineinstecken des Rüssels in dieselbe Blüthe, was übrigens seltener vorkommt, wird natürlich ebenso leicht Selbstbestäubung bewirkt, und bei ausbleibendem Insektenbesuche erfolgt, indem aus den über der Narbe zusammen neigenden Staubgefässen Pollen auf diese fällt, unausbleiblich spontane Selbstbestäubung. Besucher (bei Mühlberg in Thüringen 6/7 73):

A. Hymenoptera: Apidae: 1) *Andrena nigroaenea* K. ♀ sgd., sehr lange (über ¹/₂ Min.) an einer Blüthe verweilend. 2) *Apis mellifica* L. ♀ sgd., häufig. 3) *Halictus tetrazonius* Kl. ♀ sgd., in Mehrzahl. **B. Lepidoptera:** Rhopalocera: 4) *Lycaena Aegon* S. V. ♂ sgd. **C. Thysanoptera:** 5) *Thrips*, sehr häufig in den Blüthen.

Solaneae. (S. 274.)

(232.) *Solanum Dulcamara* L. (S. 275). Sprengel Taf. IX Fig. 15. Delpino[1] führt diese Solanumart als schönen Ausdruck seines Borago-Typus an. Sie ist aber gleichzeitig ein gutes Beispiel der Unzulänglichkeit der Delpino'schen Typen und der Willkürlichkeit und Unnatürlichkeit, in die man unvermeidlich verfallen muss, wenn man die fast unendliche Mannigfaltigkeit der Blumenformen in eine gewisse Zahl scharf umgrenzter Grundformen (Typen) einzuzwängen versucht.

Borago wird von D. mit vollstem Rechte als nur der Befruchtung durch Bienen angepasst betrachtet; denn nur Bienen sind im Stande, sich an die nach unten gekehrten

---

1) Ulteriori osservazioni II, fasc. 2 p. 295.

Blumen von unten anzuklammern und zwischen den eng zusammenliegenden, den Griffel in Kegelform umschliessenden Staubgefässen hindurch den Rüssel in den honighaltigen Blüthengrund zu führen; nur Bienen wurden thatsächlich als Besucher und Kreuzungsvermittler von Borago beobachtet. Es mag auch noch richtig sein, dass an allen anderen Blumen, bei denen die Staubgefässe auf kurzen steifen Filamenten sitzen und den als Achse hindurchgehenden Griffel in Kegelform umschliessen, die Bienen als Kreuzungsvermittler wesentlich mitbetheiligt sind. Delpino begnügt sich aber nicht mit dieser Feststellung, sondern fasst so verschiedenartige Blumen wie Borago, Cyclamen, Solanum, Galanthus, Leucojum und mehrere fremdländische Gattungen als Verwirklichungen desselben Schöpfergedankens, d. h. aus dem Teleologischen ins Natürliche übersetzt, als gleichartige Anpassungen an dieselben Kreuzungsvermittler, in seinen Borago-Typus zusammen und erklärt in denjenigen Fällen, in welchen andere Insekten, wie z. B. bei unseren Solanumarten pollenfressende Schwebfliegen, als Kreuzungsvermittler wesentlich mitwirken, deren Besuch als reine Zufälligkeit ohne Bedeutung. Dass er sich auf diese Weise durch seine vorgefasste Meinung einem eingehenderen Verständnisse thatsächlich vorliegender Verhältnisse verschliesst, lässt sich gerade an Solanum Dulcamara recht deutlich zeigen. Denn an den Blumen dieser Pflanze ist der napfförmige Blüthengrund, aus welchem die goldgelbe Staubbeutelpyramide auf kurzen, steifen, aussen dunkeln Filamenten senkrecht hervorsteht, von blauschwarzer Farbe und so glänzend, als wenn er mit einer dünnen Flüssigkeitsschicht überzogen wäre. Die grünen, weiss umsäumten, knopfförmigen Höcker, welche paarweise auf den Wurzeln der fünf violettblauen, lanzettlichen, zurückgeschlagenen Blumenblätter stehen und den Rand des napfförmigen Blüthengrundes ringsum besetzen, sehen ebenfalls wie benetzt aus und erinnern unmittelbar an die Scheinnektarien von Ophrys muscifera (Weitere Beob. I S. 16). Da nun überdies die directe Beobachtung ergiebt, dass bisweilen Fliegen erst diese grünen Höcker und den Blüthengrund,

dann die Narbe und die Pollen liefernde Spitze des An-
therenkegels mit ihren Rüsselklappen betupfen, und durch
Wiederholung dieser Thätigkeit auf verschiedenen Blüthen
kreuzungsvermittelnd wirken, so kann es wohl kaum
zweifelhaft sein, dass wir es hier mit einer ausgeprägten
Anpassung an kreuzungsvermittelnde Fliegen zu thun haben,
die für die Erhaltung der Art von entscheidender Wich-
tigkeit werden muss, sobald und so oft der Besuch pollen-
sammelnder Bienen gänzlich ausbleibt. In Delpino's Boragotypus ist aber für andere Kreuzungsvermittler als
Bienen kein Raum. D. erklärt daher die Besuche von
Fliegen auf Blumen von Solanum Dulcamara als eine be-
deutungslose Zufälligkeit und ignorirt die erwähnte Anpassung an dieselben vollständig.

(233.) *Solanum nigrum* L. (S. 275), Fig. 91. 92.
Die Blumen dieser als gemeines Gartenunkraut verbreiteten Solanumart sind ebenfalls honiglos, schräg oder
senkrecht nach unten gerichtet, mit zurückgeschlagenen Blumenblättern und einer gerade in der Richtung der Blüthenachse hervorstehenden Staubgefässpyramide, die von der Narbe nur eben überragt wird und bei
kräftiger Erschütterung Pollen aus den offenen Enden der
Antheren (Fig. 92) herausfallen lässt. Sie gehört also
ebenfalls zu Delpino's Boragotypus und wird in der That
auch von Pollen sammelnden Bienen besucht, wie schon
Chr. Conr. Sprengel beobachtet hat. Die Bienen
„stiessen mit Heftigkeit an die Antheren, damit der Staub
herausfiele, hatten auch an den Hinterbeinen weisse Staub-
kügelchen sitzen"[1]). Die kurzen steifen Staubfäden sind
mit abstehenden, etwas krausen Haaren bedeckt, was den
von unten sich anklammernden Bienen das Festhalten
wesentlich erleichtern muss. Die Blumenkrone ist in der
Regel rein weiss, ohne von der bei S. Dulcamara erwähn-
ten Anpassung an Fliegen irgend eine Andeutung darzubieten. Trotzdem werden auch diese Blüthen bisweilen
von Pollen fressenden Schwebfliegen besucht und befruch-

---

1) Das entdeckte Geheimniss S. 129.

tet; ausser den beiden von mir bereits genannten Arten
(Melithreptus scriptus und Syritta pipiens) wurde von Dr.
Buddeberg bei Nassau auch Ascia podagrica an Solanum
nigrum Pollen fressend beobachtet.

Delpino spricht natürlich auch hier wieder den
Schwebfliegenbesuchen, obgleich sie in der Regel kreuzungsvermittelnd wirken, jede Bedeutung ab und nennt
sie eine reine Zufälligkeit, und er hat in diesem Falle
wenigstens insofern Recht, als besondere Anpassungen an
dieselben in der Regel nicht zu erkennen sind. Und
doch sind die Schwebfliegenbesuche auch für diese Pflanze
von hoher Bedeutung, da sie ihr bei ausbleibendem Bienenbesuche (bei Lippstadt und Nassau wurden pollen-
sammelnde Bienen überhaupt noch nicht an Solanum nigrum gefunden!) den Vortheil der Kreuzung mit getrenn-
ten Stöcken verschaffen. Vielleicht sind sogar in manchen
Fällen auch bei Solanum nigrum die ersten Anfänge einer
Anpassung an kreuzungsvermittelnde Fliegen vorhanden.
Die Spitzen der Blumenblätter haben nämlich bisweilen
einen blauvioletten Fleck (der auf der Aussenseite noch
deutlicher ist, als auf der innern); manchmal zieht sich
von demselben auch der Mittellinie entlang bis gegen die
Basis des umgeschlagenen Theils der Blumenblätter eine
schmale Linie derselben Farbe. Der nicht zurückgeschlagene, zusammengewachsene Basaltheil der Corolla
pflegt dann orangegelb zu sein, wiewohl weit weniger in-
tensiv, als die Staubbeutel.

Weitere Besucher: Dr. Buddeberg fand bei Nassau (27/7
75) zwei Schwebfliegen, Ascia podagrica F. und Syritta pipiens L.,
Pfd. an den Blüthen.

(234.) *Lycium barbarum* L. S. 275. Weitere Besucher, bei Mühlberg in Thüringen am 9. Juli 1873 von
mir, und bei Jena im Mai 1875 von meinem Sohne beobachtet:

A. **Diptera**: A. Syrphidae: 4) *Syrphus balteatus* De G. Pfd.
Mühlberg. B. **Hymenoptera**: Apidae: 5) *Anthophora aestivalis* Pz.
♂ sgd., ♀ sgd. und Psd. Jena. 6) *A. quadrimaculata* Pz. ♀ ♂,
in Mehrzahl, sgd., Mühlberg. (1) *Apis mellifica* L. ☿ sgd., daselbst.
(2) *Bombus muscorum* L. (agrorum F.) ☿ sgd., daselbst. 7) *B. Ra-*

jellus III. ♀ ♀ sgd. und Psd., daselbst. 8) *B. silvarum* L. ♀ sgd., daselbst. 9) *B. tristis* S eid l. ♀ sgd., daselbst. 10) *Eucera longicornis* L. ♂ sgd., ♀ sgd. und Psd., Jena. 11) *Melecta luctuosa* Scop. ♂ sgd., daselbst.

509. *Atropa Belladonna* L., Fig. 93—96. Die Blumen stehen bald mehr oder weniger steil schräg abwärts gerichtet, bald wagerecht, bald schwach aufwärts. Ihre Antheren sind daher in der Regel, aber keineswegs immer, gegen Regen geschützt. Die Blumenkrone bildet eine, im untersten Drittel enge, von 5—8 mm sich erweiternde, dann bis etwa zur Mitte stark (bis über 15 mm) erweiterte, gegen das Ende wieder schwach zusammengezogene Glocke, die in fünf etwas nach aussen gebogene, breit dreieckige Zipfel endet. Sie entspricht daher in ihren Dimensionen der Körpergrösse der Hummeln, und da sie thatsächlich von Hummeln besucht und in wirksamster Weise befruchtet wird, so ist kaum zu bezweifeln, dass sie diesen als ihren natürlichen Kreuzungsvermittlern sich angepasst hat.

Wie ich an einer anderen Stelle (Alpenblumen S. 499) erörtert habe, haben sich die Hummeln die aller verschiedensten Blumenfarben gezüchtet. Die Tollkirsche liefert uns den Beweis, dass von dieser Farbenmannigfaltigkeit selbst äbnliche Farben nicht ausgeschlossen sind, wie sie sonst in der Regel der Anlockung von Aas- und Kothfliegen dienen. Denn bis zum bauchig erweiterten Theile ist die Blumenkrone von schmutzig grüngelber Farbe und von da bis zum Saum geht dieselbe allmählich in schmutzig braunroth über. Die Innenseite der nach aussen gebogenen Glockenzipfel ist ziemlich gleichmässig braunroth, nur gegen die Spitze hin etwas dunkeler. Dass trotz dieser Färbung die Blumen nur Bienen, nicht zugleich Fliegen angepasst sind, geht deutlich aus der ausgeprägten Saftdecke hervor, die Fliegen gerade vom Genusse des Honigs ausschliesst.

Der von der glatten, fleischigen, gelbgefärbten Unterlage des Fruchtknotens abgesonderte und im untersten, engen Theile der Blumenglocke beherbergte Honig ist nämlich dem in zwei breite Klappen endenden Rüssel der

Aas- und Kothfliegen dadurch unzugänglich, dass jeder
Staubfaden dicht über dem Safthalter auf eine 4 mm lange
Strecke ringsum mit starren, senkrecht abstehenden Haaren
dicht umkleidet ist und dass in gleicher Höhe mit dem
obersten Theile dieses Haarverschlusses auch ringsum von
der Blumenkrone dicht gestellte starre Härchen senkrecht
abstehen (Fig. 96). Die so gebildete Saftdecke hält sicher
Fliegen, vielleicht auch Ameisen, und bei den schwach
aufwärts stehenden Blumenglocken überdies den Regen
vom Honig ab, lässt indess winzige Blasenfüsse (Thrips),
die sich sehr häufig einfinden, doch noch frei hindurch
passiren.

Fremdbestäubung ist bei eintretendem Hummelbe-
suche dadurch gesichert, dass die Narbe die Staubgefässe
erheblich überragt und ausserdem sich merklich früher
zur Funktionsfähigkeit entwickelt als diese. Im ersten
Blüthenstadium ragt nämlich die Narbe, schon völlig zur
Reife entwickelt, schwach aus dem unteren Theile der
Blumenkrone hervor (Fig. 93), und zwar, da der sie tra-
gende Griffel im grössten Theile seiner Länge schwach
abwärts, am Ende aber wieder schwach aufwärts gerichtet ist, in einer solchen Lage, dass jede in die Blumenkrone eintretende Hummel oder Biene sie streifen muss.
Die Antheren sind jetzt noch geschlossen und durch plötz-
liche Einwärtsbiegung der Staubfadenenden in die Blumenkrone eingeschlossen (Fig. 93. 94). Später, während
die Staubbeutel aufspringen und sich ganz mit Pollen bedecken, strecken sich die eingebogenen Staubfadenenden
etwas, bleiben jedoch immer noch einwärts gebogen und
erheblich von der Narbe überragt (Fig. 95), so dass nicht
nur Hummeln, sondern auch viel kleinere Bienen (wie z. B.
Cilissa) beim Hineinkriechen in die Blumenglocke sowohl
die Narbe streifen, als auch, unmittelbar darauf, von allen
Antheren mit Pollen behaftet werden.

Da der Griffel mit der Narbe an der unteren Seite
der Blumenglocke liegt (oft etwas nach einer Seite gebogen), die Narbe daher immer nur von der Bauchseite
der Besucher gestreift wird, so können die oberen Antheren kaum irgend welchen Nutzen für die Fremdbe-

stäubung haben. Um so eher aber mögen sie bei ausbleibendem Besuche der Kreuzungsvermittler spontaner Selbstbefruchtung dienen, da sie beim Abfallen der Blumenkrone fast unvermeidlich mit der Narbe in Berührung kommen.

Im botanischen Garten zu Münster sah ich (28/6 75) die Tollkirschenblüthen von honigsaugenden Honigbienen und von zahlreichen Thrips besucht. Alle übrigen hier aufgezählten Besucher wurden am 10. Juli 1873 von Dr. Buddeberg bei Nassau beobachtet und mir zugesandt. Besucher:

A. **Hymenoptera**: Apidae: 1) *Andrena Gwynana* K. ♀ sgd. 2) *Anthophora furcata* Pz. ♀ sgd. 3) *Apis mellifica* L. ☿ sgd., zahlreich. 4) *Bombus pratorum* L. ☿ sgd., sehr häufig. 5) *Cilissa leporina* Pz. ♂ sgd. 6) *Halictus cylindricus* K. ♀ sgd., häufig. 7) *H. leucopus* K. ♀ sgd., in Mehrzahl. 8) *H. malachurus* K. ♀ sgd., sehr zahlreich. 9) *Megachile centuncularis* L. ♀ sgd. und Psd., in Mehrzahl. B. **Thysanoptera**: 10) *Thrips*, zahlreich ·in den Blüthen, bis zum Honige vordringend.

Scrophulariaceae.

(236.) *Verbascum nigrum* L. (S. 277). Weitere Besucher:

Hymenoptera: Apidae: 14) *Halictus sexnotatus* K. ♀ sgd.! Lippstadt 7/7 80.

(239.) *Verbascum Lychnitis* L. flore albo (Mühlberg in Thüringen 8/7 73). Auch bei dieser Verbascum-Art ist, ebenso wie bei nigrum, das unterste Blumenblatt erheblich länger und, wenigstens gegen Ende der Blüthezeit stärker nach vorne gekehrt, als die beiden seitlichen, die ihrerseits schon die beiden oberen an Länge übertreffen. Gleichwohl fungirt es nicht als Anflugsfläche; seine Verlängerung erscheint für die Pflanze nutzlos; sie lässt sich also, wenn sie nicht blosse mechanische Folge der Stellung ist, nur als Erbtheil von einer Stammart her, der sie von Nutzen war, erklären.

Sobald nämlich die Blüthen sich geöffnet haben, schlagen sich die weissen Blumenblätter nicht bloss in

eine Ebene, sondern darüber hinaus nach hinten zurück;
die steifen, mit gelblichen, an der Spitze keulig verdickten Haaren dicht besetzten Staubfäden stehen gerade aus
der Blüthe hervor, drei in einer Reihe oder im Dreieck stehende oberhalb, zwei etwas weiter auseinander gespreizte
und ein wenig längere unterhalb der Blüthenmitte, sämmtlich den Längsriss der Antheren, aus welchem orange-
rother Pollen hervorquillt, gerade nach vorn kehrend.
Mitten zwischen den beiden unteren steht, in gleicher
Höhe oder etwas tiefer abwärts gerichtet, der alle Staubgefässe überragende Griffel, völlig entwickelt und am Ende
mit einem papillösen, aufnahmefähigen Narbenknopfe versehen. Nach Delpino's auf direkte Beobachtung des Insektenbesuches gegründeter Erklärung sind auch die Blumen von Verbascum der Kreuzungsvermittlung pollen-
sammelnder Bienen und Hummeln angepasst, die, an den
Staubfadenhaaren sich anklammernd, den aus den Antheren hervorquellenden Blüthenstaub hastig einernten,
dabei mit einer Stelle ihres Haarkleides, die mit Pollen
früher besuchter Blüthen behaftet ist, die Narbe berühren und so regelmässig Kreuzung bewirken. So
befriedigend diese Deutung die meisten Eigenthümlichkeiten der Verbascumblüthen erklärt, so ungerechtfer-
tigt ist es, diejenigen Thatsachen, die nicht in diese
Erklärung passen, einfach zu ignoriren. Dass in den
Blüthen von Verbascum nigrum winzige Honigtröpfchen
und eine sie saugende Motte beobachtet wurden, dass an
dem Besuche und der Befruchtung aller Verbascumarten
mancherlei andere Insekten sich betheiligen, passt nicht
in Delpino's Verbascum-Typus; das erstere wird daher
von ihm einfach ignorirt, das letztere für eine „mera acci-
dentalità priva di significato" erklärt.

Auch bei Verbascum Lychnitis wirken ganz gewöhnlich verschiedene kleinere Insekten, vielleicht nur neben
den Hummeln (die ich überhaupt nicht an den Blüthen
antraf) vielleicht auch stellenweise statt derselben, kreuzungsvermittelnd, indem sie auf dem hervorragenden Griffel anfliegen und dessen Narbe mit mitgebrachtem Pollen
behaften und dann die Antheren bearbeiten. Honig konnte

ich, trotz kleiner Purpurflecken an den Wurzeln der Blumenblätter, die wie Saftmale aussehen, nicht auffinden.

Während die Staubgefässe verblühen, krümmen sie
sich vollständig nach oben und hinten zurück und ver-
stecken sich schliesslich zwischen den Haaren ihrer Staubfäden; der Griffel dagegen biegt sich, seine Narbe noch
immer gerade nach vorn streckend, noch weiter nach unten und die Blumenblätter biegen sich nun so zusammen,
dass das unterste längste nun eine bequeme Anflugsfläche
darbieten würde, wenn überhaupt noch etwas vorhanden
wäre, was Insekten zum Anfliegen veranlassen könnte.
Das ist aber nach dem Abholen des Blüthenstaubes nicht
mehr der Fall. Weitere Besucher (7/7 73. Mühlberg in
Thüringen):

A. Coleoptera: Curculionidae: 2) *Cionus hortulanus* Marsh,
einzeln auch in den Blüthen. 3) *Gymnetron teter* F. desgl. Malacodermata: 4) *Danacaea pallipes* F., in den Blüthen häufig, Pfd.?
B. Diptera: Muscidae: 5) *Anthomyia spec.* Pfd. C. Hemiptera: 6)
Anthocoris spec. D. Hymenoptera: Apidae: 7) *Halictus minutissimus* K. ♀. 8) *H. nitidus* Schenck ♀, beide Psd.

510. *Linaria minor* Desf. Fig. 97—99 (Lippstadt
9/7 80). Die Blumenform dieser winzig-blüthigen Linaria-
art ist dieselbe, der Kreuzungsvermittlung der Bienen an-
gepasste, wie die von Linaria vulgaris[1]) und alpina[2]), von
denen ich gezeigt habe, dass sie thatsächlich sehr gewöhnlich von Bienen gekreuzt werden; auch Nektarium,
Safthalter und Saftdecke sind ganz wie bei diesen; ihre
Blümchen sind aber so klein und fallen mit ihrer ver-
loschen purpurrötblichen, an den fünf Zipfeln schmutzig
gelblich weissen Corollen so wenig in die Augen, dass
ihnen gewiss nur sehr selten Besuch kreuzungsvermitteln-
der Bienen zu Theil wird. In meinem Garten, wo dieses
Pflänzchen als Unkraut gedeiht, habe ich auch bei günstigem Wetter bis jetzt immer nur vergeblich nach Besuchern desselben mich umgeschaut. Es ist daher in der
Regel auf Fortpflanzung durch spontane Selbstbefruchtung

---

1) H. Müller, Befruchtung S. 279.
2) H. M., Alpenblumen S. 276, Fig. 108.

angewiesen und erlangt dieselbe auf folgende einfache
Weise: Gleichzeitig mit der Entfaltung der Blüthe öffnen
sich die Antheren der längeren Staubgefässe und lassen
ihren Pollen hervorquellen, während auch die Narbe schon
empfängnissfähig ist. Jetzt steht also die Blume für die
Kreuzung durch eine ihrem Honig nachgehende Biene be-
reit da (Fig. 98. 99). Das dauert aber nicht lange; denn
sehr bald darauf bedeckt der aus den längeren Staubgefässen hervorquellende Pollen die Narbe und bewirkt
Selbstbestäubung, während zugleich die kürzeren Staubgefässe aufspringen, und, wenn nun noch Besucher sich einfinden, an diese ihren Pollen abgeben.

Da es undenkbar ist, dass eine Blumenart in allen
Einzelheiten des Baues der Kreuzungsvermittlung durch
Bienen sich anpasst, wenn sie nur sehr ausnahmsweise von
solchen besucht und gekreuzt wird, so haben wir Linaria
minor als den heruntergekommenen Abkömmling von
Stammeltern mit grösseren, augenfälligeren Blumen zu betrachten, denen in der Regel Besuch kreuzungsvermitteln-
der Bienen zu Theil wurde. Dasselbe gilt von zahlreichen
anderen winzigblüthigen und unscheinbaren Bienenblumen,
denen nur sehr selten Bienenbesuch zu Theil wird, z. B.
von Vicia hirsuta (Weitere Beob. II S. 260), bei der auch
die Griffelbürste unzweideutige Merkmale der Verkümmerung an sich trägt. Dasselbe gilt auch von der winzigblüthigen *Linaria arvensis* L., die ich ebenfalls (bei Liebenau, Kreis Schwiebus, Sept. 1880) bei günstigem Wetter
sehr wiederholt überwachte, ohne sie jemals von Insekten
besucht zu sehen.

511. *Linaria Cymbalaria* Mill. Besucher (Teklenburg, Borgstette):

A. **Diptera:** Syrphidae: 1) *Helophilus hybridus* Loew. B.
Hymenoptera: Apidae: 2) *Andrena albicans* K. ♀ sgd. 3) *Apis
mellifica* L. ♀ sgd., häufig. 4) *Halictus albipes* F. ♀ sgd. 5) *H.
cylindricus* F. ♀ sgd., in Mehrzahl. 6) *H. sexnotatus* K. ♀ sgd.
C. **Lepidoptera:** Rhopalocera: 7) *Pieris rapae* L. sgd.

(241.) *Antirrhinum majus* L. S. 280. Weitere
Besucher:

Hymenoptera: Apidae: 10) *Anthidium manicatum* L. ♀, ganz in die Blüthe kriechend. 7/7 73, Thür. (1) *Bombus hortorum* L. ♀, ist etwas zu gross für die Blume. Sie kriecht zwar zum grössten Theile in die Blüthe hinein, doch bleibt das Ende ihres Hinterleibs etwas vorragend, so dass sich die Blüthe nicht schliesst. 21/6 73, Lippstadt. (3) *B. muscorum* L. (agrorum F.) ☿, zwängt sich nur mit Mühe in die Blüthen. 12/7 73, Thür. 11) *Megachile fasciata* Sm. ♂, kam mit gelb bestäubtem Rücken aus einer Blüthe von Antirrhinum majus und flog direct an Lavendula vera 8/7 73, Thür. 12) *Osmia rufa* L. ♀, ganz in die Blüthe kriechend. 7/7 73, Thür.

512. *Scrophularia aquatica* L. Ihre Blumenglöckchen sind dicker angeschwollen als bei Scrophularia nodosa; ihr Griffel biegt sich im zweiten Stadium weiter nach unten zurück; im übrigen stimmt sie in ihrer Blütheneinrichtung ganz mit dieser überein. Sie wird auch wie diese vorzüglich von den Arten der Gattung Vespa, mit Ausnahme der V. Crabro, besucht. Ausser denselben habe ich als Besucher nur noch Halictus cylindricus F. ♂ zu verzeichnen. 12/7 75 N. B.

(242.) *Scrophularia nodosa* L. (S. 281). Weitere Besucher:

Hymenoptera: Apidae: (6) *Bombus muscorum* L. (agrorum F.) ☿ sgd. 8/7 78, Lippstadt. 10) *B. pratorum* L. ☿ sgd., zahlreich. Luisenburg im Fichtelgebirge 26/7 73. 11) *Halictus cylindricus* F. ♀ sgd., 15/6 75, N. B. (7) *H. sexnotatus* K. ♀ sgd., in Mehrzahl daselbst. Vespidae: 11) *Hoplopus laevipes* Shuck. ♀, die Pflanze in Menge umfliegend und an die Blüthen anfliegend und sgd. 15/6 75, N. B. (3) *Vespa germanica* F. ♂ sgd., daselbst. 5) *V. silvestris* Scop. (holsatica F.) ☿ sgd., zahlreich. Wöllershof (bairische Oberpfalz), 22/7 73.

513. *Pentstemon campanulatus* Willd. (Delpino, Ulteriori osservazioni I. p. 149. 150; Hildebrand, Bot. Zeit. 1870 S. 667; W. Ogle Pop. Science Rev. Jan. 1870 p. 51).

Delpino hat als Besucher Bombus, Anthidium und Apis beobachtet; ich sah in meinem Garten *Bombus lapidarius* L. ♀ ☿ sgd., und Kreuzung vermittelnd, und Halictus sexnotatus K. ♀ sgd.

514. *Digitalis grandiflora* Lam. (Alpenblumen S. 275). Im Tieflande beobachtete ich als Besucher dieser Digitalis-Art bei Kitzingen (17/7 73):

Hymenoptera: Apidae: 1) *Andrena Coitana* K. ♀ Psd. 2) *Halictus spec.* ♀ Psd. 8) *Dufourea vulgaris* Schenck ♀ Psd.

(244.) *Veronica Chamaedrys* L. S. 285. Weitere Besucher:

A. Coleoptera: Nitidulidae: 9) *Meligethes spec.*, häufig, sich in die Blüthen drängend. 21/5 73, L. **B. Diptera**: Bombylidae: 10) *Bombylius canescens* Mik. sgd. 6/73, N. B. Empidae: 11) *Cyrtoma spuria* Fallen sgd. 16/5 73, L. Muscidae: 12) *Anthomyia spec.* sgd., einzeln. 21/5 73, L. Syrphidae: (1) *Rhingia rostrata* L. sgd. 25/5 73, N. B. 13) *Syritta pipiens* L. sgd. 2/6 73, daselbst. **C. Hymenoptera**: Apidae: 14) *Andrena cingulata* F. ♀ ♂ sgd. 25/5, 31/5 73, N. B. 15) *A. cyanescens* Nyl. ♀ ♂ sgd. 6/73, daselbst. (5) *A. Gwynana* K. ♀ sgd. Jena 5/75, H. M. 16) *A. minutula* K. ♀ ♂ sgd. und Psd. 25/5 73, N. B. 17) *A. parvula* K. ♀ Psd. 5/75, Jena H. M. 18) *Halictus cylindricus* F. ♀ sgd. und Psd. 22/5 73, N. B.; Tekl. Borget. 19) *H. villosulus* K. ♀ sgd. 25/5 73, N. B. 20) *H. zonulus* Sm. ♀ sgd. Jena 5/75, H. M. 21) *Melecta armata* Pz. ♂, sgd. Strassburg 6/76, H. M. 22) *M. luctuosa* Scop. ♂ sgd., Jena 5/75, H. M. 23) *Nomada germanica* Pz. ♂ sgd. 25/5 73, N. B. 24) *Osmia aenea* L. ♂ sgd. Jena 5/75, H. M. 25) *Sphecodes gibbus* L. ♀ sgd. 25/5 73, N. B.

Es ist eine sehr auffallende Erscheinung, eine von so zahlreichen Bienen und Fliegen besuchte und vielfach auch gekreuzte Blume mit einem zierlichen Bestäubungsmechanismus ausgerüstet zu sehen, der nur von kleinen Schwebfliegen in Bewegung gesetzt wird und daher auch nur als Anpassung an diese gedeutet werden kann. Mit demselben Rechte, wie Delpino bei Solanum und Verbascum, könnten wir sagen, jene anderen Besuche seien eine reine Zufälligkeit ohne Bedeutung. Aber die Unnatürlichkeit einer solchen Ausrede würde hier um so greller zu Tage treten, je zahlreicher jene Besuche sind. Die einzig mögliche Erklärung scheint mir die zu sein, dass Veronica Chamaedrys und die übrigen mit demselben Bestäubungsmechanismus ausgerüsteten Veronicaarten ihre Ausprägung zu Zeiten und an Orten erlangt haben, wo ihnen hauptsächlich Schwebfliegenbesuche zu Theil wurden, und dass sie erst nachträglich sich an Standorte verbreitet haben oder in Lebensbedingungen eingetreten sind, die ihnen eine solche Mannigfaltigkeit anderer Insekten zuführen. Man vergleiche die Auseinandersetzungen, die ich in meinem Werke über Alpenblumen in Bezug auf Primula farinosa und Rhinanthus alpinus gegeben habe, sowie die Schlüsse in Bezug auf die Herkunft gewisser Blumen (Alpenblumen S. 555 ff.).

Besondere Bemerkung verdient ferner, dass von grösseren Bienen (Melecta, Nomada, Osmia) nur Männchen an den Blüthen von Veronica Chamaedrys beobachtet wurden. Betreffs der Erklärung dieser Erscheinung verweise ich auf meinen Aufsatz: „Die Entwickelung der Blumenthätigkeit der Insekten IV" (Kosmos Bd. IX Heft 6).

514. *Veronica montana* L. stimmt in der ganzen Bestäubungseinrichtung mit Chamaedrys überein. Seine Blüthen sind aber nicht' nur einzeln erheblich grösser, sondern auch zu blüthenreicheren Trauben zusammengestellt und überdies augenfälliger durch dichtes Zusammenstehen zahlreicher Blüthentrauben. Sie wird daher von noch zahlreicheren Insekten besucht. Obgleich sie nur zweimal in Bezug auf ihre Besucher ins Auge gefasst wurde, am 1. Juni 1873 von meinem Sohne bei Volkmarsen und am 20. Juni 1873 von mir im Kisker'schen Garten bei Lippstadt, so ist die Zahl der an ihr beobachteten Blumengäste doch bereits fast ebenso gross als bei Veronica Chamaedrys, nämlich:

A. **Diptera:** Muscidae: 1) *Anthomyia spec.* sgd., in Mehrzahl. 1/6 73. Syrphidae: 2) *Ascia podagrica* F. sgd., in Mehrzahl. 3) *Syritta pipiens* L. sgd., in grösster Häufigkeit. 4) *Rhingia rostrata* L. sgd. und Pfd., beim Saugen in der Regel die Staubgefässe unter sich zusammenschlagend. B. **Hymenoptera:** Apidae: 5) *Anthophora retusa* L. (Haworthana K.) ♂ sgd. 1/6 73. 6) *Apis mellifica* L. ☿ sgd., zahlreich. 7) *Bombus pratorum* L. Eine kleine Arbeiterhummel dieser Art saugte und flog jedesmal nach dem Aussaugen einer einzelnen Blüthe behend an eine andere Blüthentraube. Sie schien die Erfahrung gemacht zu haben, dass der Bau der Blüthen und Blüthenstände viel zu zart ist, um nach Art einer Labiate behandelt werden zu können. 8) *Chelostoma nigricorne* Nyl. ♂ sgd. 9) *Eucera longicornis* L. ♂ sgd. 1/6. 10) *Halictus malachurus* K. ♀ Psd. 1/6. 11) *H. nitidus* Schenck ♀ Psd. 12) *H. Smeathmanellus* K. ♀ sgd. 1/6. 13) *H. sexnotatus* K. ♀ sgd. 1/6. 14) *H. sexstrigatus* Schenck ♀ sgd. 15) *H. zonulus* Sm. ♀ Psd. und sgd. 16)

Prosopis confusa Nyl. (hyalinata Sm.) ♂ sgd. 17) *Psithyrus qua-dricolor* Lep. ♀, kriecht unbeholfen von Blüthe zu Blüthe, saugt, von unten an den durch ihr Gewicht herabgezogenen Blüthentrauben hängend, ziemlich langsam an den einzelnen Blüthen derselben und fliegt dann an eine andere Traube. Sphegidae: 18) *Cerceris variabilis* L. ♀ ♂ sgd., in Mehrzahl. 19) *Passaloecus gracilis* Curt ♂ sgd. (Alle nicht mit 1/6 bezeichneten Arten wurden 20/6 73 von mir bei Lippstadt beobachtet.)

(245.) *Veronica Beccabunga* L. (S. 286). Weitere Besucher:

Diptera: Syrphidae: 8) *Syritta pipiens* L., eifrig sgd., in Mehrzahl. 28/5 78, L.

515. *Veronica Anagallis* L. Besucher (Thür. 13/7 73):

A. Diptera: Empidae: 1) *Empis livida* L. sgd. Muscidae: 2) *Anthomyia spec.* sgd. Syrphidae: 3) *Ascia podagrica* F. sgd. und Pfd. 4) *Syritta pipiens* L. sgd. und Pfd. **B. Hymenoptera:** Formicidae: 5) *Lasius niger* L., sich mit dem Kopf in den Blütheneingang drängend und vermuthlich den Honig leckend.

(247.) *Veronica spicata* L. (S. 287). Weitere Besucher (Thür. 13/7 73):

Lepidoptera: Sphingidae: 6) *Zygaena carniolica* Scop. sgd. Im Talfser Thale bei Bozen fand Gerstaecker Veronica spicata vorzugsweise von *Xylocopa*-Arten (*violacea* L., *cyanescens Brullé* und *valga Gerst.*) besucht. (Stettiner entomol. Zeitung 1872 S. 272.)

(248.) *Veronica hederaefolia* L. (S. 288). Weitere Besucher:

A. Coleoptera: Nitidulidae: 5) *Meligethes spec.* 14/4 73, Thür. **B. Hymenoptera:** Apidae: 6) *Apis mellifica* L. ♀, einige Blüthen flüchtig saugend, dann zu anderen Blumen übergehend, daselbst. (4) *Halictus albipes* F. ♀ sgd. daselbst. (3) *H. leucopus* K. ♀, viele Blüthen nach einander sgd. 20/4 75 Mittags, in meinem Garten. 7) *H. lucidulus* Schenck ♀ sgd. Thür., 14/4 73.

516. *Veronica opaca* Fries. Besucher:

Hymenoptera: Apidae: *Osmia rufa* L. ♂ sgd. 20/4 75 Mittags, in meinem Garten.

517. *Veronica agrestis* L. (Fig. 100—103), steht

in jeder Beziehung auf einer viel tieferen Ausbildungsstufe, als V. Chamaedrys. Seine einzeln stehenden Blüthen sind nur wenig grösser und augenfälliger, als bei V. hederaefolia und fast eben so häufig auf den Nothbehelf

3

spontaner Selbstbefruchtung angewiesen. Im ausgebreiteten Zustande erreicht der vom Kelche weit überragte Saum der Corolla nur 5—7 mm Durchmesser. Seine Abschnitte sind zwar in ähnlicher Weise, aber doch viel unausgeprägter gestaltlich differenzirt und gefärbt wie bei V. Chamaedrys. Der obere Abschnitt ist breit, der untere schmal, beide symmetrisch gestaltet, die beiden seitlichen den oberen fast noch an Breite übertreffend, unsymmetrisch, schräg abwärts gerichtet. Die Farbe des ausgebreiteten Blumenkronensaumes ist mehr oder weniger milchweiss, das obere Blatt mit stärkerem, die beiden seitlichen in ihrer oberen Hälfte mit schwächerem bläulichem Anfluge und nach der Mitte zusammenlaufenden blauen Linien; die untere Hälfte der beiden seitlichen, das untere und die Umgebung des Blütheneinganges sind rein weiss, das Weiss aber gegen das Blau nirgends scharf abgegrenzt.

Nektarium, Safthalter und Saftdecke stimmen im Wesentlichen mit denen von V. Chamaedrys überein; die beiden Staubgefässe und der narbengekrönte Griffel sind, wie bei diesem, gleichzeitig zur Reife entwickelt und ragen alle drei gerade und gleich weit aus der Blüthe hervor; sie divergiren weit schwächer als V. Chamaedrys und sind alle drei, bis auf die blauen Staubbeutel, rein weiss gefärbt. Die Wurzeln der Staubfäden sind verdünnt und etwas nach aussen gebogen, beides schwächer als bei Chamaedrys. Sollte direkte Beobachtung erweisen, dass auch hier gewisse Besucher, indem sie die verdünnten Basalstücke der Filamente mit ihren Vorderfüssen fassen, die Staubbeutel sich unter den Leib drehen und ihre Bauchseite mit Pollen behaften, den sie dann in der nächstbesuchten Blüthe auf der Narbe absetzen, so würde damit ausser Zweifel gesetzt sein, dass auch bei Veronica agrestis der zierliche Bestäubungsmechanismus der V. Chamaedrys, nur in unvollkommener Ausbildung, vorliegt. Sollte dagegen durch umfassendere Beobachtungen die Verdünnung und Biegung der Staubfadenwurzeln sich als functionslos herausstellen, so wäre damit entschieden, dass wir es bei V. agrestis mit einer Rückbildung des bei V. Chamaedrys noch wirksamen Mechanismus zu thun haben.

Bei trübem Wetter öffnen sich die Blüthen weniger weit; die Staubgefässe bleiben in Berührung mit der Narbe und belegen sie reichlich mit Pollen; und da trotz des sehr spärlichen Insektenbesuchs in der Regel jede Blüthe sich zur Frucht entwickelt, so kann es kaum zweifelhaft sein, dass die regelmässig erfolgende Selbstbestäubung auch von Erfolg ist. Besucher (Ichtershausen in Thüringen, 14/4 73, auf einem mit allerlei Unkraut bewachsenen Acker):

A. Diptera: Muscidae: 1) *Anthomyia spec.* sgd. **B. Hymenoptera:** Apidae: 2) *Andrena parvula* K. ♀ sgd. und Psd. 3) *Apis mellifica* L. ☿ Psd. 4) *Bombus muscorum* L. (agrorum F.) ♀, nur eine einzige Blüthe zu saugen versuchend, dann zu Lamium purpureum übergehend.

518. *Veronica arvensis* L. Besucher (Lippstadt 2/6 73):

Hymenoptera: Apidae: 1) *Andrena cingulata* F. ♀ sgd. 2) *Halictus albipes* F. ♀ sgd. 3) *H. punctatissimus* Schenck ♀ sgd. 4) *H. zonulus* Sm. ♀ sgd. 5) *Sphecodes gibbus* L. ♀ ♂, kleine Exemplare, sgd.

519. *Veronica triphyllos* L. Besucher (13/4 73, Thür.):

Hymenoptera: Apidae: 1) *Andrena Gwynana* K. ♀ sgd. 2) *Apis mellifica* L. ☿, emsig Psd. (und sgd.?), in Mehrzahl.

(250.) *Euphrasia Odontites* L. (S. 289) findet sich um Liebenau bei Schwiebus auch mit weissen Blüthen. (1/9 80.)

(251.) *Euphrasia officinalis* L. S. 291; Alpenblumen S. 279. An der grossblumigen, auf spontane Selbstbestäubung verzichtenden Varietät, fand ich am 13/9 73 bei Lippstadt:

Hymenoptera: Apidae: (3) *Apis mellifica* L. ☿ sgd., häufig. Während die meisten Exemplare, welche einmal an Euphrasia officinalis beschäftigt waren, sich andauernd und ohne Unterbrechung an diese hielten, flog ein Exemplar dazwischen einmal auf ein Köpfchen von Scabiosa succisa und saugte 2 oder 3 Blüthen derselben. 8) *Halictus minutissimus* K. ♀, ganz in die Blüthen kriechend.

(254.) *Melampyrum pratense* L. (S. 296). Weitere Besucher:

Hymenoptera: Apidae: 8) *Bombus lapidarius* L. ♀ ☿, die Blumenkrone dicht über dem Kelche anbeissend oder anbohrend und durch das eingebrochene Loch saugend, in Mehrzahl. Luisenburg im Fichtelgebirge 26/7 73. (1) *B. muscorum* L. (agrorum F.) ♀ sgd. 6/73, N. B. 9) *B. silvarum* L. ♀ sgd., daselbst. (3) *B. terrestris* ☿, ebenso wie B. lapidarius verfahrend, in Mehrzahl. Luisenburg 26/7 73. Dagegen sah ich bei Wöllershof in der bair. Oberpfalz 23/7 73 ein Exemplar derselben Hummel an drei Blüthen desselben Blüthenstandes von Melampyrum pratense nach einander den Rüssel möglichst tief in die Blumenöffnung stecken, sodann ihn einigemale ein- und ausziehen und putzen und darauf weit weg fliegen.

520. *Melampyrum arvense* L. zeigt von M. pratense, mit der es im ganzen im Bestäubungsmechanismus übereinstimmt, folgende bemerkenswerthe Abweichungen:

1) Seine Blüthenstände sind viel augenfälliger, indem die Blüthendeckblätter und der hervorragende Theil der Blumenröhren verwaschen purpurroth, ein grosser Fleck am vorderen, unteren, erweiterten Theile der Blumenröhren lebhaft gelb, Kapuze und Unterlippe dunkel purpurroth gefärbt sind.

2) Die Blumenröhren sind länger (21—22 mm lang), in ihrem untersten Theile (8—9 mm lang) aufrecht, von da ab schräg aufsteigend nach aussen gebogen, also in derselben Weise der bequemsten Stellung der Hummel- oder Bienenrüssel angepasst wie die meisten Labiaten, Trifolium rubens u. a.

3) Die Unterlippe biegt sich aufwärts, legt sich den Rändern der Oberlippe lose an und bildet so einen Verschluss, welcher viele unbefugte kleinere Besucher, die sonst in die Blüthe kriechen und den Honig stehlen könnten, abhält.

Wenn M. arvense, wie es in der Regel der Fall ist, zwischen anderen Pflanzen versteckt wächst, so gleicht ihre erhöhte Augenfälligkeit den Nachtheil des Standortes nur eben aus, und sie wird nicht reichlicher von Insekten besucht, als M. pratense. Wo sie aber an günstigen

Standorten völlig offen wächst, lockt sie eine grosse Mannigfaltigkeit verschiedener Besucher an sich, von denen aber natürlich nur die langrüsseligsten Hummeln den Honig erlangen und als Kreuzungsvermittler dienen.

So sah ich in den heissen sonnigen Mittagsstunden des 9. und 10. Juli 1873 am Südabhange des Remberg bei Mühlberg in Thüringen eine Gruppe frei stehender Exemplare von M. arvense beständig von zahlreichen Insekten umschwärmt, die ab und zu an die Blüthenstände anflogen und vergeblich an denselben umhersuchten, während nur zwei Exemplare von Bombus hortorum L. ♀ (Rüssellänge 21 mm) laut summend mit ausgestrecktem Rüssel von Blüthe zu Blüthe, von Stock zu Stock flogen, rasch und sicher den ihnen allein aufbewahrten Honig einernteten und regelmässig Kreuzung bewirkten. Von den vergeblich angelockten Blumengästen sammelte ich ein:

A. Coleoptera: Malacodermata: 1) *Dasytes subaeneus* Schb. **B. Diptera:** Conopidae: 2) *Physocephala rufipes* F. Muscidae: 3) *Ulidia erythrophtalma* Mgn. **C. Hemiptera:** 4) mehrere unbestimmte Wanzenarten. **D. Hymenoptera:** Apidae: 5) *Prosopis armillata* Nyl. ♂ ♀, zahlreich, besonders die ♂. 6) *Anthophora aestivalis* Pz. (Haworthana K.) ♀ (Rüssellänge 15 mm) versuchte an einer einzigen Blüthe vergeblich den Honig zu erlangen und flog dann weg. Chrysidae: 7) *Hedychrum lucidulum* Latr. ♂. Ichneumonidae: 8) *Foenus spec.* Sphegidae: 10) *Cerceris labiata* F. ♂. 11) *Ceropales histrio* F. Vespidae: 12) *Odynerus minutus* F. **E. Lepidoptera:** Rhopalocera: 13) *Melitaea Athalia* Esp.

Dr. Buddeberg sah bei Nassau 6/73 M. arvense von Bombus muscorum L. ♀ und B. silvarum L. besucht. Nach ihrer 15 mm nicht übersteigenden Rüssellänge zu schliessen, dürften aber beide Hummeln nur vergebliche Saugversuche gemacht haben.

Dem für Sicherung der Fremdbestäubung im Ganzen nicht zureichenden Insektenbesuche entsprechend, krümmt sich, wie bei M. pratense, regelmässig gegen Ende der Blüthezeit der Griffel so weit einwärts, dass seine Narbe unter die nun von selbst sich öffnenden Pollentaschen gelangt und von denselben mit Pollen bestreut wird.

521. *Melampyrum nemorosum* L. besitzt in der
Regel fast noch augenfälligere Blüthenstände als M. arvense; denn das schöne Goldgelb seiner Blumen sticht
von dem Blau der oberen Blüthendeckblätter und dem
dunkeln Grün der übrigen Stengelblätter prächtig ab. Jedoch kommen auch weniger augenfällige Blüthenstände
vor, die wohl als Atavismus zu betrachten sind. Im Walde
bei Kitzingen wächst M. nemorosum in grösster Menge,
theils mit blauen, theils mit weissen, theils auch mit ganz
grünen Blüthendeckblättern.

Die Blumenröhre von M. nemorosum ist fast ebenso
lang als die von M. arvense, nämlich 18—20 mm, aber nur
in den ersten 5 mm ihrer Länge schräg aufwärts gerichtet,
von da ab ziemlich wagerecht auswärts gebogen. Die verschiedene Länge des aufwärtsgerichteten Röhrenstückes
hängt offenbar von der mehr oder weniger aufrechten Lage
der Blüthendeckblätter ab, welche zum freien Hervortreten
der Blüthe ein mehr oder weniger langes aufrechtes Stück
nöthig macht (bei pratense 0, bei nemorosum 5, bei arvense 8—9 mm). Die Unterlippe liegt auch hier oft ziemlich dicht an der Oberlippe an, oft ist aber auch 3—4 mm
Zwischenraum zwischen beiden.

• Die Blüthen von M. nemorosum gehören, wie die von
M. pratense, zu den farbenwechselnden. Das schöne Goldgelb der Unterlippe und des unteren (vorderen) Theiles
der Röhre wandelt sich bei älteren Blüthen in ein bräun-
liches Orangegelb um, welches den einsichtigen Kreuzungsvermittlern (Hummeln) sofort anzeigt, dass aus diesen
Blüthen nichts mehr zu holen ist und ihnen so das nutzlose Besuchen derselben erspart. Dieser Zeitgewinn der
Kreuzungsvermittler kommt natürlich der Pflanze selbst zu
gute, da ihr nun in gleicher Zeit mehr kreuzungsvermittelnde Besuche zutheil werden. Gleichzeitig mit dem
Farbenwechsel neigt sich die Blume tiefer abwärts und
erleidet dadurch nun, wenn sie nicht vorher gekreuzt
wurde, spontane Selbstbestäubung. Besucher:

A. **Coleoptera:** Malacodermata: 1) *Dasytes spec.*, in die
Blüthen kriechend: Wö. 22/7 73. B. **Hymenoptera:** A p i d a e: 2)
Apis mellifica L. ⚥, durch Einbruch sgd., Kitzingen 17/7 73. 3)

Bombus lapidarius L. ♀ ☿, saugen durch ein Loch, welches sie einige mm über dem Kelchrande in die obere Kante der Blumenkrone beissen. Wö. 22/7 73. 4) *B. hortorum* L. ☿, normal sgd.! Kitzingen, 17/7 73; Wö. 22/7 73. 5) *B. muscorum* L. (agrorum F.) ☿, durch Einbruch sgd., wie B. lapidarius. Wö. 22/7 73. 6) *B. pratorum* L. ♀ ♂, durch Einbruch sgd., Fichtelgeb. 27/7 73. 8) *B. terrestris* L. ♀ ☿, durch Einbruch sgd., auch Psd., häufig. Kitzingen, 17/7 73; ♂ durch Einbruch sgd. Fichtelgeb. 27/7 73. 9) *Psithyrus rupestris* F. ♀. durch Einbruch sgd., daselbst. **C. Lepidoptera:** Rhopalocera: 10) *Leucophasia sinapis* L., vergeblich zu saugen versuchend. Wö. 22/7 73. 11) *Melitaea Athalia* Rott., desgl. Kitzingen, 17/7 73. Sphingidae: 12) *Zygaena meliloti* Esp., desgl., daselbst. **D. Thysanoptera:** 13) *Thrips*, sehr zahlreich in den Blüthen. Thür. 10/7 73; Wö. 22/7 73.

522. *Melampyrum cristatum* L. hat im Wesentlichen dieselbe Bestäubungseinrichtung, wie die drei vorher besprochenen Arten; ihre Blumenkronenröhren sind zwar noch merklich kürzer, als bei M. pratense; trotzdem erfordern sie aber zum normalen Ausbeuten des Honigs einen mindestens ebenso langen Rüssel als dieses. Denn die Röhren der Blumen, die, den scharf vierkantig gestellten Brakteen entsprechend, vierzeilig geordnet sind, steigen mit ihrem 5—6 mm langen untersten Theile zwischen den scharf gefalteten Brakteen gerade in die Höhe, biegen sich dann plötzlich in wagerechte Richtung um und verlaufen in derselben noch 7—7½ mm weiter. In ihrem wagerechten Verlaufe erweitern sie sich dann von kaum 1 mm Breite und etwas über 1 mm Höhe nur bis zu 2 mm Breite und 4 mm Höhe, und am Ende der Röhre drückt sich die Unterlippe ziemlich dicht an die kapuzenförmige Oberlippe an. Ein Hummelkopf kann daher höchstens mit seinem vordersten Theile in den erweiterten Eingang der Blumenkrone eindringen; sein Rüssel muss daher wenigstens 12 mm lang sein, um den im Grunde der Röhre sitzenden Honig auszusaugen. Besucher (im Walde bei Kitzingen, 17/7 73):

A. Hymenoptera: Apidae: 1) *Bombus lapidarius* L. ♀ (12—14 mm) normal sgd.! **B. Lepidoptera:** Rhopalocera: 2) *Melitaea Athalia* Rott; vergeblich zu saugen versuchend.

523. *Melampyrum silvaticum* L. (Fig. 104—108). Bei dieser kleinblumigsten unserer Melampyrumarten ist,

wie öfters bei den kleinblumigsten Arten bienenblüthiger
Gattungen oder Familien, die Blütheneinrichtung viel ein-
facher; von dem zierlichen Bestäubungsmechanismus des
M. arvense (H. M., Befr. S. 297 Fig. 109) ist hier nichts
zu finden. Die Blumenkrone besteht aus einer Röhre, die,
mit etwas über 1 mm Weite, auf eine Länge von etwa
3 mm schräg auswärts aufsteigt, sich dann in wagerechte
Richtung umbiegt und allseitig sich erweiternd noch 5 mm
weit in dieser Richtung verläuft, ehe sie sich in die ein
breites Wetterdach bildende und mit breitem, von herab-
hängenden Fäden zottigem Rande umsäumte Oberlippe und
in die eine dreilappige Anflugsfläche bildende Unterlippe
spaltet. Die von der Basis der Unterlippe und dem Rande
der Oberlippe umrahmte Blumenöffnung ist weder durch
Einfaltung der Seitenwände, noch durch Anlegen der Unterlippe an die Oberlippe, noch durch eine Einschnürung
der letzteren hinter dem umgeschlagenen zottigen Saume
merklich verengt; sie hat daher 3 mm Breite und eben so
viel Höhe. Die Staubfäden verlaufen dicht an der Aussenwand der Blumenkronenröhre und biegen sich unter der
Oberlippe so nach innen zusammen (Fig. 108), dass alle
vier Staubgefässe, die aufspringende Seite nach unten gerichtet, dicht hinter dem zottigen Oberlippensaume aufsteigend neben einander liegen (Fig. 107). Der Griffel
verläuft, der hinteren Kante der Blumenkrone folgend,
zwischen den Staubfäden, dann hinter den Staubbeuteln,
und biegt sich mit seinem Ende unter der Mittellinie der
Oberlippe nach vorn und unten bis in den obersten Theil
des Blütheneinganges. Ein in den Blütheneingang ge-
steckter Insektenrüssel streift daher jedesmal zuerst die
Narbe, dann die pollenbedeckte Seite der Staubbeutel.
Diese enthalten Pollen, der weniger trocken und pulverig
ist als bei M. arvense und daher, nachdem sich die Taschen
geöffnet haben, längere Zeit an deren Unterseite haften
bleibt. Die Taschen sind am Rande mit weitläufig stehenden Härchen besetzt, die wohl nur als nutzlos gewordenes Erbstück betrachtet werden können — von Stammeltern her, bei denen die gegen einander gelegten Pollentaschen durch ineinander gefilzte Haare geschlossen waren,

wie bei *M. pratense*. Ein besonderes Nektarium ist nicht
vorhanden; Honig scheint nur in sehr spärlicher Menge
vom untersten Theile des Fruchtknotens abgesondert zu
werden. Die Innenwand des wagerecht nach aussen gebogenen Theils der Blumenkrone ist mit Härchen besetzt,
die vielleicht als Rudimente einer Saftdecke zu deu-
ten sind.

Mit dem Verwelken der Blumenkrone biegt sich das
narbentragende Griffelende einwärts, so dass die Narbe
nun unter die Antheren zu liegen kommt und mit Pollen
derselben behaftet wird. Besucher:

Hymenoptera: Apidae: 1) *Bombus senilis* Sm. ♀ sgd. 8/7
73, N. B. Vespidae: 2) *Vespa rufa* L. ☿, an mehreren Blüthen.
Wö. 22/7 73.

————————

Die Blumenfarbe ist bei unseren Melampyrumarten
gelb, bei silvaticum ausnahmsweise weiss. Nur bei denjenigen Melampyrumarten, welche den langrüsseligsten
Kreuzungsvermittlern angepasst sind (M. arvense und nemorosum), treten Roth und Blau als Anlockungsfarben
(der Blüthendeckblätter) hinzu.

(255.) *Pedicularis silvatica* L. (S. 299). Während
ich früher *Bombus terrestris* ♀ an *P. silvatica* immer nur
die Blumenkrone dicht über dem Kelche mit den Oberkiefern anbeissen und durch ein gebissenes Loch den
Rüssel stecken gesehen hatte, traf ich am 17/5 73 ein
Exemplar derselben Hummel andauernd beschäftigt, die
Blüthen auf eine Seite umzulegen und dann die breite
Seitenfläche der Blumenkronenröhre etwas über dem Kelche
mit den zusammengelegten Kieferladen anzubohren. Zahlreiche Blüthen, welche ich abpflückte, waren sämmtlich in
gleicher Weise an der linken Seite angebohrt. Es über-
raschte mich anfangs, keine einzige auf der rechten Seite
angebohrte Blüthe anzutreffen, aber bei näherer Betrach-
tung fand ich, dass die Hummel ganz zweckmässig ver-
fährt. Denn da die Unterlippe schräg von rechts nach
links abwärts geneigt ist, so hat es die Hummel leichter,
die ganze Blüthe so umzulegen, dass die linke Seite oben
zu liegen kommt, als umgekehrt.

Verbenaceae. S. 306.

524. *Verbena officinalis* L. (Fig. 109—112). Der Honig wird von der Unterlage des Fruchtknotens (n, Fig. 111) abgesondert und im untersten Theile der 3 mm langen Blumenkronenröhre beherbergt. Diese ist in ihrer unteren Hälfte steil schräg aufwärts gerichtet, biegt sich aber in ihrer oberen Hälfte in wagerechte Richtung um und entspricht in dieser Krümmung nicht nur der den saugenden Bienen bequemsten Stellung ihrer Rüssel, sondern schützt auch die Befruchtungsorgane und den Nektar gegen Regen; überdies versetzt, nach Sprengels Deutung (S. 57), die schräg aufwärts gehende Richtung des Kelchs zur Fruchtzeit die von ihm grösstentheils fest umschlossenen und der Aussäung durch starken Wind angepassten Samenkörner in die für diese Aussäung geeignetste Lage.

Wird der Regen schon durch die Biegung der Blumenkronenröhre erfolgreich vom Innern derselben abgehalten, so gibt diese doch gegen kleine Fliegen und andere nutzlose Gäste, die zum Honige kriechen könnten, noch keinen Schutz. Diesen gewährt aber ein Ring nach vorne zusammen neigender Haare, der ziemlich vorn im Blütheneingange (s d Fig. 110. 112.) die in ihrer oberen Hälfte etwas platt gedrückte Blumenröhre fast vollständig verschliesst. Ein Stück vor dem Haarringe theilt sich dieselbe in fünf schwach auseinandergebreitete, blass violette Saumlappen, die eine augenfällige Fläche von etwa 3 mm Höhe und 4 mm Breite darbieten, hinreichend, wie die Beobachtung zeigt, um die als Kreuzungsvermittler dienenden kleinen Bienen herbeizulocken; auch bietet diesen der am weitesten vorgestreckte, schräg abwärts geneigte untere Saumlappen einen bequemen Halteplatz dar. Stecken nun diese Bienchen, um den Honig zu erlangen, ihren Rüssel in die Blumenkronenröhre, so streift derselbe zuerst zwischen den Antheren hindurch, dann an der papillösen Fläche des breiten unteren Narbenlappens entlang, ehe er den honigführenden Blüthengrund erreicht. Da aber die Antheren mit ihren Rissen, aus denen der

Pollen hervorquillt, schräg abwärts nach dem Blüthengrunde zu gerichtet sind (Fig. 112), so wird der Rüssel,
während er sich einwärts bewegt, nicht oder nur wenig
von Pollen behaftet; viel mehr dreht er die Staubbeutel
noch etwas mehr mit ihren offen gesprungenen Seiten nach
dem Blüthengrunde zu. Beim Zurückziehen des Rüssels
aber erfolgt, da die Röhre so eng ist, dass ein Bienenrüssel nicht ohne Reibung zwischen den Antheren hindurch kann, eine entgegengesetzte Drehung derselben; sie
reiben ihre pollenbehaftete Seite am Rüssel und behaften
denselben mit Pollen, um so leichter, als seine Spitze mit
Honig benetzt ist. In der nächst besuchten Blüthe wird
dieser Pollen, zum Theil wenigstens, an der Narbe abgestreift.

Wenn vier Antheren vorhanden sind (was bei allen
den sehr zahlreichen von mir untersuchten Lippstädter
Exemplaren der Fall war), so liegen die beiden unteren
der Narbe so nahe, dass der aus ihren Rissen hervorquellende Pollen zum Theile von selbst auf die Narbe gelangt, also spontane Selbstbestäubung bewirkt. Diese
scheint, nach der fast ausnahmslosen Fruchtbarkeit der
nur spärlich besuchten Blüthen zu schliessen, von vollem
Erfolg zu sein.

Nach den Angaben der Floristen sind sonst in den
Blüthen von Verbena officinalis sehr gewöhnlich nur zwei
Antheren entwickelt; ich finde aber nirgends angegeben,
ob dies die beiden unteren, dicht über der Narbe stehenden oder die beiden oberen, weiter von derselben entfernt
stehenden sind. Im ersteren Falle würden die Blumen
ihre ausschliesslich der Kreuzung dienenden Antheren verloren und die zugleich spontaner Selbstbefruchtung dienenden behalten, sich also noch mehr auf spontane Selbstbefruchtung eingerichtet haben, was durch ungünstigere
Lebensbedingungen und durch dieselben herbeigeführten
spärlicheren Insektenbesuch bedingt sein könnte. Im letzteren Falle degegen hätten die Blumen auf spontane Selbstbefruchtung verzichtet, was mit Bestimmtheit auf reichlicheren Besuch der Kreuzungsvermittler hinweisen würde.
Es ist somit wohl der Mühe werth, den Thatbestand in

Bezug auf die diandrischen Blüthen von Verbena officinalis festzustellen. Besucher (16/7 73, N. B.):

Hymenoptera: Apidae: 1) *Halictus flavipes* K. ♂ sgd. 2) *H. lugubris* K. ♂ sgd. 3) *H. nitidus* Schenck ♀ sgd. 4) *H. quadricinctus* K. ♀ sgd.

Labiatae. S. 306.

(256.) *Teucrium Scorodonia* L. Die honigreichen Blumen werden von den Hummeln mit besonderer Vorliebe besucht, und der Vortheil der einerseitswendigen Blüthenstände springt sofort in die Augen, wenn man diese andauernd und stet an ihnen saugenden Kreuzungsvermittler in ihrer Thätigkeit beobachtet. Denn mit grösster Regelmässigkeit gehen sie an denselben von unten aufwärts, ohne eine einzige Blüthe zu überspringen, was bei allerseitswendigen Labiatenblüthenständen ganz gewöhnlich ist. Weitere Besucher:

Hymenoptera: Apidae: (4) *Anthophora quadrimaculata* Pz. ♂ sgd. 12/7 73, N. B. (3) *Bombus hypnorum* L. ☿ sgd. 26/7 81, Sauerland (links am Wege von den Bruchhauser Steinen nach Station Brilon-Corbach). 7) *B. lapidarius* L. ☿ sgd., daselbst; desgl. 12/7 73, N. B. (2) *B. muscorum* L. (agrorum F.) ☿ ♀ sgd., sehr häufig, Lippstadt, Sauerland, N. B. (1) *B. pratorum* L. ☿ sgd., häufig. 26/7 81, Sauerland. 8) *B. senilis* Sm. ☿ sgd., daselbst. 9) *B. silvarum* L. ♂ sgd. 12/7 73, N. D. 10) *Halictus morio* F., in die Blüthen kriechend, daselbst. 11) *Osmia aurulenta* Pz. ♀ sgd., daselbst. 12) *Psithyrus Barbutellus* K. ♂ sgd., in Mehrzahl (3 Exemplare eingefangen) 13/7 72, Lippstadt.

525. *Teucrium Scordium* L. Die Blumenkronenröhre ist nur 4 mm lang und von dem eben so langen Kelche ganz umschlossen. Aus demselben stehen nur hervor: die als Anflugfläche dienende, 7—8 mm lange, schräg nach unten gerichtete Unterlippe, die als Führung des Bienenrüssels und -kopfes dienenden, 3 mm langen, spitzen Seitenlappen und die schräg aufwärts gerichteten Staubgefässe nebst dem Griffel, letztere 3—4 mm weit hervorragend. Die Blüthe ist eben so ausgeprägt proterandrisch wie bei T. Scorodonia (H. M., Befruchtung S. 306), und

die Befruchtungsorgane haben anfangs dieselbe gegenseitige Stellung; aber die Staubgefässe biegen sich im zweiten Entwickelungsstadium viel weniger weit zurück, so wenig, dass die Staubbeutel senkrecht über der sich etwas nach unten biegenden Narbe verbleiben und die Möglichkeit spontaner Selbstbestäubung durch auf die Narbe herabfallenden Blüthenstaub darbieten.

Der in gleicher Weise wie bei T. Scorodonia abgesonderte Honig ist hiernach schon Insekten mit nur 4 mm langem Rüssel zugänglich; von der Honigbiene, die den Honig von T. Scorodonia nicht erreichen kann, wird er daher gerade vorzugsweise ausgebeutet. Ausser ihr sah ich nur noch Saropoda bimaculata Pz. an Blüthen von T. Scordium saugen. Die Honigbiene sah ich bisweilen zwischen T. Scordium und Mentha aquatica abwechseln. Besucher also:

Hymenoptera: Apidae: 1) *Apis mellifica* L. ⚥ sgd. 2) *Saropoda bimaculata* Pz. sgd.

526. *Teucrium Botrys* L. Besucher (Mühlberg in Thüringen 8/7 72):

Hymenoptera: Apidae: 1) *Anthidium manicatum* L. ♂ sgd. 2) *A. punctatum* Latr. ♂ sgd.

(257.) *Ajuga reptans* L. (S. 307). Weitere Besucher:

A. Diptera: Bombylidae: 24) *Bombylius spec.* sgd. 28/5 76, N. B. Syrphidae: 25) *Eristalis tenax* L. Pfd. 5/75. Jena, H. M. 26) *Syrphus balteatus* De G. Pfd., daselbst. **B. Hymenoptera:** Apidae: 27) *Anthophora aestivalis* Pz. ♂ sgd., ♀ sgd. und Psd.; daselbst. (8) *Bombus hortorum* L. ♀ sgd. u. Psd., daselbst; ♀ sgd., Lippstadt. Sie arbeitet viel rascher als B. terrestris. An noch nicht besuchten Stöcken geht sie erst am Blüthenstande aufwärts von Blüthe zu Blüthe; dann sucht sie aber auch noch abwärts gehend etwa übersehene Blüthen[1]) auf, so dass kaum eine Blüthe unbesucht bleibt. (2) *B. lapidarius* L. ♀ sgd. 5/75, Jena, H. M. (3) *B.*

----

1) An den einerseitswendigen Blüthenständen von Teucrium Scorodonia bleibt auch bei den Besuchen kurzrüsseligerer, weniger einsichtiger Hummeln kaum eine Blüthe unbesucht. Dieser Unterschied lässt den Vortheil einerseitswendiger Blüthenstände klar in die Augen springen.

muscorum L. (agrorum F.) ♀ sgd., daselbst. (6) *B. pratorum* L. ♀ sgd. und Psd., daselbst. 28) *B. terrestris* L. ♀, normal, sgd. 22/5 72, Lippstadt. 29) *Crocisa scutellaris* Pz. ♂ ♀ sgd. 5/75, Jena, H. M. 30) *Eucera longicornis* L. ♂ sgd., ♀ sgd. und Psd., daselbst. (11) *Osmia aenea* L. ♂ sgd., daselbst. 31) *O. aurulenta* Pz. ♂ ♀ sgd., daselbst. 32) *O. fulviventris* Pz. ♂ sgd., daselbst. **O. Lepidoptera**: Noctuidae: 33) *Plusia gamma* L., an mehreren Stöcken, an demselben Blüthenstande sechs oder sieben Blüthen nach einander saugend, indem sie von unten aufsteigt. 22/5 72,.Lippstadt. Rhopalocera: 34) *Coenonympha Pamphilus* L. sgd., daselbst. 35) *Nisoniades Tages* L. sgd. 26/5 76, N. B.

(258.) *Ballota nigra* L. S. 308. Weitere Besucher (10. bis 23. Juli 73, N. B.):

A. Diptera: Bombylidae: 22) *Bombylius spec.* sgd. Syrphidae: 23) *Rhingia rostrata* L. sgd. **B. Hymenoptera**: Apidae: (13) *Anthidium manicatum* L. ♀ ♂ sgd. 10/7 73, häufig. 24) *A. punctatum* Latr. ♂ sgd. 10/7 73. (9) *Anthophora furcata* Pz. ♀ sgd. (8) *A. quadrimaculata* Pz. ♀ ♂ sgd. 25) *B. senilis* Sm. ♀ sgd. (3) *B. silvarum* L. ♀ sgd. 26) *B. tristis* Seidl. ♀ sgd. 27) *Crocisa scutellaris* Pz. ♀ sgd., 22/7 73. 28) *Megachile argentata* F. ♀ sgd. (14) *M. fasciata* Sm. ♂ sgd. 10/7 73. 29) *M. lagopoda* K. ♂ sgd. 5. bis 11/7 73, N. B.; desgl. 24/7 73 bei Parkstein in der bair. Oberpfalz von mir selbst beobachtet. 30) *Osmia adunca* Latr. ♀ ♂ sgd. (11) *O. aenea* L. ♀ sgd. (10) *O. aurulenta* Pz. ♀ sgd. 31) *Rhophites quinquespinosus* Spin. ♂ sgd., in Mehrzahl, 23/7 73. 32) *Saropoda bimaculata* Pz. ♀ ♂ sgd., häufig.

(259.) *Lamium album* L. S 309. Weitere Besucher:

Diptera: Syrphidae: (17) *Rhingia rostrata* L. sgd. und Pfd. 15/5 72, Lippstadt. Um Pollen zu fressen, hält sie sich mit den beiden Hinterbeinen auf der Oberseite der Oberlippe fest, während sie übrigens sich umgekehrt auf die Unterseite derselben stellt. Beim Versuche zu saugen gleitet sie oft rechts oder links neben der Basis der Unterlippe vorbei. **Hymenoptera**: Apidae: 18) *Anthidium manicatum* L. ♀ ♂ sgd. 6/76, Strassburg, H. M. 19) *Anthophora personata* Ill. ♀ ♂ sgd., daselbst. (1) *Bombus muscorum* L. (agrorum F.) ♀ sgd., daselbst. 20) *Xylocopa violacea* F. ♀ ♂, saugend, daselbst.

(260.) *Lamium maculatum* L. (S. 311). Weitere Besucher:

Hymenoptera: Apidae: 6) *Anthophora aestivalis* Pz. ♀ sgd. und Psd. häufig. 5/75, Jena, H. M. 7) *A. pilipes* F. ♀ ♂ sgd. 14/4 73, Thüringen. Ich sah auch ein Exemplar, nachdem es an einer Blüthe gesaugt hatte und weggeflogen war, unmittelbar darauf zu derselben Blüthe zurückkehren. 8) *Apis mellifica* L. ☿ Pzd., indem sie von oben kommt und sich an der Oberlippe festhält, daselbst. 9) *Halictus lugubris* K. ♀, in die Blüthe kriechend, 6/73, N. B.

(261.) *Lamium purpureum* L. S. 312. Weitere Besucher:

A. **Hemiptera**: 12) *Pyrocoris aptera* L. An einem Stocke von Lamium purpureum sah ich 3 Exemplare dieser Wanze beschäftigt, mit hervorgestrecktem Rüssel an der Aussenseite der Blüthe herumzusuchen. Ein Exemplar fand den Blütheneingang, drängte sich, soweit sie konnte, in denselben hinein und bemühte sich längere Zeit mit ausgestrecktem Rüssel, Ausbeute zu erlangen. Ob sie irgend welchen Erfolg hatte, konnte ich nicht sehen. Nach längerem Abmühen im Innern suchte sie wieder vergeblich aussen an der Blüthe herum. B. **Hymenoptera**: Apidae: (2) *Anthophora pilipes* F. ♂ ♀ sgd., bei Lippstadt, Nassau (B) und in Thüringen, überall ein häufiger Besucher dieser Pflanze, bisweilen auch ♀ Psd. (3) *Bombus hortorum* L. ♀ sgd. 10/4 77. 13) *B. lapidarius* L. ♀ sgd. 10/4 77. (5) *B. muscorum* L. (agrorum F.) ♀ sgd. 10'4 77. (4) *B. pratorum* L. ♀ sgd. 1/4 73. 14) *B. Rajellus* Ill. ♀ sgd. 18/5 73. 15) *B. terrestris* L. ♀, normal. sgd. 10'4 77, Lippstadt. Einen Monat später (12/5 77) sah ich bei Stift Cappel (½ Stunde von Lippstadt) sehr wiederholt *B. terrestris* ♀ die Blumenkroncnröhren von Lamium purpureum anbohren und den Honig durch das gebohrte Loch saugen. 16) *Chelostoma florisomne* L. ♀ sgd. 16|6 73, N. B. 17) *Eucera longicornis* L. ♂ sgd. 21|4 73, N. B. '(6) *Melecta armata* Pz. ♂ sgd., 2 Exemplare. 14|4 73, Thür.; ♀ ♂ sgd. 21|4 73, N. B. 18) *Osmia adunca* F. ♂, flüchtig sgd. 6|73, N. B. 19) *O. rufa* ♂ sgd., Lippstadt. C. **Lepidoptera**: Rhopalocera: 20) *Colias rhamni* L., mehrere Blüthen sgd., ohne die Staubgefässe zu berühren, 10|4 77. — Hummeln und grössere Bienen, die Lamium purpureum besucht haben, sind durch die zinnoberroth bestäubte Stirn leicht kenntlich.

527. *Lamium amplexicaule* L. (H. M., Wechselbeziehungen zwischen den Blumen etc. S. 81, Fig. 27).

Die Blumenkroncnröhre der grossen sich öffnenden Blüthen ist in der Regel 10—11, seltener bis 15 mm lang, in den obersten vier Millimetern so erweitert, dass eine Hummel den vorderen Theil ihres Kopfes hineinzwängen kann. Die Entwicklung der Befruchtungsorgane erfolgt gleichzeitig oder nur sehr schwach proterandrisch. Der Griffel hat, wie bei L. album und purpureum seinen oberen Ast über den Antheren liegen, während er seinen an der Spitze mit Narbenpapillen besetzten Ast zwischen den kürzeren Antheren hindurch nach unten streckt. Nicht selten erfolgt schon sehr bald nach dem Aufblühen spontane Selbstbestäubung. Befruchter (Lippstadt 20. 21/4 77):

Hymenoptera: Apidae: 1) *Anthophora pilipes* F. ♂ ♀ sgd. 2) *Melecta armata* Pz. sgd.

528. *Leonurus Cardiaca* L. (Sprengel S. 310, Taf. XVI, Fig. 27). (Besucher in der bairischen Oberpfalz 21—24/7 73):

Hymenoptera: Apidae: 1) *Apis mellifica* L. ☿ sgd., häufig. 2) *Bombus muscorum* L. (agrorum F.) ☿ sgd., häufig. 3) *B. pratorum* L. ☿ sgd., in Mehrzahl. 4) *B. tristis* Seidl ☿, desgl.

(263.) *Galeobdolon luteum* L. S. 313. Weitere Besucher:

Diptera: Syrphidae: 8) *Rhingia rostrata* L. sgd. 25|5 73, N. B. **Hymenoptera:** Apidae: 9) *Anthophora personata* Ill. ♀ sgd. 6|76, Strassburg H. M. 20) *Xylocopa violacea* L. ♂, daselbst.

(264.) *Galeopsis Tetrahit* L. (S. 313). Weitere Besucher:

A. Hymenoptera: Apidae: 7) *Bombus hortorum* L. ♀ sgd., in Mehrzahl. 11|8 73, Lippstadt. (1) *B. muscorum* L. (agrorum F.) ♀ sgd. 12,8 73. (2) *B. silvarum* L. ☿ sgd., desgl. **B. Lepidoptera:** Rhopalocera: 8) *Pieris rapae* L. sgd., in Mehrzahl. Wö., 12|7 73.

(265.) *Galeopsis ochroleuca* Lam. (S. 314). Weitere Besucher:

Hymenoptera: Apidae: (1) *Bombus muscorum* L. (agrorum F.) ♀ andauernd normal sgd., in Mehrzahl. 13|9 73, Lippstadt. 2) B. hortorum L. ♀, desgl. einzeln, daselbst. 3) *Rhophites quinquespinosus* Spin. ♂, ganz in die Blüthe kriechend, um zu saugen. 16|7 75, N. B.

(266.) *Galeopsis Ladanum* L. (S. 315). Weitere Besucher:

A. Diptera: Bombylidae: 6) *Bombylius canescens* Mik. sgd. N. B. **B. Hymenoptera:** Apidae: (3) *Bombus silvarum* L. ♀ sgd., daselbst. **C. Lepidoptera:** Rhopalocera: 6) *Pieris brassicae* L. sgd., daselbst.

(267.) *Stachys silvatica* L. (S. 315). Weitere Besucher:

Hymenoptera: Apidae: (1) *Anthidium manicatum* L. ♀ ♂ sgd., häufig. 5|7 73, N. B.

(268.) *Stachys palustris* L. (S. 316.) Weitere Besucher:

Hymenoptera: Apidae: (2) *Bombus muscorum* L. (agrorum F.) ♀ sgd., in Mehrzahl. 24|7 73, Wö. 9) *B. tristis* Seid l. ♀ sgd. 7|73, N. B. 10) *Saropoda bimaculata* Pz. sgd., häufig. 23|7 73, N. B.

529. *Stachys recta* L. (Fig. 113—115) Thüringen, Juli 1873. Die Blumenfarbe ist gelblich weiss. Der von der dickangeschwollenen, fleischigen Unterlage des Fruchtknotens in reichlicher Menge abgesonderte Honig wird im Grunde einer nur 7—8 mm langen Röhre beherbergt, die mit ihrem unteren Theile schräg aufwärts gerichtet ist, mit ihrem oberen, erweiterten Theile sich etwas auswärts biegt und so gerade der bequemsten Stellung der Bienenrüssel entspricht. Als Wetterdach gegen Regen dient nicht bloss den Befruchtungsorganen, sondern auch dem Nektar die gewölbte Oberlippe, als Schutzmittel des Nektars gegen Fliegen ein Kranz steifer, schräg aufrechter Haare im Innern der Blumenkronenröhre, 2—3 mm über ihrem Grunde. Als Saftmal dienen zwei purpurfarbene Längsstreifen an den Rändern der Oberlippe zu beiden Seiten des Blütheneinganges und mehrere Reihen purpurner Flecken, die von der Unterlippe in den Blütheneingang führen. Rasches und bequemes Einführen der Bienenrüssel wird durch Erweiterung des Blütheneinganges und durch eine tiefe gerundete Rinne längs der Mittellinie der Basis der Unterlippe begünstigt, während zugleich der schräg abfallende mittlere Lappen der Unterlippe den Bienen eine bequeme Anflug- und Standfläche gewährt, und die Einschnitte zwischen den seitlichen und dem mittleren Lappen den Krallen ihrer Beine während des Saugens sich festzuhalten gestatten.

Fremdbestäubung ist bei eintretendem Besuche der Kreuzungsvermittler durch ausgeprägte Proterandrie völlig gesichert. Wenn die Blüthe sich geöffnet hat (Fig. 114), so entwickeln sich zuerst die beiden kürzeren Staubgefässe zur Reife und stehen, ihre pollenbedeckten Seiten nach unten gekehrt, mitten unter der Oberlippe, der Berührung des Rückens besuchender Bienen ausgesetzt,

während die längeren Staubgefässe und der Griffel noch
nicht völlig entwickelt unter dem gewölbten Wetterdach
liegen. Dann treten, während die Filamente der kürzeren
Staubgefässe verschrumpfen und sich nach aussen oder
unten biegen, die längeren an ihre Stelle; erst wenn auch
diese verblüht und durch Verschrumpfen ihrer Staubfäden
von dem Schauplatze ihrer Thätigkeit entfernt sind, tritt
an ihren Platz der Griffel, der nun seine beiden Narbenäste völlig auseinanderspreizt. Besucher (Thüring. 7/7 73):
Hymenoptera: Apidae: 1) *Apis mellifica* L. ♀ sgd. 2) *Megachile centuncularis* L. ♂ sgd.

(269.) *Betonica officinalis* L. (S. 316.) Weitere
Besucher:
Hymenoptera: Apidae: 5) *Anthidium manicatum* L. ♀ ♂
sgd. Würzburg 16|7 73. 6) *A. oblongatum* Latr. ♀ ♂ sgd., da-
selbst. 7) *Bombus lapidarius* L. ♀ sgd., daselbst. (1) *B. muscorum*
L. (agrorum F.) ♀ sgd. 17|7 73, Kitzingen. 8) *B. spec.* ♀ (klein,
ganz schwarz) sgd. 16|7 73, Würzburg. 9) *Saropoda bimaculata*
Pz. ♀ ♂ sgd. 24|7 73, Parkstein in der bair. Oberpfalz. Lepi-
doptera: Rhopalocera: 10) *Epinephele Hyperanthus* L. sgd.
17|7 73, Kitzingen. 11) *Hesperia comma* L. sgd., daselbst. 12)
Pieris spec. sgd., daselbst. Sphingidae: 13) *Zygaena meliloti* Esp.
sgd., daselbst.

530. *Marrubium vulgare* L. (Sprengel S. 309,
Tab. XVI, Fig. 33—35). Die Blüthen haben dieselben
Dimensionen und dieselbe Bestäubungseinrichtung wie bei
Verbena officinalis. Wie bei dieser liegen die Staubge-
fässe im Innern der Blumenkronenröhre eingeschlossen;
an deren oberer Seite, zu zwei und zwei hintereinander;
ein wenig unter dem unteren Paare liegt die gleichzeitig
zur Reife entwickelte Narbe. Die Saftdecke, welche den
Honig gegen Musciden, Syrphiden und alle stumpfrüsse-
ligen Dipteren schützt, ist wie bei Verbena aus einem
Ringe von Haaren auf der Innenwand der Blumenkronenröhre gebildet; dieser Haarring liegt aber nicht wie bei
Verbena über den Staubgefässen, sondern unter der Narbe.
Der Honig wird, wie bei allen Labiaten und wie auch bei
Verbena, von der fleischigen Unterlage des Fruchtknotens abgesondert; diese erweitert sich in jedem Einschnitte zwischen je zwei Fruchtknotenabschnitten zu einem

aufsteigenden Lappen. Bienen, welche den Honig saugen, bewirken in derselben Weise wie bei Verbena Kreuzung. Zur Anheftung des Pollens an den aus der Blüthe sich zurückziehenden Rüssel sind aber nach Delpino bei Marrubium an den Antheren noch klebrige Kügelchen vorhanden. Ich habe versäumt, besonders darauf zu achten und daher nichts davon bemerkt. Auch spontane Selbstbestäubung erfolgt in derselben Weise wie bei Verbena.

Da der Dienst, den die Oberlippe sonst bei den Labiaten in der Regel zu leisten hat, nemlich Antheren und Narbe in bestimmter Lage zu halten und (oft) zugleich gegen Regen zu schützen, wegen der eingeschlossenen Lage dieser Theile hier wegfällt, so hat sich dieselbe einem anderen Dienste widmen können: sie richtet sich (wie bei Verbena) mit ihren beiden Lappen gerade in die Höhe und erhöht so etwas die Augenfälligkeit der kleinen Blumen.

Die spitzen, hakig zurückgekrümmten 10 Kelchzähne, welche nach allen Seiten divergirend den oberen Theil der Blumenkronenröhre rings umgeben, können wohl nur als Schutzmittel der Blüthen gegen kleine aufkriechende Insekten gedeutet werden. Besucher bei Mühlberg in Thüringen 13/7 73 und bei Parkstein in der bairischen Oberpfalz 24/7 73:

A. **Coleoptera:** Nitidulidae: 1) *Meligethes spec.* in den Blüthen, Thür. B. **Diptera:** Empidae: 2) *Empis livida* L. sgd., daselbst. C. **Hemiptera:** 3) eine rothe Wanze, sgd.; Parkstein. D. **Hymenoptera:** Apidae: 4) *Anthidium manicatum* L. ♂ sgd., daselbst. 5) *Apis mellifica* L. ☿ sgd., zahlreich; sowohl Thür. als Parkstein. 6) *Coelioxys vectis* Curt. (punctata Lep.) ♀ sgd., Parkstein. 7) *Saropoda bimaculata* Pz. ♂ sgd., daselbst. Chrysidae: 8) *Hedychrum lucidulum* Latr. ♂ daselbst.

(271.) *Prunella vulgaris* L. (S. 318.) (Alpenblumen S. 315.) Weitere Besucher:

A. **Hymenoptera:** Apidae: (1) *Apis mellifica* L. ☿ sgd. Parkstein 24|7 73, Fuchsmühl in der bairischen Oberpfalz 27|7 73. (3) *Bombus lapidarius* L. ☿ ♀ sgd., daselbst. (5) *B. terrestris* L. ♂ sgd. 23|7 73, Wö. 12) *Halictus aeratus* K. ♀ Psd., daselbst. 13) *H. leucopus* K. ♀ Psd. 24|7 73, Parkstein. B. **Lepidoptera:** Rhopalocera: 14) *Lycaena Icarus* Rott. sgd. 21/7 72, Lippstadt. (11)

Melitaea Athalia Esp. sgd. 8|7 72, Thüringen. 15) *Pieris napi*
L. sgd., daselbst.

531. **Prunella grandiflora** Jacq. (Alpenblumen
S. 312, Fig. 123). Besucher im Tieflande (Thüringen
9—13/7 73):

A. **Hymenoptera**: Apidae: 1) *Bombus Proteus* Gerst. ☿ sgd.
2) *B. silvarum* L. ♀ ☿ sgd. 3) *B. tristis* Seidl. ♀ sgd. 4) *Halictus affinis* Schenck ♀, ganz in die Blüthen kriechend. 5) *Osmia
aurulenta* Pz. ♀ sgd. B. **Lepidoptera**: Rhopalocera: 6) *Coenonympha Pamphilus* L. sgd. 7) *Hesperia Silvanus Esp.* sgd. 8)
Lycaena Damon S. V. sgd. Sphingidae: 9) *Zygaena filpendulae*
L. sgd. 10) *Z. lonicerae Esp.* sgd.

532. **Melittis Melissophyllum** L. Gaston Bon-
nier gibt in seiner Arbeit über Nektarien an, diese
Labiate habe verkümmerte Nektarien, sondere keinen
Honig ab und werde nie von Insekten besucht, und führt
diese Angabe als Argument gegen die heutige Blumen-
theorie ins Feld. Mein Sohn hat aber in diesem Sommer
(1881) bei Liegnitz Bombus hortorum L. eifrig und andauernd Honig sgd. an Melittis Melissophyllum beobachtet.

(272.) **Nepeta glechoma** Benth. (Glechoma hede-
racea L.) S. 319. Weitere Besucher:

Hymenoptera: Apidae: (12) *Apis mellifica* L. ☿. Nachdem
ich früher die Honigbiene die grossblumigen Blüthen der Gundel-
rebe selbst anbohren gesehen hatte, fand ich am 17|5 73 ein Exem-
plar der Honigbiene, welches so lange an immer neue Blüthen ging
und die Oberseite der Blumenröhre untersuchte, bis sie ein von
Bombus terrestris gebohrtes oder gebissenes Loch fand, welches sie
dann benutzte. (3) *Bombus lapidarius* L. ♀, grossblumige Blüthen
normal sgd., mit Pollinien von Orchis latifolia am Kopfe. 17|5 73.
Lepidoptera: Rhopalocera: 29) *Pieris rapae* L. sgd., in Mehrzahl,
9|5 72.

Die Stengelblätter der Gundelrebe bleiben bis in den
Herbst hinein frisch und wachsen oft lange nach dem Verblühen noch sehr beträchtlich, so dass sie gegen Ende
September gar nicht selten über 80, ja bisweilen über 100
Millimeter Durchmesser erreichen. Ihren Hauptlebens-
dienst, in die unterirdischen Stengel einen Stärkemehl-
vorrath für die Vegetation des nächsten Frühjahrs zu lie-

fern, leisten sie daher jedenfalls zum grössten Theil erst
nach Ablauf der Blüthezeit.

(273.) *Nepeta nuda* L. Fig. 116—121. (Thüringen
8/7 73.) Die fleischige Unterlage des Fruchtknotens,
welche als Nektarium fungirt (n, Fig. 118), ist fast doppelt so hoch als der Fruchtknoten selbst, und sondert,
ihrer Grösse entsprechend, eine reichliche Menge Honig
ab, welcher die durch die weithin sichtbaren Blüthenstände und den kräftigen Wohlgeruch angelockten Insekten, soweit sie ihn zu erreichen im Stande sind, zu
andauerndem Blüthenbesuche veranlasst. Eine napfförmig
ausgehöhlte, im Umrisse rundliche Unterlippe (Fig. 117)
bietet, indem sie sich weit vorstreckt, den Besuchern bequemen Anflug, und indem sie sich an ihrer Basis plötzlich bis auf eine schmale Brücke zusammenzieht und am
Aussenrande in winkelige Lappen spaltet, den Beinen derselben sichere Haltpunkte dar. Zahlreiche lebhaft pur-
purrothe Flecken unten und zu beiden Seiten des Blütheneinganges heben denselben deutlich hervor, während auf
der Unterlippe selbst die Farbe der Flecken um so ver-
loschener wird, je weiter sie vom Blütheneingange entfernt
stehen. Die Führung des in den Blütheneingang gesteck-
ten Rüssels der Bienen ist ebenfalls eine sehr bequeme
und sichere. Denn während der aufrechte Theil der in
ihrem Grunde den Honig bergenden Blumenröhre bei 3 mm
Länge nur etwa $\frac{1}{2}$ bis $\frac{3}{4}$ mm weit ist, erweitert sich dieselbe in ihrem oberen, dem Bienenrüssel entsprechend nach
aussen gekrümmten Theile, welcher dem aufrechten an
Länge ungefähr gleichkommt, bis zu reichlich 3 mm Höhe
und $1\frac{1}{2}$ mm Breite, und die sich nach aussen breitenden
stumpfen Seitenlappen des Blumenkronensaumes erleichtern die Einführung des Rüssels und Kopfes in den so erweiterten Eingang noch mehr.

Diese vortheilhaften Eigenthümlichkeiten zusammen-
genommen sichern nun der Pflanze einen so reichlichen
Besuch Kreuzung vermittelnder Bienen, dass sie spontane
Selbstbefruchtung wohl gänzlich entbehren kann; in der
That scheint dieselbe auch der Möglichkeit nach verloren
gegangen zu sein.

Wie bei vielen Labiaten bieten sich nemlich zu Anfang der Blüthenzeit nur die Staubbeutel der Berührung der besuchenden Bienen dar (Fig. 116), erst später (Fig. 117) der untere Griffelast. Während aber bei vielen anderen Labiaten der Griffel im Verlaufe des Blühens zwischen den Staubgefässen hindurch nach unten rückt, und daher, wenn diese bei ausbleibendem Insektenbesuche mit Pollen behaftet geblieben sind, die Papillen seines unteren Astes leicht mit denselben bestäubt, wächst hier der Griffel, ohne nach unten zu rücken, über die Staubgefässe hinaus und kommt daher, mögen sie sich nun nach dem Verblühen zur Seite biegen (was oft geschieht) oder nicht, nie mit denselben in Berührung. Wenigstens habe ich an keiner der zahlreichen an der Wandersleber Gleiche in Thüringen von mir ins Auge gefassten Blüthen spontane Selbstbestäubung beobachtet.

Ruhiges Abblühenlassen zahlreicher Exemplare im Zimmer (was ich nicht vorgenommen habe) wäre zur Bestätigung der Unmöglichkeit spontaner Selbstbestäubung immerhin noch erforderlich.

Zu erwähnen sind noch zwei Eigenthümlichkeiten: 1) die geringe Länge der Oberlippe, welche unzureichend ist, den Pollen gegen Regen zu schützen, aber ausreichend, Staubfäden und Griffel so weit nach unten zu halten, dass in jungen Blüthen der Pollen, in älteren die Spitze des unteren Griffelastes von den besuchenden Bienen berührt werden muss. 2) die auf der Basis der Unterlippe und im ganzen Blütheneingange stehenden Haare, welche das Eindringen von Regen in die Blüthe hindern oder erschweren, ein Dienst, der um so wichtiger ist, als weder ein Kranz von Haaren im Innern der Blumenröhre vorhanden ist, noch die Oberlippe ein ausreichend schützendes Wetterdach bildet.

Weitere Besucher (Thüringen, Wandersleber Gleiche 8/7 73):

A. Coleoptera: Mordellidae: 2) *Anaspis frontalis* L. Nitidulidae: 3) *Meligethes spec.*, beide als nutzlose Gäste in den Blüthen. **B. Diptera**: Bombylidae: 4) *Bombylius canescens* Mik. sgd., ohne zu befruchten. **C. Hymenoptera**: Apidae: 5) *Anthidium*

punctatum L. ♂ sgd. 6) *Anthophora quadrimaculata* F. ♂ sgd.
7) *Apis mellifica* L. ♀ sgd., in sehr grosser Zahl. 8) *Bombus muscorum* L. (agrorum F.) ♀ ♀ sgd. 9) *B. pratorum* L. ♀ ♀ sgd.
10) *Halictus malachurus* K. ♀ sgd. 11) *Osmia adunca* Latr. ♂
sgd., in Mehrzahl. 12) *Prosopis communis* Nyl. ♀ einzeln. **D. Lepidoptera**: Rhopalocera: 13) *Epinephele Janira* L. sgd.

533. *Monarda didyma* L. Die Blütheneinrichtung
von Monarda (ciliata?) ist von Léo Errera und Gustav
Gevaert (Sur la structure et les modes de fécondation
des fleurs. Bulletin de la Soc. royale de botanique de
Belgique. t. XVII 1878 p. 128—132) sehr eingehend erörtert und als der Kreuzung durch Schwärmer angepasst
nachgewiesen worden. Monarda didyma sah ich des Abends
(22/7 72) von einer Eule, Plusia gamma L., besucht.

(274.) *Salvia pratensis* L. (S. 321), Fig. 117. (Alpenblumen S. 315, Fig. 124.) Weitere Besucher:
A. Diptera: Bombylidae: 11) *Bombylius canescens* Mik. sgd.
6|7 73, Thüringen. Conopidae: 12) *Dalmannia punctata* F. an
den Blüthen. 8|6 76, N. B. **B. Hymenoptera**: Apidae: 13) *An-
drena spec.*? ♂ sgd. 6|76, Strassburg, H. M. (3) *Anthidium ma-
nicatum* L. ♀ ♂ sgd., daselbst. 14) *Anthophora personata* Ill. ♀
♂ sgd., daselbst. 15) *Bombus muscorum* L. (agrorum F.) ♀ sgd.,
daselbst. 16) *B. pratorum* L. ♀ sgd. Jena 6|75, H. M. 17) *Che-
lostoma nigricorne* Nyl. ♂ sgd. 6|73, N. B.; desgl. 6|76 Strass-
burg, H. M. 18) *Eucera longicornis* L. ♂ sgd. 6|73, N. B. 19)
Halictus villosulus K. ♀ in die Blüthen kriechend, daselbst. 20)
Megachile centuncularis L. ♂ sgd. 6|76 Strassburg, H. M. (4) *M.
fasciata* Sm. ♂ sgd., daselbst. 21) *M. spec.* (mir unbekannt) ♂
sgd., daselbst. 22) *Osmia adunca* Latr. ♂ sgd., daselbst; desgl.
N. B. 23) *O. aenea* L. ♀ sgd. Strassburg, H. M. 24) *Xylocopa
violacea* F. sgd., daselbst.

(275.) *Salvia officinalis* L. S. 323, Fig. 118.
Weitere Besucher:
A. Diptera: Syrphidae: 9) *Melanostoma ambigua* Fall. Pfd.
17|6 73. **B. Hymenoptera**: Apidae: (1) *Apis mellifica* L. ♀ sgd.
6|7 73, Thüringen; Psd. 5|75, Jena H. M. 10) *Bombus hortorum* L.
♀ sgd. 6|7 73, Thüringen; ♀ ♀ sgd. 5|75, Jena H. M. 11) *B.
muscorum* L. ♀ sgd. 7|73, Tekl. Bo.; desgl. Strassburg 6|76, H. M.
12) *B. pratorum* L. ♀ ♀ sgd. 6|7 73, Thüringen. 13) *B. pomorum*
Pz. ♀ sgd. und Psd. 5|75, Jena H. M. 14) *B. Rajellus* Ill. ♀ sgd.
und Psd. daselbst. (7) *Chelostoma campanularum* K. ♂ sgd. 7 73,
Tekl. Bo. 15) *Ch. nigricorne* Nyl. ♂ sgd., daselbst; desgl. 27|6 73,

N. B. 16) *Eucera longicornis* L. ♀ ♂ sgd. 5|75, Jena H. M. 17)
Halictus sexnotatus K. ♀ Psd. (den Pollen der beiden unteren An-
therenhälften mit Mandibeln und Vorderbeinen losarbeitend und
mit den Bürsten der letzteren an die Sammelhaare der Hinterbeine
streifend 21'6 73). (6) *Osmia aenea* L. ♀ sgd. 7|73, Tekl. Bo.; ♀
♂ Psd. und sgd., sehr häufig. 6|76, Strassburg H. M. 18) *O. cae-
mentaria* Gerst. ♂ sgd. 6|73, N. B. (5) *O. rufa* L. ♀ sgd. 27,6
73, N. B. 19) *Psithyrus Barbutellus* K. ♀ sgd. 5|75, Jena H. M.
20) *Xylocopa violacea* F. ♂ sgd., häufig. 6'76, Strassburg H. M.

(276.) *Salvia silvestris* L. S. 325. Weitere Besucher:

Lepidoptera: Rhopalocera: 3) *Pieris napi* L. sgd. 4) *P.
rapae* L. sgd., beide ohne zu befruchten. 6|7 72, Thüringen.

534. *Salvia verticillata* L. (S. 324.) Besucher
[vom 18. Juni bis 11. Juli 1873 bei Nassau] (B u d d e-
b e r g):

Hymenoptera: Apidae: 1) *Apis mellifica* L. ♀ sgd., in grösster
Menge. 2) *Bombus pratorum* L. ♀ sgd. 3) *B. silvarum* L. ♀ ♀
sgd. 4) *B. tristis* Seidl. ♀ sgd. 5) *Coelioxys rufescens* Lep. ♀ ♂
sgd. 6) *Halictus albipes* K. ♂ ♀ sgd., häufig. 7) *H. leucopus* K.
♀ sgd. 8) *H. longulus* Sm. ♂ sgd., häufig. 9) *H. nitidiusculus*
K. ♀ sgd. 10) *H. nitidus* Schenck ♀ sgd. 11) *H. quadristrigatus*
Latr. ♀ sgd. 12) *H. sexnotatus* K. ♀ sgd. 13) *H. xanthopus* K.
♀ sgd., häufig. 14) *Osmia adunca* Latr. ♂ sgd. 15) *O. aenea* L. ♀
sgd. 16) *O. caementaria* Gerst. ♀ sgd. 17) *Prosopis armillata*
N y l. ♂ sgd. 18) *Saropoda bimaculata* Pz. ♂ sgd.

535. *Satureja hortensis* L. Besucher (Lippstadt
6/8 81):

A. Diptera: Syrphidae: 1) *Eristalis sepulcralis* L. sgd. 2)
Helophilus floreus L., desgl. 3) *Syritta pipiens* L. sgd., sehr zahlreich. **B. Hymenoptera**: Apidae: 4) *Apis mellifica* L. ♀, in grosser
Zahl, andauernd sgd. **C. Lepidoptera**: Rhopalocera: 5) *Pieris
rapae* L. sgd.

(279.) *Thymus Serpyllum* L. S. 326. (Alpenblumen S. 322.) Weitere Besucher (im Juli 1873 in Thüringen, bei Wöllershof in der bairischen Oberpfalz und am
Waldstein im Fichtelgebirge von mir, bei Nassau von Dr.
Buddeberg beobachtet):

A. Diptera: Bombylidae: 31) *Anthrax flava* Mgn. sgd.,
Thüringen. 32) *Bombylius canescens* Mik. sgd., Thüringen. 33)
Exoprosopa capucina F., häufig, Thüringen; sehr häufig, Waldstein.
Conopidae: 34) *Physocephala rufipes* F. sgd., Thüringen. (17) *Si-

cus ferrugineus L. sgd., Thüringen. Empidae: 35) *Empis livida*
L. sgd., Thüringen. Muscidae: 36) *Echinomyia fera* L. sgd. Thü-
ringen, Waldstein. 37) *E. ferox* Pz., Waldst. 38) *E. grossa* L.,
häufig, Waldstein. 39) *Gonia capitata* De G. sgd., Thüringen. 40)
Nemoraea rudis Fall. sgd., Waldstein. (22) *Ocyptera brassicariae*
F. sgd., häufig, Thüringen. 41) *Oc. cylindrica* F. sgd., häufig, Thüringen. (23) *Sarcophaga carnaria* L. sgd., sehr häufig, Thüringen.
42) *Ulidia erythrophthalma* Mgn., in grösster Zahl in den Blüthen.
Thüringen. Syrphidae: 43) *Eristalis pertinax* Mgn., sgd. und
Pfd., Waldstein. 44) *Merodon aeneus* Mgn. sgd., Thüringen. Tabanidae: 45) *Chrysops coecutiens* L. ♂ sgd., Thüringen. 46) *Tabanus rusticus* L., höchst zahlreich. Thüringen, Wö. B. Hymenoptera: Apidae: (1) *Apis mellifica* L. ☿ sgd. und Psd., häufig, Thüringen. (2) *Bombus pratorum* L. ♀ ♂ sgd. und Psd. häufig, Waldstein. 47) *B. silvarum* L. ☿ sgd. Thüringen. 48) *Cilissa leporina*
Pz. ♀ ♂ sgd., N. B. 49) *Epeolus variegatus* L. ♀ sgd., N. B.
50) *Halictus cylindricus* K. ♀ sgd., N. B. 51) *H. interruptus* Pz. ♀
sgd., N. B. 52) *H. morio* F. ♀ sgd., N. B. 53) *H. Smeathmanellus*
K. ♀, N. B. 54) *Megachile centuncularis* L. ♂ sgd., N. B. (6)
Nomada germanica Pz. ♀ sgd., Thüringen. 55) *Psithyrus Barbutellus* K. ♂ sgd., Waldstein. 56) *Ps. quadricolor* Lep. ♂ sgd., Wald-.
stein. Ichneumonidae: 57) verschiedene Arten, sgd., Thüringen.
Sphegidae: (8) *Ammophila sabulosa* L. ♀ ♂ sgd., häufig, Thüringen.
58) *Miscus campestris* Latr. ♂ sgd., Thüringen. C. Lepidoptera
(Macrolep.): Noctuidae: 59) *Acontia luctuosa* W. V. sgd. (bei
Tage), Thüringen. Rhopalocera: 60) *Argynnis Niobe* L. sgd.,
Wö. 61) *Lycaena Aegon* S. V. ♂ sgd., Thüringen. 62) *L. Cory-
don* Scop., sgd., Thüringen, häufig. (28) *L. Icarus* Rott. sgd.,
Thüringen, Wö. 63) *Melitaea Athalia* Esp. sgd., Thüringen, Wö.
64) *Pieris napi* L. sgd., Thüringen. 65) *Satyrus* (Coenonympha)
Arcania L. sgd., Thür., Kitzingen. 66) *S.* (Epinephele) *Hyperanthus*
L. sgd., Thüringen, Wö. 67) desgl. *var. Arete* Müll. sgd., Thüring.
(26) *S. Janira* L. sgd., Thüringen. 68) *S.* (Erebia) *Ligea* L. sgd.,
Waldstein. 69) *S.* (Pararge) *Maera* L. sgd., Waldstein. (25) *S.*
(Coenonympha) *Pamphilus* L. sgd., Thüringen. 70) *Thecla ilicis* Esp.
sgd., Thüringen. 71) *Th. Spini S. V.* sgd., Thüringen. (*Microle-
pid.*) Pyralidae: 72) *Botys purpuralis* L. sgd., Thüringen.

(281.) *Origanum vulgare* L. (S. 328.) Weitere Besucher (meist im Juli 73 bei Nassau von Dr. Buddeberg
und bei Kloster Banz von mir beobachtet):
A. Diptera: Bombylidae: 20) *Bombylius canescens* Mik. sgd.,
N. B. Conopidae: 31) *Physocephala rufipes* F. sgd., N. B. Syrphidae: 32) *Eristalis aeneus* Scop. sgd. und Psd., N. B. (9) *E. arbustorum* L. sgd. und Pfd., Kl. Banz. 33) *E. horticola* De G., N. B.

(10) *E. nemorum* L. sgd. u. Pfd. Kl. Banz; oberes Ruhrthal. 34)
E. pertinax Scop., N. B. 35) *E. tenax* L., Kl. Banz, N. B. 36)
Helophilus floreus L. sgd. und Pfd., N. B. 37) *Syrphus pyrastri* L.,
desgl., N. B. 38) *Volucella bombylans* L., desgl. 39) *V. inanis* L.
sgd. und Pfd, Kl. Banz. 40) *V. pellucens* L., desgl. 41) *V. plumata*
L. sgd. und Pfd., N. B. **8. Hymenoptera**: Apidae: (2) *Apis mellifica* L. ☿ sgd., häufig; oberes Ruhrthal 28.7 81. (1) *Bombus terrestris* L. ♂ sgd., Kl. Banz. 42) *Coelioxys rufescens* Lep. ♂ sgd.,
N. B. 43) *Epeolus variegatus* L. ♂ sgd. N. B. (3) *Halictus cylindricus* F. ♀ ♂ sgd., sehr zahlreich. N. B. 44) *H. flavipes* K.
♀ ♂, desgl. 45) *H. quadricinctus* F. (quadristrigatus Latr.) sgd.
N. B. 46) *H. rubicundus* Sm. ♀ desgl. 47) *H. Smeathmanellus* K.
♂ ♀ sgd. N. B. 48) *Nomada Jacobaeae* Pz. ♂ ♀ desgl., häufig.
49) *Osmia aurulenta* Pz. ♀, desgl. 50) *Saropoda bimaculata* Pz. ♀
♂ sgd. N. B. **C. Lepidoptera**: Rhopalocera: 51) *Argynnis Paphia* L. sgd., häufig! Kl. Banz. 52) *Lycaena spec.*, desgl. 53) *Pieris napi* L. desgl. (18) *Satyrus (Epinephele) Janira* L. sgd. N. B.
54) *Vanessa urticae* L. sgd. Oberes Ruhrthal 28|7 81.

(284.) *Mentha aquatica* L. S. 330. Weitere Besucher (die meisten vom 27/8 80 bei Liebenau, Kreis
Schwiebus, die übrigen bei Lippstadt beobachtet):

A. Coleoptera: Cerambycidae: 24) *Leptura testacea* L.; Lieb.
B. Diptera: Muscidae: 25) *Lucilia caesar* L. sgd., sehr zahlreich;
Lieb. (21) *Sarcophaga carnaria* L. sgd., sehr zahlreich; Lieb.
Syrphidae: (11) *Eristalis arbustorum* L. sgd.; Lippst., Lieb. 26)
E. intricarius L. ♀ sgd., häufig; Lieb. 27) *E. pertinax* Scop.
sgd. 13/9 73, Lippst. 28) *Helophilus floreus* L. sgd.; Lieb. 29)
Rhingia rostrata L. sgd.; Lippst. **C. Hymenoptera**: Apidae: 30)
Apis mellifica L. ☿ sgd., häufig; Lippst. **D. Lepidoptera**: Tortri-
cidae: 31) *Tortrix spec.* sgd.; Lieb. **E. Neuroptera**: *Panorpa com-
munis* L. sgd.; Lieb.

536. *Coleus (Blumei Benth.?)* Fig. 122—124.
Bei der in unseren Gärten als Blattpflanze beliebten
Coleusart hat sich (wie Delpino bereits hervorgehoben
hat) die Labiatenblüthe in der Weise umgekehrt, dass sie
in ihrer Bestäubungseinrichtung fast einer Papilionaceen-
blüthe gleicht. Die Oberlippe ist zum Schiffchen geworden, welches die Staubgefässe und den Griffel umschliesst
und sich um seine Basis, den Punkt Fig. 123, mit Leich-
tigkeit abwärts drehen lässt. Der entwickelte Theil des
Nektariums (n, Fig. 122) und ebenso der von ihm abgesonderte Honigtropfen kommt an die Oberseite der Blüthe

zu liegen. Die unteren Lappen des Corollasaumes richten sich als Fahne in die Höhe (f, Fig. 123. 124); dicht unter derselben (bei i, Fig. 124) bietet sich ein bequemer Eingang in die nach vorn erweiterte Blumenkronenröhre und eine Rüsselführung bis zu dem in ihrem Grunde geborgenen Honige dar. Setzt sich nun eine Biene auf das Schiffchen, um den Rüssel in die Eingangsöffnung i hineinzustecken und den Nektar zu saugen, so dreht sich dasselbe nach unten, und erst die Narbe, dann die pollenbedeckten Antheren treten aus ihm hervor und drücken sich gegen die Bauchseite der Biene, so dass sie, wenn sie von Blüthe zu Blüthe, von Stock zu Stock fliegt, regelmässig Kreuzung vermittelt.

(285.) *Lavendula vera* L. S. 330. (Fig. 125, 126 nach Gartenexemplaren in Mühlberg in Thüringen.)

Lavendula vera hat ebenso wie Marrubium vulgare ganz in der Röhre der Corolla eingeschlossene Befruchtungsorgane; ihre Staubbeutel liegen aber nicht wie bei diesem an der oberen, sondern an der unteren Seite der inneren Blumenkronenwand, was übrigens für die Art der Befruchtung wenig ausmacht.

Die Narbenlappen liegen zwar während der ganzen Blüthezeit dicht an einander; gleichwohl scheint die Blüthe ziemlich ausgeprägt proterandrisch zu sein. Denn in jungen Blüthen sind die Staubbeutel schon aufgesprungen und auf der nach oben gekehrten Seite dicht mit Pollen bedeckt; die Narbe aber liegt noch unterhalb der Blüthenmitte und reicht kaum bis in den breiten Ring von Haaren hinein, der, von der Innenwand der Blumenkronenröhre entspringend, gerade in der Mitte derselben eine Saftdecke bildet. In diesem Stadium ist die Narbe noch nicht empfängnissfähig; auch bei reichlichstem Insektenbesuche findet man sie jetzt noch nicht mit Pollen behaftet. Im Laufe des Abblühens der Staubgefässe streckt sich aber der Griffel um reichlich das $1\frac{1}{2}$-fache seiner ursprünglichen Länge und an den Rändern der immer noch zusammenliegenden Narbenlappen bleibt nun leicht Blüthenstaub haften. Bei reichlichem Insektenbesuche sind die Staubbeutel entleert, ehe die Narbe derselben Blüthe empfäng-

nissfähig ist, und dadurch ist Fremdbestäubung in diesem
Falle gesichert; bei ausbleibendem Insektenbesuche erreicht der sich streckende Griffel schliesslich die beiden
unteren Staubbeutel, und die Narbe behaftet sich nun mit
den Pollen derselben. Ob diese spontane Selbstbestäubung
von Erfolg ist, müsste freilich erst durch den Versuch
festgestellt werden.

Lavendula vera zeichnet sich weniger durch eine
grosse Mannichfaltigkeit verschiedenartiger Besucher als
durch die Häufigkeit und Emsigkeit aus, mit welcher ein
ausgewählter Kreis von Bienen immer wieder zu ihren
Blüthen zurückkehrt. Obgleich die Blüthen relativ honig-
reich sind, worauf schon das stark entwickelte Nektarium
(n, Fig. 126) hindeutet, so sind sie doch so klein, dass
diese wirksame Anlockung nicht der Quantität, sondern
lediglich der Qualität des aromatisch duftenden Honigs
zugeschrieben werden muss. Daher befinden sich unter
den Besuchern namentlich zahlreiche Kukuksbienen und
Männchen selbstsammelnder, die ja, da sie kein Larven-
futter einzusammeln brauchen, weit eher Zeit haben, dem
Wohlgeschmacke nachzugehen.

Weitere Besucher (Mühlberg in Thüringen 5. bis 12.
Juli 1873):

A. **Hymenoptera**: Apidae: (7) *Anthidium manicatum* L. ♀ ♂
sgd., häufig, besonders die Männchen. 12) *Apis mellifica* L. ♀ sgd.
in grösster Zahl. 13) *Coelioxys rufescens* Lep. ♀ ♂ sgd., sehr
zahlreich. (4) *Megachile fasciata* Sm. ♀ ♂ sgd., die Männchen
zahlreich. (5) *M. Willughbiella* K. ♂ sgd., in Mehrzahl. 14) *Melecta armata* Pz. ♀ sgd. 15) *Osmia adunca* Latr. ♂ sgd. (2) *O.
aenea* ♀ ♂ sgd., die ♂ zahlreich. 16) *O. bicornis* L. ♀ sgd. 17)
O. fulviventris F. ♀ sgd. (Männchen beider Arten existirten bereits nicht mehr!) **B. Lepidoptera**: (*Macrol.*) Geometridae: 18)
Acidalia virgularia Hbn., Abends sgd. 19) *Thamnonoma Wavaria*
L., desgl. Noctuidae: 20) *Agrotis exclamationis* L., desgl. 21)
A. latens Hbn., desgl. 22) *Plusia gamma* L., desgl. 23) *Pl.* (Abro-
stola) *triplasia* L., desgl. Rhopalocera: 24) *Pieris spec.* sgd. 25)
Satyrus (Epinephele) *Janira* L., sgd. (*Microl.*) Pyralidae: 26)
Botys urticata L., Abends sgd. **C. Thysanoptera**: 27) *Thrips*, häufig
in den Blüthen.

Gentianeae. (S. 332.)

(288.) *Erythraea Centaurium* L. (S. 333.) Weitere Besucher (Mühlberg in Thüringen, 8. bis 13. Juli 1873): **A. Diptera**: Empidae: 4) *Empis livida* L. sgd., dasselbe Exemplar an zahlreichen Blüthen. **B. Hymenoptera**: Apidae: 5) *Andrena aestiva* Sm. ♀ Psd. 6) *A. Gwynana* K. ♀ Psd. 7) *Halictus morio* F. ♀ Psd. **C. Lepidoptera**: Rhopalocera: 8) *Hesperia lineola* O. sgd. 9) *Lycaena Damon* S. V. sgd. 10) *Melitaea Athalia* Esp. sgd. 11) *Pieris rapae* L. sgd. Sphingidae: 12) *Zygaena carniolica* Scop. sgd. Der Aufenthalt aller dieser Falter auf einer einzelnen Blüthe dauert länger als sonst gewöhnlich auf so kleinen Blüthen, und man sieht den Rüssel einzelne Rucke machen. Beides weist darauf hin, dass sie das Gewebe des Blüthengrundes anbohren.

Als dimorph heterostyl sind auf S. 334 meines Werkes über Befruchtung Limnanthemum (Kuhn, bot. Z. 1867 S. 67) und Villarsia (Fritz Müller, Bot. Z. 1868 S. 13) angegeben. Die von meinem Bruder Fritz Müller erwähnte dimorphe Villarsia ist, wie mir derselbe nachträglich brieflich mitgetheilt hat, Limnanthemum Humboldtianum. Da Endlicher Limnanthemum nur als subgenus von Villarsia ansieht, wählte mein Bruder letzteren Namen.

Asclepiadeae. S. 334.

(289.) *Asclepius syriaca* L. Fig. 122. Weitere Besucher (meist im Juli in meinem Garten beobachtet): **A. Diptera**: Empidae: 25) *Empis livida* L. sgd., Pollinien herausziehend. Muscidae: (24) *Lucilia spec.*, desgl. **B. Hymenoptera**: Apidae: 26) *Bombus muscorum* L. (agrorum F.) ♂ sgd. und befruchtend, häufig. 16/7 73, Würzburg. (3) *B. terrestris* L. ♂, desgl.! 27) *Coelioxys conoidea* Ill. ♀ ♂, desgl.! Formicidae: (17) *Myrmica laevinodis* Nyl. ☿, gefangen bleibend. **C. Lepidoptera**: Noctuidae: 28) *Hypena proboscidalis* L. sgd., aber die Pollinien nicht herausziehend. 29) *Plusia gamma* L., desgl., Abends. Sphingidae: 30) *Sesia formiciformis* Esp. ♂ (teste Speyer), desgl. **D. Neuroptera**: *Panorpa communis* L. sgd. und Pollinien herausziehend.

Apocyneae. S. 338.

(290.) *Vinca minor L.* Weitere Besucher:
Hymenoptera: Apidae: 11) *Apis mellifica L.* ⚥, besucht die
Blüthen des Immergrün ziemlich häufig, und es gelingt ihr, indem
sie sich mit aller Gewalt möglichst tief in dieselben hineinzwängt,
in kleineren Blüthen allen, in grösseren einen Theil des Honigs aus-
zubeuten. 12) *B. hypnorum L.* ♀ sgd., einzeln. 13) *B. pratorum*
L. ♀ sgd., in Mehrzahl; auch Tekl. Borgst. 14) *Osmia fusca* Chr.
♀, andauernd sgd.

Oleaceae. S. 339.

(292.) *Syringa vulgaris L.* Weitere Besucher:
Hymenoptera: Apidae: (4) *Apis mellifica L.* ⚥, auch Psd.
Sie hält im Fluge, ohne sich zu setzen, vor verschiedenen Blüthen,
bis sie eine in geoignetem Zustande befindliche trifft, Mai 76. **Lepidoptera**: Rhopalocera: 25) *Vanessa Jo. L.* sgd., wiederholt beobachtet. Sphingidae: (23) *Macroglossa fuciformis L.* (Rüssellänge 18 mm) sgd., am 11/5 75 auch in Lippstadt beobachtet.

537. *Syringa persica L.* zeigt im Realschulgarten
zu Lippstadt zweierlei Blüthen innerhalb desselben Blüthenstandes: in überwiegender Menge grosshüllige, zweigeschlechtige homogame, mit in der Mitte der Blumenröhre
stehender Narbe und im Eingange stehenden Antheren, in
geringerer Zahl kleinhüllige, rein weibliche, mit verkümmerten Antheren, die in der Regel in gleicher Höhe mit
den Narben, bisweilen jedoch tiefer, bisweilen auch höher
stehen. Unter den kleinhülligen Blumen kommen hie und
da solche vor, die nur drei Blumenblätter haben. Besucher:
Hymenoptera: Apidae: 1) *Osmia rufa L.* ♀ sgd. 5/77.

(293.) *Ligustrum vulgare L.* S. 340. Weitere
Besucher:
A. Coleoptera: Cerambycidae: 3) *Cerambyx cerdo L.*, öfters
auf die Blüthen kriechend, ohne ihnen etwas zu entnehmen. N. B.,
6 75. *Lamellicornia*: 4) *Cetonia aurata L.*, Blüthentheile abweidend.
Thüringen, 8|7 73; desgl. N. B. 7/75. Malacodermata: 5) *Tri-
chodes apiarius L.*, den Kopf zwischen die Blüthen vergrabend, N. B.
Nitidulidae: 6) *Cercus pedicularius L.* sgd. 19|6 72, L. **B. Dip-
tera**: Empidae: 7) *Empis livida L.* sgd., häufig. Syrphidae: 8)

Eristalis arbustorum L. sgd. Thüringen, 7/7 73. **C. Hymenoptera**: Apidae: 9) *Apis mellifica* L. ♀ sgd., daselbst. 10) *Nomada succincta* Pz. ♀ sgd., daselbst. **D. Lepidoptera**: Pyralidae: 11) *Scoparia ambigualis* Tr. sgd. 19/6 75, N. B. Rhopalocera: 12) *Coenonympha Arcania* L. sgd. 6/7 73, Thüringen. 13) *C. Pamphilus* L. sgd., daselbst. 14) *Epinephele Janira* L. sgd., daselbst. 15) *Melitaea Athalia* Esp. sgd., daselbst. 16) *Thecla pruni* L. sgd., daselbst; desgl. N. B. Sphingidae: 17) *Sesia asiliformis* Rott (cynipiformis Esp.) ♀ sgd. 6/7 73, Thüringen.

538. *Forsythia viridissima* Lindl. (Lippstädter Realschulgarten):

Die Bestäubungseinrichtung hat die grösste Aehnlichkeit mit Ligustrum. Aus dem Fruchtknoten selbst scheinen die kleinen Nektartröpfchen hervorzutreten, die man auf seiner Oberfläche häufig wahrnimmt. Staubgefässe und Narbe sind gleichzeitig entwickelt. Meist ist der Griffel doppelt so lang als die Staubgefässe (viermal so lang als die Staubfäden), und von Blume zu Blume fliegende Bienen bewirken dann natürlich regelmässig Kreuzung. Es kommen aber auch Blüthen mit ungewöhnlich kurzen Griffeln vor, in denen die Narben von den Staubgefässen berührt und bestäubt werden.

Wie bei Salix und Cornus mas, so bedecken sich auch bei Forsythia die Stöcke noch vor dem Hervorbrechen der Blätter mit gelben Blüthen und werden dadurch in dem Grade augenfällig, dass sie schon in der insektenarmen Zeit des ersten Frühlings eine ausreichende Menge von Kreuzungsvermittlern an sich locken. Besucher (Ende April):

A. Coleoptera: Nitidulidae: 1) *Meligethes*, tief im Blüthengrunde sitzend, vermuthlich Honig leckend, häufig. **B. Hymenoptera**: Apidae: 2) *Andrena fulva* Chr. ♀ sgd. 3) *Bombus pratorum* L. ♀.

Plantagineae. (S. 342.)

(294.) *Plantago lanceolata* L. Bei windigem Wetter verhält sich die Honigbiene, wenn sie den Pollen von Plantago lanceolata sammeln will, wesentlich anders, als ich beschrieben habe. Sie fliegt dann direkt auf die

Blüthenähren auf, geht an derjenigen Zone derselben, deren Blüthen sich öffnen, einmal ringsum und fegt dabei mit den Beinen über die hervorragenden Antheren. So gelingt es ihr, nachdem der lose sitzende Blüthenstaub durch den Wind bereits verstreut ist, doch noch Ausbeute zu erlangen. — Auch individuelle Verschiedenheiten bieten die Honigbienen in ihrem Verhalten diesen Windblüthen gegenüber dar. So beobachtete ich (2/6 73) ein Exemplar, das zwar ebenfalls (wie ich S. 344 meines Werkes beschrieben) summend mit ausgestrecktem Rüssel vor den blühenden Aehren schwebte, aber dann zum Pollensammeln jedesmal festen Fuss auf den Aehren fasste.

(295.) *Plantago media* L. (S. 344.) Weitere Besucher:

A. **Coleoptera:** Cerambycidae: 28) *Strangalia bifasciata* Müll. Pfd. 6/7 73, Thüringen. Oedemeridae: 19) *Oedemera marginata* F., Antheren fressend, daselbst. B. **Diptera:** Syrphidae: 20) *Chrysotoxum festivum* L. Pfd. 17/7 73, Kitzingen. 22) *Melanostoma ambigua* Fall., wiederholt vor den Blüthenständen schwebend, dann sich an die Antheren setzend und Pfd. 19/6 73, L. 21) *Helophilus floreus* L. Pfd. 12/7 73, Thüringen. (11) *Rhingia rostrata* L. Pfd. 26 5 76, N. B. 23) *Syrphus ribesii* L. Pfd. 5/7 72. C. **Lepidoptera:** Micropterygidae: 24) *Micropteryx spec.*, in Menge an den Staubbeuteln. 6/73, N. B.

Primulaceae. (S. 346.)

(296.) *Primula elatior* Jacq. Als Ergänzung zu meiner Besucherliste theilt mir Dr. A. Mülberger von Herrnalb in Württemberg am 21/3 81 folgendes mit: „Abgesehen von einigen Ackerunkräutern ist Primula elatior hier in meinem Schwarzwaldthale die erste Frühlingsblume. An sonnig gelegenen, namentlich quelligen Wiesen finden sich jedes Jahr schon Mitte Februar blühende Pflanzen. Unser erster Frühlingsschmetterling ist der Citronenfalter (Colias rhamni). Vermuthlich sind es lauter überwinterte Weibchen, welche die erste Frühlingssonne hervorlockt. Für diese Falter ist Primula elatior das erste und längere Zeit einzige Jagdgebiet, auf dem sie sich tummeln können; sie besuchen die kurz- und langgriffeligen Formen anscheinend ohne jeden Unterschied. Die gelbe Farbe der Prim. elatior und des Citronenfalters sind in der Regel absolut gleich. Bei den kurzgriffeligen Blüthen ist es gewöhnlich leicht zu entscheiden, ob schon ein Colias-Besuch stattgefunden hat oder nicht. Im ersteren Falle zeigen die für gewöhnlich den Corollenschlund genau verschliessenden Staubbeutel eine kleine, von der Einsenkung des Rüssels herrührende Lücke". Am 12/4 81, auf dem ersten Ausfluge, den ich nach obiger Mittheilung machte, fand ich auch im Hunnebusch bei Lippstadt Primula elatior von honigsaugenden Citronenfaltern besucht.

539. *Primula officinalis* Jacq. Besucher (bei Mühlberg in Thüringen 16/4 73):
A. Coleoptera: Nitidulidae: 1) *Meligethes* Pfd. **B. Diptera:** Bombylidae: 2) *Bombylius discolor* Mgn. sgd. **C. Hymenoptera:** Apidae: 3) *Andrena Gwynana* K. ♀, an kurzgriffeligen Exemplaren Psd., die langgriffeligen nach flüchtigem Besuche verlassend, in Mehrzahl. 4) *Anthophora pilipes* F. ♀ ♂ sgd., häufig. 5) *Bombus muscorum* L. (agrorum F.) ♀ sgd. 6) *Halictus albipes* F. ♀. 7) *H. cylindricus* F. ♀, beide ebenso wie Andrena Gwynana verfahrend.

(297.) *Lysimachia vulgaris* L. (S. 348.) Weitere Besucher:
A. Diptera: Syrphidae: 6) *Syrphus balteatus* De G. Pfd. 8/73, L. **B. Hymenoptera:** Apidae: (1) *Macropis labiata* Pz. ♀ ♂ sgd. 19|7 73, N. B. 7) *M. fulvipes* F. ♀ sgd. und Psd. 24/7 73, Parkstein (bair. Oberpfalz).

(298.) *Hottonia palustris* L. S. 350. Weitere Besucher:
Diptera: Empidae: 8) *Empis chiroptera* Mgn. ♀ sgd. 11/5 73 L. 9) *E. nigricans* F. sgd. 15/5 73, L. Muscidae: 10) *Anthomyia spec.* sgd. 2/6 73, L. 11) *Aricia incana* Wiedem. sgd., daselbst. 12) *Siphona geniculata* De G. sgd.. daselbst.

540. *Trientalis europaea* L. protcrogyn.
Die Blüthen sondern keinen freien Honig ab; aber der (etwa 1 mm hohe) Ring, mit welchem die radförmige Blumenkrone den Fruchtknoten umschliesst, ist so stark fleischig verdickt und so saftreich im Innern, dass sich mit grosser Wahrscheinlichkeit annehmen lässt, dass manche Insekten den im lockern Zellgewebe dieses Ringes eingeschlossenen Saft durch Anbohren gewinnen werden. Dem

Saft führenden Ringe entspringen die Staubgefässe; sie
sind in gleicher Zahl mit den Kelchblättern und Blumenblättern vorhanden, bei Lippstadt häufiger 6 als 7, und
stehen mitten vor den letzteren. Mit dem Aufblühen breiten sich die Blumenblätter zu einem weissen Sterne von
12—15 mm Durchmesser in eine Ebene auseinander, die
Staubgefässe entfernen sich unter einem Winkel von etwa
30° von dem die Achse der Blüthe bildenden, ihnen an
Länge gleichkommenden Griffel, und jedes unter demselben
Winkel von seinen beiden Nachbarn, bleiben aber noch
geschlossen, während die in Gestalt einer in der Mitte
vertieften Scheibe dem Griffel aufsitzende Narbe bereits
nass und empfängnissfähig ist. Etwas später biegen die
ihre aufspringende Seite dem Griffel zukehrenden Staubgefässe sich mit der Spitze einwärts und springen, so weit
die Biegung reicht, auf, den Blüthenstaub nach oben und
innen preisgebend; im Laufe ihres Verblühens schreitet
das Aufspringen, ebenso aber auch das Einwärtskrümmen
von der Spitze bis zur Basis fort, so dass während der
ganzen Zeit ihrer Entwicklung ein Insekt, welches den
Kopf in den Blüthengrund senkt, mit der einen Seite desselben die bestäubte Fläche eines Staubgefässes, mit der
entgegengesetzten die Narbe berühren, also beim Besuche mehrerer Blüthen regelmässig Fremdbestäubung bewirken muss. Während des Abblühens der Staubgefässe
streckt sich auch der Griffel noch ein wenig, so dass er
am Ende der Blüthezeit die Staubgefässe deutlich überragt; auch der Narbenknopf nimmt gleichzeitig noch etwas
an Umfang zu. Ist nun Insektenbesuch ganz ausgeblieben,
so beginnt endlich mit dem Verblühen der Staubgefässe
die Blüthe sich wieder zu schliessen. Dies hat nun zwar,
wegen der jetzt hervorragenden Stellung der Narbe, keine
unmittelbare Berührung dieser mit den Staubgefässen zur
Folge; wohl aber fällt nun bei wagerechten oder schwach
abwärts geneigten Blüthen leicht etwas Blüthenstaub von
selbst auf die Narbe oder diese kommt mit Stellen der
Blumenblätter in Berührung, welche sich mit abgefallenem
Blüthenstaub bedeckt haben. Von Besuchern habe ich bis
jetzt nur *Meligethes* in den Blüthen gefunden.

Ericaceae. (S. 352.)

(299.) *Erica tetralix* L. Weitere Besucher:
A. Diptera: Syrphidae: 12) *Rhingia rostrata* L. sgd.; sehr
häufig. **B. Hymenoptera:** Apidae: (3) *Bombus muscorum* L. (agrorum F.) normal sgd., häufig. (5) *B. terrestris* L. ⚥, ganz kleine
Arbeiter die Blumenglocken anbohrend und durch den Einbruch
den Honig gewinnend, damit abwechselnd *Calluna vulgaris* sgd.
12/8 73, L. **C. Lepidoptera:** Noctuidae: (11) *Plusia gamma* L.,
wurde im Sommer 1879 bei Lippstadt in grösster Menge, auch an
E. tetralix sgd., gefunden. **D. Thysanoptera:** 13) *Thrips*, häufig in
den Blüthen.

(300.) *Calluna vulgaris* Salisb. Weitere Besucher:
A. Diptera: Muscidae: 18) *Sarcophaga carnaria* L. sgd.
16/8 73, L. Syrphidae: 19) *Cheilosia longula* Zett., daselbst. **B.**
Hymenoptera: Apidae: 20) *Bombus lapidarius* L. ⚥ sgd. 12/8 73,
L. 21) *Halictus cylindricus* F. ♂ sgd., daselbst. 22) *Sphecodes
gibbus* L. ♀ sgd., daselbst. **C. Lepidoptera:** Rhopalocera: 23)
Hesperia thaumas Hfn. (linea W. V.) sgd., daselbst.

(302.) *Vaccinium uliginosum* L. (S. 355.) Weitere Besucher bei Lippstadt:
A. Diptera: Empidae: 31) *Empis opaca* F. sgd., ausserordentlich zahlreich. Muscidae: 32) *Echinomyia fera* L. sgd., wiederholt.
Syrphidae: (28) *Rhingia rostrata* L. sgd., häufig. **B. Hymenoptera:** Apidae: die bereits aufgeführten Hummeln und die Honigbiene sgd., zahlreich; ausserdem: 29) *Halictus zonulus* Sm. ♀ sgd.,
einzeln. 30) *Nomada sexcincta* K. ♂ sgd., 9 Exemplare eingefangen. 1/6 73. 31) *N. succincta* Pz. ♀ sgd., einzeln.

541. *Vaccinium Oxycoccos* L.

Die Blütheneinrichtung ist von Sprengel[1]) trefflich
beschrieben und ganz richtig auf Anpassung an Bienen
gedeutet, nur hat er auch hier die Sicherung der Kreuzung bei eintretendem Besuche dieser bestimmten Insekten
übersehen. Als Nektarium dient die dem Fruchtknoten
aufsitzende grüne saftige Scheibe, in deren Mitte der Griffel und an deren Rande die Staubgefässe entspringen.

---

1) Das entdeckte Geheimniss S. 228. 229, Taf. XIII, Fig. 16.
17, Taf. XXII, Fig. 9—11. 13. 18.

Nachdem ich bei kühlem Wetter die Blüthen wiederholt
vergeblich nach Honig durchsucht hatte, fand ich an einem
warmen sonnigen Nachmittage (11. Mai 1873) in mehreren
von mir zergliederten Blüthen die bezeichnete Scheibe mit
Honigtröpfchen besetzt. Gegen Regen ist der Honig
schon durch die nach unten gerichtete Stellung der Blüthen geschützt; durch die um den Griffel herum dicht zu-
sammenschliessenden Staubgefässe werden nicht nur nutzlose Gäste vom Genusse des Honigs abgehalten[1]), sondern
zugleich die Bienen, denen die Blumenform sich angepasst hat, zur Vermittlung der Kreuzung genöthigt. Die
Filamente sind nämlich in dem Grade verbreitert, dass sie,
indem sie sich der Blüthenachse parallel stellen, eine den
Griffel umschliessende Röhre bilden; an ihrer ganzen
Aussenseite, die durch ihre Purpurfarbe die Wirkung der
ebenso gefärbten, sich auseinanderbreitenden und zurück-
krümmenden Blumenblätter noch verstärkt, sind sie nur
von kurzen Härchen rauh; ihre dicht aneinander liegenden
Ränder aber sind mit längeren krausen Haaren besetzt,
die sich so ineinander filzen, dass, abgesehen vielleicht
von Thrips, kein honigsuchendes Insekt mit Erfolg den
Versuch machen wird, zwischen den Filamenten zum Honige vorzudringen. Die Staubbeutel sitzen der Innenseite
der Filamente an und verlängern sich in zwei ihnen selbst
an Länge gleichkommende, am Ende geöffnete Röhren,
welche ebenfalls den Griffel dicht umschliessen. Der Zutritt zum Honig ist daher wahrscheinlich nur Bienen und
auch diesen nur in der Weise möglich, dass sie, von unten an der Blüthe sich festklammernd und ihren Kopf in
die Blüthenmitte bringend, ihren Rüssel zwischen diese
Röhren hineinstecken. Dadurch müssen sie regelmässig Herausfallen von Blüthenstaub aus den Röhren bewirken und ihren Kopf, da er sich in der Falllinie des
Blüthenstaubes befindet, mit demselben behaften. Da nun
in jeder Blüthe die am weitesten hervorstehende Narbe

---

1) Kerner, die Schutzmittel der Blüthen S. 40 [226], Taf. III,
Fig. 103. 104.

von dem in die Blüthenmitte gebrachten Bienenkopfe zuerst berührt wird, so ist dadurch bei eintretendem Bienenbesuche Fremdbestäubung hinlänglich gesichert.

Der Bienenbesuch scheint indess ziemlich spärlich statt zu finden; es gelang mir nicht, ihn zu beobachten. Die Honigbienen, welche in unmittelbarster Nähe an den von Wasser durchtränkten Sphagnumpolstern ihren Durst löschten, kümmerten sich nicht um die Blüthen. Ich theile desshalb Sprengels Vermuthung, dass die lange Blüthezeit der einzelnen Blumen von Vaccinium Oxycoccos (nach Sprengels Beobachtung 18 Tage!) für die Seltenheit sich einfindender Kreuzungsvermittler als Ersatz dient.

Rubiaceae. (S. 357.)

542. *Galium saxatile* L. stimmt nicht nur in der gesammten Blütheneinrichtung, sondern auch in der Grösse der einzelnen Blüthen durchaus mit G. Mollugo (H. M., Befruchtung S. 357, Fig. 134) überein, unterscheidet sich jedoch durch niedrigeren Wuchs, viel weniger reiche Blüthenstände und von Anfang an rein weisse Farbe der einzelnen Blüthen. Die beiden ersten dieser drei Eigenthümlichkeiten beschränken die Augenfälligkeit der Blüthen weit mehr als die letzte sie hebt; der Insektenbesuch ist daher viel spärlicher als bei G. Mollugo.

Besucher: A. Coleoptera: Cerambycidae: 1) *Leptura livida* F., Blüthentheile verzehrend, ein einzigesmal beobachtet, 18/6 73. B. Diptera: Syrphidae: 2) *Syritta pipiens* L. sgd. und Pfd., sehr wiederholt beobachtet.

543. *Galium silvaticum* L. Besucher (bairische Oberpfalz 22. Juli 1873):

A. Coleoptera: Cerambycidae: 1) *Leptura testacea* L. ♂, Antheren verzehrend. Lycidae: 2) *Dictyoptera sanguinea* F., unthätig auf den Blüthen sitzend. Oedemeridae: 3) *Oedemera flavescens* L., mit dem Munde an den Antheren beschäftigt. B. Diptera: Muscidae: 4) *Sarcophaga spec.*, Honig saugend, in Mehrzahl. Syrphidae: 5) *Melithreptus menthastri* L. sgd.

(303.) *Galium Mollugo* L. (S. 357, Fig. 134).

Weitere Besucher:

A. Coleoptera: Oedemeridae: 10) *Oedemera podagrariae* L.

Pfd. Thüringen 8/7 73. **B. Diptera**: Syrphidae: 11) *Melithreptus spec.* Pfd., N. B. 12) *Merodon aeneus* Mgn. Pfd. Thüringen, 10/7 73. (304.) *Galium verum* L. (S. 358, Fig. 135). Weitere Besucher: **A. Coleoptera**: Cerambycidae: 8) *Strangalia bifasciata* Müll., Antheren verzehrend. Thür., 13/7 73. Lamellicornia: (3) *Cetonia aurata* L., Blüthentheile abweidend, daselbst. Oedemeridae: 9) *Oedemera podagrariae* L. Pfd. Thüringen, 11/7 73. **B. Diptera**: Bombylidae: 10) *Anthrax flava* Mgn. hld.; bairische Oberpfalz, 23/7 73. Syrphidae: 11) *Eristalis arbustorum* L. Pfd. Thüringen, 6/7 72. **C. Hymenoptera**: Apidae: 12) *Halictus cylindricus* F. ♂ hld.; bairische Oberpfalz, 23/7 73. 13) *Prosopis spec.* ♂ hld., daselbst. Chrysidae: 14) *Holopyga ovata* Dlb. hld. Thüringen, 8/7 70. **D. Lepidoptera**: Sphingidae: 15) *Macroglossa stellatarum* L., vergeblich nach Honig suchend, nach sehr flüchtigem Aufenthalt weiter fliegend. Thüringen, 6/7 72. 16) *Zygaena loniccrae* Esp., einige Zeit mit dem Rüssel auf verschiedenen Blüthen herumtastend, dann wegfliegend. Thüringen, 6/7 72.

(305.) *Galium boreale* L. (S. 358; Alpenblumen S. 390). Weitere Besucher (Türingen, 8. bis 10. Juli 1873): **A. Coleoptera**: Cerambycoidae: 2) *Strangalia bifasciata* Müll. Antheren fressend. Chrysomelidae: 3) *Luperus flavipes* L. Dermestidae: 4) *Anthrenus claviger* Er. hld. Mordellidae: 5) *Mordella aculeata* L. hld., in Mehrzahl. **B. Diptera**: Muscidae: 6) *Ulidia erythropthalma* Mgn. Thüringen, 10/7 73. **C. Hymenoptera**: Apidae: 7) *Sphecodes ephippia* L. ♀ sgd. 8) *Prosopis brevicornis* Nyl. ♂ sgd. Tenthredinidae: 9) *Tarpa cephalotes* F., nur flüchtig auf den Blüthen verweilend. **D. Lepidoptera**: Microlepidoptera: eine kleine Motte, die mir entwischte, sgd.

544. *Galium tricorne* With. (Thüringen, 19/5 73):
Die Blüthen sind nicht kleiner als an kleinblumigen Stöcken von Galium verum. Da sie aber vereinzelt stehen, so fallen sie ungleich weniger in die Augen als die massenhaft zusammengestellten Blüthen sowohl von G. verum als von G. Mollugo. Die Honigabsonderung ist erheblich reichlicher als bei diesen beiden Arten; ich konnte den die Basis des Griffels umschliessenden grünen fleischigen Ring sehr deutlich mit einer nassen Schicht bedeckt sehen, die sich nach aussen noch etwas über die Grenzen des Ringes hinaus erstreckte. Indess vermag der grössere Honigreichthum der einzelnen Blüthen keinen Ersatz zu leisten für die Blüthenarmuth und für den Mangel an

Augenfälligkeit: der Insektenbesuch ist nur ein sehr spärlicher. G. tricorne kann daher nicht, wie G. verum und Mollugo, die Möglichkeit spontaner Selbstbestäubung entbehren. Ihre Staubgefässe entwickeln sich gleichzeitig mit der Narbe und bleiben, so lange sie überhaupt noch Pollen enthalten, die Narbe etwas überragend, aufrecht um dieselbe herum stehen, ohne sich zurückzukrümmen. Erst nach völligem Verblühen biegen sie sich weiter zurück. Da die Blüthen nicht ganz gerade in die Höhe, sondern meist etwas schräg stehen, so fällt fast stets Pollen auf die Narbe.

Obgleich ich die Pflanze in meinem Garten zog und da sehr wiederholt ins Auge fasste, habe ich doch einen einzigen Besucher an ihr angetroffen, eine *Anthomyia*, die andauernd ihren Honig leckte. 16/6 75.

545. *Sherardia arvensis* (Fig. 130—133), gynodiöcisch.

Die Pflanze tritt in grossblumigen, zwitterblüthigen, proterandrischen und in kleinblumigen, rein weiblichen Stöcken auf; jedoch differiren beiderlei Blüthen an Grösse der Corolla weniger als es in Regel bei insektenblüthigen Gynodiöcisten der Fall ist. Auch die Proterandrie ist weniger scharf ausgeprägt. In der Regel zwar biegen sich die Staubgefässe der grosshülligen Blüthen aus der Blüthe heraus, ehe sich die Narben völlig zur Funktionsfähigkeit entwickelt haben (Fig. 132). Es kommen jedoch gar nicht selten auch Blüthen vor, deren Narben sich vor dem Verblühen der Antheren vollständig entwickeln, und in solchen Fällen tritt bisweilen durch Berührung eines pollenbehafteten Staubgefässes mit einer Narbe spontane Selbstbestäubung ein. Fig. 133 stellt eine solche Blüthe dar, in welcher die Narben bereits völlig entwickelt sind, während die Antheren, noch mit Pollen behaftet, in gleicher Höhe mit ihnen stehen oder sie selbst ein wenig überragen. Der im Grunde eines engen Röhrchens geborgene, von einer fleischigen Umwallung der Griffelbasis abgesonderte Honig wird kleinen Faltern am bequemsten zugänglich sein, deren Kreuzungsvermittlung die rothen Blümchen vermuthlich angepasst sind. Den Besuch derselben direkt zu beobachten, ist mir noch nicht zu Theil geworden. Jedoch fand ich die Narben der kleinhülligen Blumen beim Untersuchen mit der Lupe nicht selten mit Pollen belegt, was auf hinreichenden Besuch der Kreuzungsvermittler hinweist.

546. *Asperula tinctoria* L. (Fig. 134—136).

Die Blütheneinrichtung ist höchst einfach. Die Staubgefässe stehen im Eingange der kaum 2 mm langen Blumenkronenröhre, die beiden Narbenköpfe ein wenig unterhalb der Mitte derselben. Beide sind gleichzeitig entwickelt. Insekten, welche ihren Rüssel in die Röhre stecken, um den in ihrem Grunde geborgenen, von der fleischigen Umwallung der Griffelbasis abgesonderten Honig zu saugen, streifen daher mit einer Seite des Rüssels Staubgefässe, mit der entgegengesetzten eine oder beide Narben, und bewirken so, von Blüthe zu Blüthe, von Stock zu Stock fliegend, häufig Kreuzung. Beim Verzehren des Pollens würden sie dagegen viel leichter Selbstbestäubung bewirken; es wurde aber kein einziger pollenfressender Blumengast an dieser Pflanze beobachtet.

Noch vor dem Abblühen neigen sich die Staubgefässe nach der Blüthenmitte zusammen, so dass sie sich berühren, und es erfolgt, indem etwas Pollen von ihnen auf die Narben hinabfällt, spontane Selbstbestäubung.

An den von mir untersuchten Stöcken (vom Remberge bei Mühlberg, Kreis Erfurt) waren fast sämmtliche Blüthen dreizählig, nur ganz vereinzelte vierzählig.

Besucher: A. Diptera: Muscidae: 1) *Ulidia erythrophthalma* Mgn. sgd. B. Hymenoptera: Ichneumonidae: 2) *mehrere kleine Arten.* C. Lepidoptera: Microlepidoptera: 3) *eine kleine Motte* aus der Gruppe der Gelechiden, sgd.; alle drei: Thüringen 9. und 10/7 73.

(306.) *Asperula cynanchica* L. (S. 358, Fig. 136). Weitere Besucher (in Thüringen 6. bis 13/7 73):

A. Coleoptera: Elateridae: 3) *Agriotes ustulatus* Schall., unthätig auf den Blüthen. Malacodermata: 4) *Danacaea pallipes* Panz., desgl. 5) *Dasytes subaeneus* Schb., sgd.? 6) *Ebaeus thoracicus* F. B. Diptera: Bombylidae: (2) *Systoechus sulfureus* Mik. sgd. Empidae: 7) *Empis livida* L. sgd., häufig. 8) *Rhampho-*

myia spec., emsig saugend, in grösster Zahl in Spinnengeweben an den Blüthen dieser Pflanze. Muscidae: 9) *Siphona geniculata* Deg. sgd., häufig. 10) *Ulidia erythrophthalma* Mgn. sgd., häufig. Stratiomyidae: 11) *Nemotelus pantherinus* L. sgd. Syrphidae: 12) *Syritta pipiens* L., anschwebend und sgd. C. Hymenoptera: Apidae: (1) *Bombus muscorum* F. ☿, flüchtig zu saugen versuchend, sogleich sich entfernend. D. Lepidoptera: Microlepidoptera: 13) *Minoa murinata* Scop. (euphorbiata W. V.) sgd. Rhopalocera: 14) *Coenonympha arcania* L. sgd.

(307.) *Asperula odorata* L. (S. 359). Weitere Besucher bei Lippstadt im Mai und Anfang Juni:

A. Coleoptera: Cerambycidae: 2) *Grammoptera laevis* F., nicht selten, auf einer einzigen Excursion 9 Exemplare, vermuthlich Pfd. Malacodermata: 3) *Dasytes spec.* Mordellidae: 4) *Anaspis frontalis* L., häufig. Nitidulidae: 5) *Meligethes*, häufig. B. Diptera: Empidae: 6) *Empis tesselata* F. sgd., einzeln. Muscidae: 7) *Siphona geniculata* Deg. sgd., häufig. Syrphidae: 8) *Rhingia rostrata* L. sgd., einzeln. 9) *Syritta pipiens* L , wiederholt. C. Hymenoptera: Apidae: (1) *Apis mellifica* L. ☿ sgd., häufig. D. Lepidoptera: Microlepidoptera: 10) *Elachista spec.* sgd.

547. *Asperula azurea* (Fig. 137, 138) hat den Honig im Grunde ebenso enger und reichlich ebenso langer Blumenröhren geborgen wie Asperula taurina (Alpenblumen S. 391 Fig. 157) und ist dadurch ebenso wie diese der Kreuzungsvermittler der Falter angepasst, aber nicht, wie diese, der Nachtfalter, sondern, wie ihre blaue Blumenfarbe beweist, der Tagfalter.

Caprifoliaceae.

(308.) *Symphoricarpus racemosus* (S. 360, Fig. 137). Weitere Besucher:

A. Diptera: Syrphidae: 15) *Helophilus floreus* L. sgd.? bairische Oberpfalz 22/7 73. B. Hymenoptera: Apidae: (7) *Apis mellifica* L. ☿ sgd., häufig, daselbst. 16) *Halictus Smeathmanellus* K. ♀ sgd. 7/6 75, N. B. (13) *H. sexnotatus* K. ♀ sgd. und Psd., häufig. Lippstadt 20/6 73 ; desgl. N. B., 27|6 75. Vespidae: 17) *Eumenes pomiformis* Rossi sgd. N. B., 27|6 75. (1) *Vespa silvestris* Scop. (holsatica F.) ♀ sgd. N. B., 7|6 75; desgl. bair. Oberpf. 22|7 73.

548. *Weigelia rosea* Lindl.

Die Blumenkrone bildet in den ersten 12 Millimetern

ihrer Länge eine enge Röhre von nur 2—3 mm Durchmesser. Dann erweitert sie sich plötzlich auf das Doppelte
bis Dreifache und verläuft, noch schwach an Weite zu-
nehmend, noch 15 mm weiter.. Ihre Mündung hat einen
Durchmesser von 8—10 mm und breitet sich in fünf stumpfe
divergirende Zipfel aus einander. Der weite Theil der
Blumenkronenröhre gewährt daher einer Biene von der
Grösse der *Osmia rufa* L. ♀ bequemen Anflug und hinreichenden Raum, ganz hinein zu kriechen und mit aus-
gerecktem Rüssel bis zu dem im Grunde des engen
Röhrentheils beherbergten Honige zu gelangen, der von
einem länglichen grünen Knötchen zwischen der Basis des
Griffels und dem Grunde der Blumenkronenröhre in reicher
Menge abgesondert wird, ist dagegen zu eng, um grösseren
Hummeln den Eintritt zu gestatten. Indem nun Osmia
rufa L. ♀, die in der That ungemein häufig sowohl sgd.
als Psd. die Blüthen besucht, in den Eingang der Blumenkrone hinein kriecht, berührt sie zuerst den 2—5-lappigen
Narbenknopf, der, die Staubgefässe überragend, bald in,
bald unter der Mitte gerade aus der Blüthe hervorsteht
und behaftet die Narbenpapillen mit dem aus früher besuchten Blüthen mitgebrachten Blüthenstaube; sodann kommt
sie ringsum mit den Staubbeuteln in Berührung, die im
Blütheneingange stehen, nach innen aufspringen, mit der
Endhälfte aber sich etwas zurückkrümmen, und behaftet
ihr ganzes Haarkleid reichlich mit Blüthenstaub. So ist
Kreuzung, wenigstens getrennter Blüthen, gesichert. Die
Blumenkronen bleiben noch längere Zeit nach erfolgter Befruchtung und Abgabe des Pollens frisch und färben sich
nun sogar noch dunkler und augenfälliger rosenroth, als
sie während der Funktionsfähigkeit der Staubgefässe und
der Narbe waren. Die physiologische Bedeutung dieses Farbenwechsels habe ich bereits früher[1]) angegeben.

Besucher: **A. Coleoptera:** Malacodermata: 1) *Dasytes spec.*
Pfd. **B. Hymenoptera:** Apidae: 2) *Halictus leucopus* K. ♀. 3) *H.*

---

1) Weitere Beobachtungen I (Diese Verhdl. Jahrg. XXXV
4. Folge V. Bd.) S. 29.

sexnotatus K. ♀, beide ganz in die Blüthen kriechend. 4) *Osmia
rufa* L. ♀, ganz besonders häufig, sgd. und Psd. (In meinem Garten beobachtet.)

(310.) *Lonicera Periclymenum* (S. 363).

An einem Stocke, den ich in meinen Garten gepflanzt hatte und der im Sommer 1878 reichlich blühte, entwickelten sich die Blüthen anfangs (im Juni und Anfang Juli) ganz normal; später im Jahre aber (Ende Juli und im August) traten zahlreiche Blüthen auf, die weit kürzere Röhren und eine weit weniger ungleichmässige Ausbildung und Verschmelzung der Zipfel der Corolla zeigten. Während im normalen Zustande die Blumenkronenröhre 22—25 mm lang ist, hatte z. B. an einem Blüthenstande, den ich näher untersuchte, die am meisten abgeänderten Blüthen Corollaröhren von nur 6 mm Länge. Von den Zipfeln der Corolla waren drei 10 mm lang und in den untersten 4—6 mm ihrer Länge verwachsen, der vierte und fünfte waren 10 und 12 mm lang, nicht mit einander verwachsen, an Breite den drei verwachsenen gleich. Von diesen Blüthen bis zu solchen mit 15 mm langen Röhren und 25 mm langen Corollazipfeln, von denen, wie bei der normalen Form, die vier oberen verwachsen, der untere frei war, zeigten sich an diesem selben Blüthenstande mannigfache Zwischenstufen. Andere Blüthenstände boten auch alle möglichen Uebergänge bis zur normalen Form dar. Die ganze Umbildung ist ein interessantes Beispiel von Rückfall in urelterliche Charaktere, vielleicht veranlasst durch unnatürliche Lebensbedingungen. Die Blüthenstände befanden sich nemlich gerade unter der Traufe eines Daches, und im darauffolgenden Jahre (1879) ging der Stock, wie ich glaube in Folge davon, ganz ein.

(313.) *Viburnum Opulus* L. (S. 313, Fig. 139). Weitere Besucher:

A. Coleoptera: Anisotomidae: 11) *Anisotoma obesa* Schmidt hld.? Lippstadt 29/5 73, H. M. Elateridae: 12) *Athous vittatus* F., daselbst. 13) *Cryptohypnus pulchellus* L., daselbst. Diese drei Käfer sassen auf den Blüthenständen; es blieb aber zweifelhaft, ob sie wirklich zum Honige gelangten. Lamellicornia: 14) *Oxythyrea stictica* L., zarte Blüthentheile fressend, häufig. Strassburg 6|76,

H. M. 15) *Trichius fasciatus* L., desgl. Tekl. B. 6/73. **B. Dip-tera**: 16) *Empis tesselata* F. sgd. N. B 6/73.

(314.) *Sambucus nigra* L. (S. 314, Fig. 140). Wei-tere Besucher:

A. Coleoptera: Lamellicornia: 9) *Gnorimus nobilis* L., Blü-thentheile abweidend. Lippstadt 14/6 72. 10) *Phyllopertha horti-cola* L., desgl.; daselbst 2/6 72, 14|6 73. 11) *Oxythyrea stictica* L., desgl. Strassburg 6/76, H. M. **B. Hymenoptera**: Tenthredinidae: 12) *Tenthredo notha* Kl., auf einem Blüthenstand anfliegend, aber nach kurzem Verweilen, ohne etwas genossen zu haben, sich wieder entfernend.

549. *Sambucus Ebulus* L. (Alpenblumen S. 392). Besucher:

Diptera: Leptidae: 1) *Leptis vitripennis* Mgn., in Mehrzahl. Tekl. Borgst. Muscidae: 2) *Aricia spec.*, desgl.

Dipsaceae.

(315.) *Dipsacus silvestris* Mill. (S. 367). Wei-tere Besucher (8/73, N. B.):

A. Diptera: Syrphidae: 4) *Volucella pellucens* L. sgd. **B. Hymenoptera**: Apidae: 5) *Crocisa scutellaris* Pz. ♀ sgd. 6) *Ha-lictus quadricinctus* F. ♂ sgd., sehr zahlreich. 8) *H. sexcinctus* F. ♂ sgd. 9) *Megachile lagopoda* L. ♀ ♂ sgd. 10) *M. maritima* K. ♀ ♂ sgd.

(316.) *Scabiosa arvensis* L. (S. 358, Fig. 142, Alpenblumen S. 399). Weitere Besucher:

A. Coleoptera: Malacodermata: 77) *Malachius bipustulatus* F., Antheren fressend. **B. Diptera**: Muscidae: 78) *Prosena sibe-rita* F. sgd., häufig. Liebenau (Kreis Schwiebus) 30/8 80. Syrphi-dae: 79) *Pipiza festiva* Mgn. Pfd. Lippstadt 1/8 72. **C. Hymenop-tera**: Apidae: 80) *Bombus tristris* Seidl. ☿ sgd. 12/7 75, N. B. 81) *Ceratina callosa* F. ♂ sgd., daselbst. 82) *C. coerulea* Vill. ♀ ♂ sgd. Lippst. 18/6 73. 83) *Halictus lugubris* K. ♀ sgd., N. B. 84) *H. malachurus* K. ♀ sgd. 7/73, N. B.; Psd. 7/73, bairische Ober-pfalz. 85) *H. quadricinctus* F. ♀ sgd. 7|73, N. B. 66) *H. quadri-strigatus* Latr. ♀ sgd., daselbst. 87) *H. sexcinctus* F. ♀ sgd., da-selbst. 88) *H. xanthopus* K. ♀ sgd., daselbst. (22) *Nomada Jaco-baeae* Pz. ♂ sgd. 13/7 75, N. B. (30) *Osmia aenea* L. ♂ sgd., daselbst. 89) *Prosopis signata* Pz. ♀ ♂, in Paarung, daselbst. 90) *Stelis aterrima* Pz. ♂ sgd., daselbst. Ichneumonidae: 91) eine kleine Art, tief in die Blüthen kriechend, daselbst. Sphegidae:

92) *Mimesa bicolor* Sb. ♂. 13/7 75, N. B.   93) *Philanthus triangulum* F. ♂ sgd. 17/7 75, N. B. **Lepidoptera**: Microl.: 94) *Nemotois scabiosellus* Scop. ♀. 13/6 75, N. B.   Rhopalocera: 95) *Argynnis Latonia* L. sgd.; bairische Oberpf. 7/73.   96) *A. Niobe* L. sgd., daselbst.   97) *Hesperia comma* L. sgd.   7/73, Fichtelgeb.; desgl. 7/73, N. B.; desgl. Liebenau bei Schwiebus 26 8 80.   98) *Pieris napi* L. sgd. Liebenau 28/8 80.   S phingidae: 99) *Zygaena carniolica* Sc. 100) *Z. filipendulae* L.   101) *Z. minos* S. V., alle drei fast nur auf Scabiosa arvensis und Carduus crispus. Nassau, Dr. Budde berg.

(317.) *Scabiosa succisa* L. (S. 371, Fig. 143). Weitere Besucher:

A. Diptera: Syrphidae: 32) *Volucella plumata* Mgn. sgd. Lippet. 6/9 73. **B. Hymenoptera**: Apidae: 33) *Halictus zonulus* Sm. ♀ sgd., daselbst.

Campanulaceae.

(319.) *Campanula rotundifolia* L. (S. 374.) Weitere Besucher:
A. Diptera: Syrphidae: 17) *Melithreptus taeniatus* Mgn., bairische Oberpfalz 23/7 73. **B. Hymenoptera**: Apidae: (5) *Andrena Coitana* K. ♂, daselbst. (6) *A. Gwynana* K. ♂. 22/7 75, N. B. (3) *Bombus lapidarius* L. ♀ Psd. und sgd., in Mehrzahl; bairische Oberpfalz 22. bis 26/7 73.   18) *Halictus albipes* K. ♀ sgd. 6/73, N. B. 19) *Nomada furva* Pz. (minuta F.) ♂. Thüringen 9/7 70.
320. *Campanula Trachelium* L. (S. 374). Weitere Besucher:
A. Coleoptera: Curculionidae: 14) *Gymnetron campanulae* L. Thüringen 12/7 73. **B. Hymenoptera**: Apidae: (3) *Andrena Coitana* K. ♀. Kitzingen 17/7 73.   15) *Bombus lapidarius* L. ♀ Psd., daselbst.   16) *Chelostoma nigricorne* Nyl. ♂ sgd. Thüringen 12/7 73.   (7) *Halictoides dentiventris* Nyl. ♂ ♀, N. B.; desgl. Kitzingen 17/7 73.   17) *Xylocopa violacea* L. ♀ sgd. Würzburg, botan. Garten, 15/7 73.
321. *Campanula rapunculoides* L. (S. 374). Weitere Besucher (Juni, Juli 73, N. B.):
A. Diptera: Syrphidae: (10) *Rhingia rostrata* L. sgd. **B. Hymenoptera**: Apidae: 11) *Andrena aestiva* Sm. ♀. (7) *Chelostoma nigricorne* Nyl. ♂ sgd. (8) *Ch. campanularum* K. ♂ desgl. 12) *Halictus leucozonius* K. ♀ sgd. 13) *H. sexnotatus* K. ♀ sgd. und Psd., häufig. 14) *Prosopis communis* Nyl. ♀.

322. *Campanula bononiensis* L. (S. 375). Weitere Besucher (Thüringen 9/7 72):
A. Coleoptera: Curculionidae: 6) *Gymnetron campanulae* L., zahlreich. B. Hymenoptera: Apidae: 7) *Cilissa haemarrhoidalis* F. ♂.

(323.) *Campanula patula* L. (S. 375). Weitere Beobachter:
Hymenoptera: Apidae: 3) *Andrena Coitana* K. ♀, bairische Oberpfalz 22/7 73. 4) *A. labialis* K. ♂ sgd. Jena 5/75, H. M. 5) *Cilissa haemarrhoidalis* F. ♂ ♀ sgd. und Psd., bairische Oberpfalz 23/7 73. 6) *Halictoides dentiventris* Nyl. ♀ ♂ sgd. Kitzingen 17/7 73. 7) *Rhophites quinquespinosus* Spin. ♂ sgd., bairische Oberpfalz 23/7 73.

(324.) *Campanula persicifolia* L. (S. 375). Weitere Beobachter:
A. Coleoptera: Curculionidae: 3) *Gymnetron campanulae* L.; Thüringen, häufig. Nitidulidae: 4) *Meligethes spec.*, häufig, daselbst. B. Hymenoptera: Apidae: 5) *Chelostoma campanularum* L. ♀ ♂ Psd. und sgd. Thüringen 6/7 73. 6) *Ch. nigricorne* Nyl. ♂ ♀ sgd. 6|7 73, N. B.; Thüringen 10/7 73. 7) *Prosopis communis* Nyl. ♀. 19/6 73, N. B. 8) *Pr. confusa* Nyl. ♂, daselbst. C. Thysanoptera: 9) *Thrips*, zahlreich. Thüringen 6/7 73.

550. *Campanula glomerata* L. Besucher bei Weilburg, (nach brieflichen Mittheilungen des verstorbenen Prof. Schenck):
Hymenoptera: Apidae: 1) *Andrena hirtipes* Schenck, besucht bei Weilburg ausschliesslich diese Blume, in deren Glocken sie eine überaus grosse Menge von Pollen sammelt. Keine andere Andrenaart beladet sich so mit Pollen wie diese. 2) *Apis mellifica* L. ♀. 3) *Ceratina coerulea* Vill. 4) *Coelioxys acuta* Nyl. 5) *Heriades campanularum* L.

551. *Phyteuma spicatum*. (Vergl. Alpenblumen S. 406, Fig. 163.) Besucher:
A. Coleoptera: Elateridae: 1) *Agriotes (pallidulus* Ill.?). Teutoburger Wald 8/6 72. Nitidulidae: 2) *Meligethes aeneus* F., daselbst. Staphylinidae: 3) *Anthobium sorbi* Gylh., in grösster Zahl in den Blüthen, daselbst. B. Hymenoptera: Apidae: 4) *Apis mellifica* L. ♀ sgd., daselbst.

552. *Phyteuma nigrum* Schmidt. Besucher (N. B., Juni 73):
A. Diptera: Syrphidae: 1) *Rhingia rostrata* L. sgd. B. Hymenoptera: Apidae: 2) *Andrena convexiuscula* K. ♀ sgd. 3) *A. hirtipes* Schenck ♀ sgd. 4) *Halictus malachurus* K. ♀ sgd. und

Psd., in Mehrzahl. 5) *H. tetrazonius* Kl. (*quadricinctus* K.) ♀ sgd.
6) *H. longulus* Sm. ♀ sgd.

(352.) *Jasione montana* L. (S. 375—377, Fig. 144).
Weitere Besucher:

A. Coleoptera: Cerambycidae: 100) *Strangalia melanura* L.
sgd., häufig. Thüringen 13|7 73. **B. Diptera**: Conopidae: 101)
Myopa fasciata Mgn. sgd. Lippstadt 21/7 72. 102) *Zodion ro-
stratum* Mgn. sgd., daselbst. Muscidae: 103) *Anthomyia spec.*
Pfd. 12/7 75, daselbst. Syrphidae: 104) *Melithreptus dispar*
Loew. Pfd., daselbst. 105) *Paragus tibialis* Fall. Pfd., daselbst.
106) *Rhingia rostrata* L. sgd. 8/7 72, daselbst. 107) *Syrphus ribesii* Mgn. sgd., N. B. 6/7 73. Tabanidae: 108) *Tabanus rusticus*
F. sgd.; bairische Oberpfalz 22|7 73. **B. Hymenoptera**: Apidae:
109) *Ceratina albilabris* F. ♂ sgd. 21|6 73, N. B. 110) *Halictus
maculatus* Sm. ♀ sgd. 3/7 73, daselbst. 111) *H. malachurus* K. ♀
sgd., daselbst. 112) *Nomada fuscicornis* Nyl. ♀ sgd. 21/7 72,
Lippstadt. 113) *N. rufipes* Schenck (rhenana Mon.) sgd., daselbst.
(43) *Prosopis variegata* F. ♀ sgd., bairische Oberpfalz 24/7 73.
114) *Stelis aterrina* Pz. ♂. Lippstadt 21|7 72. Evaniadae: 115)
Foenus spec. sgd., daselbst. Sphegidae: (54) *Cerceris labiata* F.
♀ sgd.; bairische Oberpfalz 22/7 73. (55) *C. nasuta* Kl. ♂ sgd.
Lippstadt 21/7 73. 116) *Crabro vexillatus* Pz. ♀ sgd. 7/73, N. B.
(61) *Oxybelus uniglumis* L. sgd. Lippstadt 21/7 72. **C. Lepidoptera**:
Rhopalocera: 117) *Pieris napi* L. sgd., daselbst. Sphingidae:
118) *Zygaena lonicerae* Esp. sgd.

Compositae. (S. 378.)

Cynareae.

(326.) *Echinops sphaerocephalus* L. (S. 381, Fig.
145). Weitere Besucher (15. bis 27. Juli 1873, N. B.):

Hymenoptera: Apidae: 7) *Bombus senilis* Sm. ♀ sgd. 8)
Halictus cylindricus K. ♀ ♂ sgd., sehr zahlreich. 9) *H. interruptus* Pz. ♂ sgd. 10) *H. maculatus* Sm. ♀ sgd. 11) *H. minutissimus*
K. ♀ sgd. 12) *H. morio* F. ♀ sgd. 13) *Prosopis communis* Nyl.
♀ sgd.

(328.) *Carlina vulgaris* L. (S. 382). Weitere Besucher:

Hymenoptera: Apidae: 10) *Bombus tristis* Seidl. ♂ sgd.
30,8 80, Liebenau bei Schwiebus. 11) *Halictus quadricinctus* F.
(quadristrigatus Latr.) ♂ sgd., häufig, bis zu vier gleichzeitig auf
einem Körbchen. 8/73, N. B.

(329.) *Centaurea Jacea* L. (S. 382—384, Fig. 146)

Alpenblumen S. 415. Ueber die Vielgestaltigkeit der Blüthenkörbchen vgl. Kosmos Bd. 10 S. 334—344. Weitere
Besucher:

    A. Diptera: Conopidae: 49) *Sicus ferrugineus* L. sgd. 7/73,
N. B. Empidae: 60) *Empis livida* L. sgd. 6/73, N. B; desgl.
15|8 73, Lippstadt. Syrphidae: 51) *Eristalis intricarius* L. sgd.
Lippstadt 15/8 73. 52) *Syrphus balteatus* Deg. Pfd. 7/73, N. B.
B. Hymenoptera: Apidae: (1) *Apis mellifica* L. ⚥ sgd. und Psd.,
zahlreich. Thüringen 13/7 73. (6) *Bombus lapidarius* L. ⚥ sgd.
Lippstadt 15.8 73. 53) *Halictus malachurus* K. ♀ sgd. und Psd.
20/6 73, N. B. (12) *H. quadricinctus* F. (quadristrigatus Latr.) ♀
sgd. und Psd., häufig, daselbst. 54) *H. sexcinctus* F. ♀ sgd. 28|6
73, N. B. 55) *H. tetrazonius* Kl. (quadricinotus K.) ♀ ♂ sgd., daselbst. 56) *H. villosulus* K. ♀ sgd. und Psd., daselbst. (26) *Megachile centuncularis* L. ♀ Psd., daselbst. 57) *Psithyrus Barbutellus*
K. ♂ sgd. Lippstadt 15/8 73. 58) *Ps. quadricolor* Lep. ♂ sgd.
Luisenburg im Fichtelgebirge 26/7 73. (8) *Saropoda bimaculata* L.
♂ sgd. Liebenau bei Schwiebus 27|8 73. Sphegidae: 50) *Am-
mophila sabulosa* L. ♀ sgd. Lippstadt 15/8 73. **C. Lepidoptera:**
Rhopalocera: (43) *Epinephele Janira* L. ♀ sgd. N. B. 1/7 75.
(37) *Pieris napi* L. Lippstadt 15/8 73. Sphingidae: 60) *Ino statices* L. sgd.; bairische Oberpfalz 22/7 73.

    330. *Centaurea Scabiosa* L. (S. 384; Alpenblumen
S. 416). Weitere Besucher:

    A. Coleoptera: Chrysomelidae: (20) *Cryptocephalus sericeus*
L., untbätig auf den Blüthen sitzend. Thüringen 6/7 72. **B. Dip-
tera:** Empidae: 22) *Empis spec.* sgd., häufig. Thüringen 9/7 73.
Syrphidae: 23) *Eristalis horticola* Mgn. Pfd. N. B. 25/8 75. **C.
Hymenoptera:** Apidae: (14) *Anthidium manicatum* L. ♀ Psd.
Strassburg 6/76, H. M. 24) *Coelioxys conoidea* Ill. (Gerst.) ♂ sgd.;
wiederholt. Thüringen 11/7 73. 25) *Megachile argentata* F. ♂ sgd.
Strassburg 6/76, H. M. (12) *Osmia aenea* L. ♀ Psd., daselbst. 26)
O. rufa L. ♀ sgd. und Psd., daselbst. **D. Lepidoptera:** Rhopalo-
cera: 27) *Lycaena Corydon* Scop. sgd. Thüringen 6/7 72. 28)
Melanayria Galatea L. sgd., in Mehrzahl. Thüringen 10/7 73.

    (331.) *Centaurea Cyanus* L. (S. 385.) Weitere Be-
sucher:

    A. Diptera: Syrphidae: 9) *Helophilus pendulus* L. Pfd.
Lippstadt 21/7 72. 10) *Melithreptus scriptus* L. Pfd. Lippstadt
30/6 75. **B. Hymenoptera:** Apidae: (1) *Apis mellifica* L. ⚥ sgd.
und Psd., häufig. Thüringen 9/7 73. 11) *Bombus lapidarius* L. ⚥
sgd. Lippstadt 21/7 72. 12) *Halictus tetrazonius* Kl. ♀ sgd.,
Thüringen 9|7 73. 13) *Saropoda bimaculata* Pz. ♀ sgd. uud Psd.,

andauernd. Lippstadt 21/7 72. 14) *Stelis breviuscula* Nyl. ♀ sgd.
Lippstadt 30/6 75. C. **Lepidoptera**: Rhopalocera: 15) *Lycaena
Aegon S. V.* ♂ sgd. Thüringen 12/7 73. 16) *L. Damon S. V.* sgd.,
daselbst.

(322.) *Onopordon Acanthium* L. (S. 385, 386.)
Weitere Besucher:

A. Hemiptera: 18) *Lygaeus equestris* L. sgd., Thüringen 11/7
70. **B. Hymenoptera**: Apidae: 19) *Halictus cylindricus* F. ♀. N.
B., 14/7 73. 20) *H. leucozonius* Schr. ♀ sgd. Thüringen 6/7 72.
21) *H. maculatus* Sm. Psd., daselbst. (7) *H. quadricinctus* F. (quadristrigatus Latr.) ♀ sgd. N. B., 8/7 73. 22) *H. sexcinctus* F. ♂,
N. B., 28/7 76. 23) *H. tetrazonius* Kl. ♀. N. B., 14/7 73. (1) *Megachile lagopoda* K. ♀ ♂ Psd. und sgd. N. B. 24) *M. ligniseca* K.
♀ Psd. und sgd. daselbst. 25) *Osmia aurulenta* Pz. ♀ Psd. und
sgd. Thüringen 6/7 72. (2) *O. fulviventris* Pz. ♀ sgd. und Psd.,
häufig. N. B. 11/7 73. 26) *Stelis aterrima* Pz. ♀ sgd., daselbst.
27) *St. phaeoptera* K. ♀ sgd., daselbst. **C. Lepidoptera**: Rhopalocera: 28) *Hesperia sylvanus* Esp. sgd. Thüringen 7/7 72. 29)
Vanessa cardui L. sgd., daselbst.

553. *Silybum marianum* Grtn. (S. 385). Besucher (N. B., Juni, Juli 73):

Hymenoptera: Apidae: 1) *Chelostoma nigricorne* Nyl. ♂ sgd.
2/7 73. 2) *Halictus tetrazonius* Kl. ♀ sgd. 27/6 73. 3) *H. sexcinctus* F. ♀ sgd. und Psd. 30/6 73. 4) *Megachile fasciata* Sm. ♂
sgd. 27/6 73. 5) *Osmia adunca* Latr. ♂ sgd. 30/6 73. 6) *O.
fulviventris* Pz. ♀ sgd. 2/7 73. 7) *Stelis phaeoptera* K. ♂ sgd.
2/7 73.

554. *Cirsium acaule* All. (Alpenblumen S. 422.)
Besucher:

Hymenoptera: Apidae: 1) *Bombus muscorum* L. ☿ sgd.
Willebadessen 8/8 78.

(333.) *Cirsium arvense* L. (S. 387, Fig. 147; Alpenblumen S. 422.) Weitere Besucher:

A. Coleoptera: Carabidae: 89) *Lebia crux minor* L., auf den
Blüthen sitzend; bairische Oberpfalz 22/7 73. Cerambycidae: 90)
Leptura testacea L. Pfd. 91) *Strangalia melanura* L., desgl. Chrysomelidae: 92) *Cryptocephalus sericeus* L., unthätig auf den Blüthen sitzend. Cleridae: 93) *Trichodes apiarius* L. Curculionidae: 94) *Larinus obtusus* Schh. Elateridae: 95) *Diacanthus
holosericeus* L. 9/6. Lamellicornia: 96) *Cetonia aurata* L., Blüthentheile abweidend. Lycidae: 97) *Dictyoptera sanguinea* F.
Alle bis hierher aufgezählten Käfer: bairische Oberpfalz 22., 23/7
73. Oedemeridae: 98) *Oedemera podagrariae* L. Pfd. Kitzingen

17;7 73. **B. Diptera:** Conopidae: 99) *Conops quadrifasciatus* Deg. sgd.; bairische Oberpfalz 22;7 73. (63) *Physocephala rufipes* F. sgd., daselbst. Syrphidae: 100) *Cheilosia oestracea* L. Fuchsmühl, Fichtelgebirge 26/7 73. (59) *Eristalis nemorum* L., bairische Oberpfalz 22/7 73. 101) *Volucella inanis* L. Pfd. Fuchsmühl, Fichtelgebirge 26/7 73. 102) *V. pellucens* L. desgl., daselbst. 103) *V. plumata* L. desgl., daselbst. Tabanidae: 104) *Tabanus bromius* L., bairische Oberpfalz 22.7 73. (51) *T. rusticus* F. Thüringen 12/7 73. **C. Hymenoptera:** Apidae: (19) *Halictus albipes* F. ♂ sgd. N. B., 12/7 73. (17) *H. maculatus* Sm. ♀ sgd., daselbst. 105) *H. nitidus* Schenck ♂ sgd. 106) *Macropis labiata* Pz. ♂ bairische Oberpfalz 22/7 73. (31) *Prosopis variegata* F. ♀ sgd. N. B., 12/7 73. 107) *Pr. spec.?* ♂ sgd.; bairische Oberpfalz 22;7 73. Sphegidae: (39) *Cerceris nasuta* Kl. ♂ sgd. 25/7 73, N. B. (34) *Crabro alatus* Pz. ♂ sgd.; bairische Oberpfalz 22/7 73. (33) *Cr. cribrarius* L. ♂ häufig, daselbst. 108) *Crabro vagus* L. ♂ sgd., daselbst. 109) *Hoplisus quinquecinctus* F. sgd. daselbst, häufig. (41) *Philanthus triangulum* F. ♂ sgd., daselbst. Vespidae: 110) *Eumenes pomiformis* Rossi ♀, daselbst. 111) *Polistes diadema* Latr., daselbst. **D. Lepidoptera:** Noctuidae: 112) *Hydroecia nictitans* Bkh. var. *erythrostigma* Hew. sgd. Lippstadt 14/8 73. Rhopalocera: 113) *Epinephele Hyperanthus* L. sgd.; Fuchsmühl, Fichtelgeb. 26/7 73. (78) *E. Janira* L. sgd., daselbst. 114) *Hesperia lineola* O. sgd.; bairische Oberpfalz 24/7 73. Sphingidae: 115) *Ino statices* L. sgd. Fuchsmühl, Fichtelgeb. 26/7 73. 116) *Zygaena minos* S. V. sgd., daselbst.

(335.) *Cirsium lanceolatum* L. (S. 389, Alpenblumen S. 425.) Weitere Besucher (im August 1873, 75 und 76, N. B.):

A. Diptera: Conopidae: 13) *Physocephala rufipes* F. sgd. **B. Hymenoptera:** Apidae: 14) *Halictus cylindricus* F. ♀ Psd., ♂ vergeblich suchend. 15) *H. maculatus* Sm. ♀ Psd. 16) *H. malachurus* K. ♀ Psd. 17) *H. tetrazonius* Kl. ♀ Psd. 18) *H. zonulus* Sm. ♂, vergeblich suchend. 19) *Stelis aterrima* Pz. ♀ sgd. **C. Lepidoptera:** Rhopalocera: 20) *Pieris napi* L. sgd.

(337.) *Cirsium palustre* Scop. (S. 389, Alpenblumen S. 425.) Weitere Besucher (die mit „Fichtelgebirge" bezeichneten am 26. und 27. Juli 1873 im Fichtelgebirge, alle übrigen am 22. und 23. Juli 1873 bei Wöllershof in der bairischen Oberpfalz beobachtet:

A. Diptera: Conopidae: 23) *Conops quadrifasciatus* Deg. sgd. einzeln. 24) *C. scutellatus* Mgn. sgd. häufig. Muscidae: 25) *Echinomyia fera* L. Syrphidae: 26) *Rhingia rostrata* L. 27)

Syrphus ribesii L. 28) *Volucella inanis* L. sgd. und Pfd. 29) *V. pellucens* L., desgl. **B. Hymeaoptera:** Apidae: 30) *Andrena denticulata* K. ♀ sgd. (1) *Apis mellifica* L. ♀ sgd. und Psd. (2) *Bombus lapidarius* L. ♂ sgd. (3) *B. pratorum* L. ♂ sgd. (8) *Halictus cylindricus* K. ♂ sgd. 31) *H. spec.* ♂ sgd. 32) *Heriades truncorum* L. ♂ sgd. 32) *Megachile maritima* K. ♂ sgd. 33) *Psithyrus quadricolor* Lep. ♂ sgd., häufig. Fichtelgebirge (Luisenburg, Silberbaus). Sphegidae: 34) *Cerceris labiata* F. ♂, vergeblich suchend. **C. Lepidoptera:** Rhopalocera: 35) *Argynnis Paphia* L., andauernd sgd. 36) *Epinephele Hyperanthus* L. sgd. (19) *E. Janira* L. sgd. 37) *Erebia ligea* L. sgd., häufig. Fichtelgebirge (Luisenburg, Silberhaus). (15) *Pieris brassicae* L. sgd., zahlreich. (16) *P. rapae* L., zahlreich. 38) *Vanessa urticae* L. sgd., in Mehrzahl. Sphingidae: 39) *Zygaena Minos* S. *V.* sgd.

(338.) *Carduus crispus* L. (S. 390.) Weitere Besucher (N. B.):

A. Diptera: Empidae: 9) *Empis livida* L. sgd., zahlreich. 18⁄8 73. Muscidae: 10) *Cynomyia mortuorum* L. sgd. 6'7 73. Syrphidae: 11) *Eristalis arbustorum* L. sgd. und Pfd. **B. Hymenoptera:** Apidae: 12) *Andrena Gwynana* K. ♀ sgd. 9'7 73. 13) *Apis mellifica* L. ♀ sgd., zahlreich. 18/8 73. (2) *Bombus lapidarius* L. ♀ sgd. 14⁄7 73. (1) *B. muscorum* L. (agrorum F.) sgd. 12⁄8 73. 14) *B. terrestris* L. ♀ sgd. 18/8 73. 15) *Chelostoma nigricorne* Nyl. ♂ sgd. 3⁄7 73. 16) *Coelioxys conoidea* Ill. ♀ sgd. 12/8 72, 11/8 73. 17) *Halictus albipes* F. ♂ sgd. 3⁄7 73. (3) *H. cylindricus* F. ♂ ♀ sgd. 6. bis 8/73. 18) *H. leucozonius* K. ♀ sgd. 5/7 73. 19) *H. sexnotatus* K. ♀ sgd. 20) *Megachile lagopoda* K. ♂ ♀ sgd. 10/7 73. 21) *Psithyrus Barbutellus* K. ♂ sgd. 12/8 73. (5) *Stelis aterrima* Pz. ♀ sgd. 8⁄73. **C. Lepidoptera:** Pyralidae: 22) *Botys verticalis* L. sgd. 11/8 73. Rhopalocera: 23) *Epinephele Galatea* L. sgd., häufig. 24) *Hesperia Comma* L., desgl. Sphingidae: 25) *Zygaena carniolica* Scop. 26) *Z. filipendulae* L. 27) *Z. minos* S. *V.*, alle drei häufig.

(339.) *Carduus acanthoides* L. (S. 390; Alpenblumen S. 417.) Weitere Besucher (Thüringen, Juli 73):

A. Coleoptera: Curculionidae: 45) *Spermophagus cardui* Schh., in grösster Menge in den Blüthen. **B. Hemiptera:** 46) *Anthocoris spec.* **C. Lepidoptera:** Rhopalocera: 47) *Epinephele Janira* L. sgd.

(340.) *Carduus nutans* L. (S. 390.) Weitere Besucher:

A. Diptera: Syrphidae: 7) *Eristalis tenax* L. Pfd.; bairische Oberpfalz 22/7 73. 8) *Syrphus ribesii* L. Pfd., daselbst. **B.**

Hymenoptera: Apidae: 9) *Apis mellifica* L. sgd., zahlreich. Thüring., bairische Oberpfalz 7/73. 10) *Bombus hypnorum* L. ♀ sgd.; bairische Oberpfalz 22/7 73. (2) *B. pratorum* L. ♀ ♂ sgd., daselbst. 11) *B. silvarum* L. ♀ ♀ sgd., daselbst. 12) *Halictus leucozonius* K. ♀ Psd., daselbst. 13) *H. quadrinotatus* K. ♂ sgd. Thüringen 12|7 73. 14) *II. sexcinctus* K. ♀ sgd. und Psd., bairische Oberpfalz 22|7 73. 15) *H. zonulus* Sm. ♀ sgd. Thüringen 12/7 73. C. **Lepidoptera**: Rhopalocera: 16) *Argynnis Aglaja* L. sgd., in Mehrzahl; bairische Oberpfalz 22;7 73. 17) *A. Paphia* L. sgd. Liebenau bei Schwiebus 28|8 80. 18) *Epinephele Janira* L. sgd. Thüringen 12.7 73. 19) *Hesperia lineola* O. sgd., bairische Oberpfalz 22|7 73. Sphingidae: (6) *Zygaena lonicerae* Esp., daselbst.

(341.) *Lappa minor* D. C. (S. 391.) Weitere Besucher (N. B.):

Hymenoptera: Apidae: 9) *Halictus cylindricus* F. ♂ ♀. 4) *Stelis aterrima* Pz. ♀ ♂ sgd. Sphegidae: 5) *Ammophila sabulosa* L. ♀ sgd.

(344, 345.) *Achillea Millefolium* L. und *Ptarmica* L. (S. 391—394, Fig. 148. Alpenblumen S. 428.) Weitere Besucher:

A. Coleoptera: Buprestidae: 83) *Anthaxia nitidula* L. N. B. 84) *A. millefolii* F. N. B. Cerambycidae: 85) *Leptura livida* F. Pfd.; bairische Oberpfalz 22/7 73. 89) *Strangalia bifasciata* Müll.; Thüringen 10/7 73. Auf Achillea Ptarmica in Paarung; auf dem in Begattung begriffenen Männchen noch ein zweites sitzend. Willebadessen 8|8 78. 89) *Str. melanura* L. Pfd.; bairische Oberpfalz 22/7 73. Coccinellidae: 90) *Coccinella mutabilis* Scrib., häufig auf den Blüthen. 91) *C. septempunctata* L. desgl.; beide bei Lippstadt. Elateridae: 92) *Agriotes gallicus* Lep. Pfd. Thüringen 10.7 73. 93) *Agr. ustulatus* Schall. Pfd.; Thüringen, bairische Oberpfalz 7/73. Lamellicornia: 94) *Cetonia aurata* L. Blüthentheile fressend. Thüringen 10/7 73. Malacodermata: 95) *Telephorus melanurus* L. desgl.; auch in Paarung. Mordellidae: 96) *Mordella fasciata* F., Lippstadt. Oedemeridae: 97) *Oedemera podagrariae* L. Pfd. Thüringen 10/7 73. **B. Diptera**: Conopidae: 98) *Conops scutellatus* Mgn. sgd.; bairische Oberpfalz, Fichtelgebirge 7/73. Muscidae: 99) *Aricia vagans* Fall., N. B. (74) *Echinomyia ferox* Pz. sgd.; bairische Oberpfalz 22.7 73. (72) *Gymnosoma rotundata* Pz.; häufig., N. B. 100) *Phasia crassipennis* F. Thüringen; N. B., 7/73. 101) *Scatophaga stercoraria* L. Pfd. N. B., 19,6 75. 102) *Trypeta pantherina* Fallen., N. B. 103) *Ulidia erythrophthalma* Mgn., sehr zahlreich. Thüringen 10/7 73. Syrphidae: 104) *Chrysotoxum bicinctum* L. Pfd.; bairische Oberpfalz

22/7 73. 105) *Eristalis horticola* Mgn. Pfd. N. B., 22/7 75. 106) *Helophilus floreus* L. Pfd. Lippstadt, bairische Oberpfalz. 107) *Paragus bicolor* F. Pfd. N. B., 22/7 75. 108) *Syrphus ribesii* L.; bairische Oberpfalz 22/7 73. Tabanidae: (57) *Tabanus rusticus* L., mehrfach; daselbst. C. **Hymenoptera:** Apidae: 109) *Andrena Schrankella* Nyl. ♂, N. B. (23) *Colletes Davieseana* K. ♀ ♂ Psd. und sgd., sehr häufig; bairische Oberpfalz 7/73; N. B., 7/5 75. 110) *Halictus interruptus* Pz. ♀ Psd., Thüringen 7/73. (7) *H. morio* F. ♀ ♂ Psd. sgd., N. B. (10) *H. quadricinctus* F. ♀ ♂ desgl. 111) *H. Smeathmanellus* K. ♀ sgd. N. B., 16/7 76. (8) *H. villosulus* K. ♀ Psd. sgd., daselbst. 112) *Prosopis signata* Nyl. ♀ ♂, daselbst. (1) *Pr. variegata* F. ♀ ♂, sehr zahlreich, daselbst. 113) *Rhophites quinquespinosus* Spin. ♂ sgd., häufig; bairische Oberpfalz 22/7 73. (3) *Sphecodes gibbus* L. und Var. ♀ ♂ sgd., N. B. (26) *Stelis breviuscula* Nyl. ♀ ♂ sgd.; bairische Oberpfalz 22/7 73. Evaniadae: 114) *Foenus spec.*, N. B. Sphegidae: 115) *Crabro vexillatus* Pz. ♂. N. B., 7/7 75. 116) *Oxybelus nigripes* L. ♀. Lippstadt 29/6 72. Tentbredinidae: 117) *Athalia rosae* L., in Paarung auf den Blüthen. Lippstadt 29/6 72; desgl. N. B., 24/7 75. (53) *Tenthredo notha* Kl., häufig; N. B. Vespidae: (50) *Odynerus parietum* L. ♂. N. B., 17 7 75. 118) *O. spinipes* L. ♀. N. B., 17/7 75. **D. Lepidoptera:** Rhopalocera: 119) *Coenonympha Arcania* L. sgd., Thüringen 7/73. 120) *Epinephele Janira* L. sgd., Lippstadt. 121) *Hesperia lineola* O. sgd.; bairische Oberpfalz 22 7 73. (78) *H. silvanus* Esp. sgd., daselbst. 122) *Lycaena Icarus* Rott. sgd., daselbst. 123) *Melanagria Galatea* L. sgd., N. B. 124) *Pieris rapae* L. sgd., Lippstadt. Tineidae: 125) *Pleurota Schlaegeriella* Z. sgd. N. B., 17 7 75.

(346.) *Chrysanth'emum leucanthemum* L. (S. 394. Alpenblumen S. 432.) Weitere Besucher:

A. Coleoptera: Cerambycidae: 73) *Leptura testacea* L. Fichtelgebirge 27.7 73. (68) *Strangalia armata* Hbst. Pfd. Lippstadt, Thüringen, N. B. Chrysomelidae: 74) *Clythra quadripunctata* L. Kitzingen 7/73. Elateridae: 75) *Agriotes ustulatus* Schall. Pfd. Thüringen 10/7 73. Oedemeridae: 76) *Oedemera podagrariae* L. Pfd., daselbst. **B. Diptera:** Bombylidae: 77) *Bombylius canescens* Mik. sgd., N. B. (41) *Sicus ferrugineus* L. sgd., N. B. 78) *Paragus bicolor* F. Pfd., N. B. **C. Hymenoptera:** Apidae: 79) *Andrena Schrankella* Nyl. ♂ sgd. N. B., 17/6 76. 80) *Halictus lugubris* K. ♀ Psd. N. B. (7) *H. villosulus* K. ♀ ♂ Psd. und sgd., N. B. (2) *Sphecodes gibbus* L. und Var., N. B. Sphegidae: 81) *Crabro dives* H. Sch. ♂. N. B, 15/6 73. **D. Lepidoptera:** Rhopalocera: 82) *Hesperia Thaumas* Hfn. 83) *Pieris Napi* L. 84) *Polyommatus Phloeas* L., alle drei sgd., Lippstadt.

(347.) *Chrysanthemum inodorum* L. (S. 395.)
Weitere Besucher:
Diptera: Muscidae: 2) *Ulidia erythrophthalma* Mgn., häufig.
Thüringen 8:7 73.

555. *Chrysanthemum segetum* L. Besucher:
Hymenoptera: Sphegidae: 1) *Sapyga cylindrica* Schenck
♂ sgd. N. B., 17/7 73.

(348.) *Chrysanthemum corymbosum* L. (S. 395.)
Weitere Besucher (Thüringen, Juli 1873):
A. Coleoptera: Buprestidae: 4) *Anthaxia nitidula* L. Cerambyoidae: 5) *Strangalia bifasciata* Müll. ♀ ♂ zahlreich. 6)
Str. melanura L., beide Pfd. Curculionidae: 7) *Spermophagus
cardui* Schh. Malacodermata: 8) *Danacaea pallipes* Pz. 9) *Dasytes flavipes* F. Mordellidae: 10) *Mordella aculeata* L. Oedemeridae: 11) *Oedemera marginata* F. 12) *Oed. virescens* L. Pfd.
B. Diptera: Bombylidae: 13) *Anthrax semiatra* Hffsegg. Empidae: 14) *Empis livida* L. sgd., häufig. Muscidae: 15) *Aricia
spec.* (2) *Ulidia erythrophthalma* Mgn., in grösster Zahl. Stratiomyidae: 16) *Nemotelus pantherinus* L. sgd. **C. Hemiptera**: 17)
Phytocoris divergens sgd. **D. Hymenoptera**: Apidae: 18) *Halictus
maculatus* Sm. ♀ sgd. und Psd., häufig. 19) *Prosopis confusa* Nyl.
♂. 20) *Pr. variegata* F. ♀ ♂ sgd. und Pfd., auch in Paarung auf
den Blüthen. Chrysidae: 21) *Hedychrum lucidulum* Latr. ♂
Tenthredinidae: 22) *Tarpa cephalotes* F. sgd.? **E. Lepidoptera**:
Rhopalocera: 23) *Melitaea Athalia* Esp. sgd. 24) *Thecla spini*
S. V. sgd. Sphingidae: 25) *Zygaena spec.* sgd.

(349.) *Chrysanthemum Parthenium* Pers. (S. 395.)
Weitere Besucher:
Hymenoptera: Apidae: 2) *Halictus Smeathmanellus* K. ♀ sgd.
N. B., 16 75. Evaniadae: 3) *Foenus spec.* sgd. N. B., 5/7 75.

(350.) *Matricaria Chamomilla* L. (S. 395, 396.)
Weitere Besucher:
Hymenoptera: Apidae: (1) *Prosopis signata* Pz. ♂ zu- und
abfliegend. N. B., 6 73. 18) *Colletes Davieseana* K. ♂ sgd., in
Mehrzahl. N. B., 7/73. 19) *Halictus nitidus* Schenck ♂ sgd.
N. B., 7/73.

(352.) *Anthemis tinctoria* L. (S. 396.)
Die gesättigt goldgelbe Scheibe des Blüthenköpfchens
erreicht 12—18 mm Durchmesser; sie wird gebildet von
300 bis weit über 500 röhrigen, in regelmässige Glöckchen erweiterten Blüthchen und strahlig umgeben von den
ebenso gefärbten bandförmigen Lappen von 30—35 Rand-

blüthen. So stellt sie einen weithin sichtbaren, gelbleuchtenden Kreis von 25 bis gegen 40 mm Durchmesser dar. Die rein weiblichen Randblüthen blühen zuerst auf, spreizen ihre beiden Griffeläste auseinander und rollen sie etwas zurück; ausser denselben tritt noch ein etwa 1 mm langes Griffelstück aus ihrer Blumenkronenröhre hervor. Die Scheibenblüthen, welche im Bcstäubungsmechanismus mit Achillea und Chrysanthemum (H. M., Befruchtung S. 392, Fig. 148) übereinstimmen, blühen zonenweise, vom Rande nach der Mitte zu fortschreitend, auf. Ihre Griffeläste breiten sich dicht über dem Glöckchen in eine wagerechte Ebene auseinander, so dass auch über die gerade in Blüthe befindliche Zone die besuchenden Insekten ungehindert hinschreiten können. Die Röhrchen der Scheibenblüthen sind nur 2, die Glöckchen, bis in deren Grund der Honig emporsteigt, nur 1 mm lang. Auch die kurzrüsseligsten Insekten, deren Rüssel nicht zu dick ist, können daher den Honig erlangen. Weitere Besucher:

A. Coleoptera: Buprestidae: 13) *Anthaxia nitidula* L., N. B. Cerambycidae: 14) *Strangalia bifasciata* Müll. ♀ ♂ Pfd. Thüringen 87 73. Chrysomelidae: 15) *Cryptocephalus sericeus* L., Antheren fressend. Thüringen 9/7 73. Mordellidae: 16) *Mordella pumila* Gylh. Thüringen 10/7 73. Oedemeridae: 17) *Oedemera flavescens* L. Pfd. Thüringen 8!7 73. B. Diptera: Bombylidae: 18) *Exoprosopa capucina* F. N. B., 1|7 75. Muscidae: 19) *Anthomyia spec.* Pfd. N. B., 26/6 75. 20) *Aricia spec.* Pfd. Thüringen 9|7 73. 21) *Ocyptera brassicariae* F. sgd., daselbst. (10) *Ulidia erythrophthalma* Mgn. Thüringen 8'7 73, zu Hunderten auf den Blüthen; dieselbe Fliege treibt sich auch auf gelben Kothhaufen in grösster Menge umher. Syrphidae: (5) *Eristalis arbustorum* L. Pfd. Thüringen 11/7 73. 22) *Helophilus floreus* L. Pfd., daselbst. (6) *Syritta pipiens* L. sgd. und Pfd. Thüringen 12:7 73; desgl. N. B., 20,6 75. C. Hemiptera: 23) *Calocoris chenopodii* sgd. Thüringen 6|7 72. D. Hymenoptera: Apidae: 24) *Colletes Daviesana* K. ♀ sgd. und Psd. Thüringen 8. bis 10|7 73; ♂ Pfd. (2 Exemplare); N. B., 17/7 78. (2) *Halictus maculatus* Sm. ♂ sgd. N. B., 16.7 75. 25) *Heriades truncorum* L. ♀ Psd.; bairische Oberpfalz (Parkstein) 24/7 73; desgl. Thüringen 8/7 73. 26) *Osmia spinulosa* K. ♂ sgd. Thüringen 6,7 72. 27) *Prosopis propinqua* Nyl. ♂ sgd. N. B., 16!7 73. 28) *Rhophites quinquespinosus* Sp. ♂ sgd., N. B. Tenthredinidae: 29) *Tarpa cephalotes* F., sehr häufig. Thüringen 9|7

73. Vespidae: 30) *Vespa rufa* L. ♀ anfliegend, aber alsbald weiter. Thüringen 5.7 72. **E. Lepidoptera**: Rhopalocera: 31) *Epinephele Janira* L. sgd. Thüringen 8 7 73. 32) *Lycaena Corydon* Scop. sgd., daselbst 6 7 73. 33) *Melanagria Galatea* L. sgd. Thüringen 9.7 73. 34) *Thecla ilicis* Esp. sgd. Thüringen 9., 10/7 73; desgl. N. B. Sphingidae: 35) *Zygaena achilleae* Esp. sgd. Thüringen 10/7 73. Tineidae: 36) *Nemotois Dumerilliellus* Dup. sgd. N. B., 1 7 73.

(353.) *Helianthus multiflorus* L. (S. 397.) Weitere Besucher:

Hymenoptera: Apidae: 4) *Halictus zonulus* Sm. ♀ sgd. und Psd. Lippstadt 8 73.

556. *Bidens cernua* L. (Fig. 139—141.)

Gegen bis weit über 100 Blüthen sind in einem Köpfchen vereinigt, dessen Randblüthen (in der Regel) keine strahlenden Saumlappen entwickeln. Wenn die äussersten Blüthen sich öffnen und die inneren noch unter den Deckblättern verborgen liegen, hat das Köpfchen kaum 5 mm Durchmesser; im Verlaufe des weiteren Aufblühens aber, welches von aussen nach der Mitte zu fortschreitet, vergrössert sich der Durchmesser allmählig bis zu 12 mm. Jede Blumenkrone besteht aus einer etwa $1^1/_2$ mm langen Röhre und einem fast eben so langen, etwa 1 mm weiten Glöckchen, aus welchem die Antherenröhre etwa 1 mm weit hervorragt, im ersten Blüthenstadium mit einem Haufen von Pollen bedeckt (Fig. 139). Im zweiten Stadium spreizen sich die etwa 1 mm langen Griffeläste vollständig auseinander (Fig. 140, 141). Diese sind an ihrer Spitze, etwas über ein Drittel ihrer Länge, dicht mit Fegehaaren besetzt, die sich nach der Spitze hin gleichmässig verkürzen, so dass die Fegehaare beider zusammengelegten Griffeläste zusammengenommen eine kegelförmige Bürste bilden. Auf den beiden untersten Dritteln ihrer Länge sind die beiden Griffeläste auf der ganzen Innenseite mit einem so breiten Streifen von Narbenpapillen bekleidet, dass am Rande desselben leicht Pollenkörner derselben Blüthe haften bleiben, wodurch bei ausbleibendem Insekten-Besuche spontane Selbstbestäubung ermöglicht wird. Die starren, mit Widerhaken besetzten Kelchzähne, welche die Samen zur Ausbreitung durch vorbeilaufende Thiere befähigen,

sind bereits während der Blüthezeit entwickelt (Fig. 139).
Besucher:

Hymenoptera: Apidae: 1) *Apis mellifica* L. ☿ ♀gd. Lippstadt
18/9 78.

(354.) *Tanacetum vulgare* L. (S. 397.) Weitere
Besucher:

A. Coleoptera: Coccinellidae: 28) *Epilachna globosa* Schnei-
der, unthätig auf den Blüthen sitzend. Lippstadt 15/8 73. Nitidulidae: 29) *Meligethes* Pfd., häufig; daselbst. B. Diptera: Syrphidae: 30) *Syrphus balteatus* Deg. Pfd., Lippstadt. C. Hymenoptera: Apidae: (9) *Colletes Davieseana* K. ♀ ♂. (2) *C. fodiens* K.
♀ ♂, beide ♀gd. und Psd., häufig; N. B. 31) *Halictus cylindricus*
F. ♀ Psd., N. B.; desgl. bairische Oberpfalz 23/7 73. 32) *Heriades
truncorum* L. ♂ ♀gd., bairische Oberpfalz 23/7 ♀gd. 88) *Prosopis
propinqua* Nyl. ♀ ♀gd., N. B. 84) *Saropoda bimaculata* Pz. ♂.
N. B., 8/8 73. Formicidae: 85) *Lasius niger* L. ☿ ♀gd.? Lippstadt 1/8 72. Vespidae: (11) *Odynerus parietum* L. ♂, N. B. 86)
Vespa vulgaris L. Pfd.? Lippstadt 2/9 72. D. Lepidoptera: Rhopalocera: 87) *Coenonympha pamphilus* L. ♀gd, Lippstadt 11/8 73.
Timeidae: 88) *Simaethis Fabriciana* L. (alternalis Fr.) ♀gd., Lippstadt 11/8 73. Tortricidae: 89) *Dichrorhampha alpinana* H. dgl.,
daselbst (beide von Dr. Speyer bestimmt!). E. Neuroptera: (27)
Panorpa communis, mit dem Munde in die Blüthen gesenkt. Lippstadt 15/8 73. 40) eine *Phryganide*, mit dem Munde an den Blüthen
beschäftigt, stark bestäubt, selbst an den Fühlern. Lippstadt
11/8 73.

557. *Helichrysum arenarium* DC. Besucher:

Coleoptera: Coccinellidae: 1) *Coccinella 14 punctata* L., auf
den Blüthen sitzend, wiederholt. Liebenau bei Schwiebus 28/8 60.

(357.) *Arnica montana* L. (S. 398; Alpenblumen
S. 436, 437.) Weitere Besucher:

A. Coleoptera: Chrysomelidae: (18) *Cryptocephalus sericeus*
L., Fuchsmühl (Fichtelgebirge) 26/7 73. B. Diptera: Muscidae:
19) *Echinomyia fera* L. ♀gd. (?). Luisenburg (Fichtelgebirge) 26/7
73. Syrphidae: (7) *Eristalis arbustorum* L. Pfd., daselbst. C. Hymenoptera: Apidae: 20) *Bombus terrestris* L. ☿ Psd., daselbst. 21)
Psithyrus quadricolor Lep. ♂, häufig auf den Blüthen, daselbst.
D. Lepidoptera: 22) *Argynnis Adippe* L. ♂ ♀gd., daselbst. 23) *Erebia Ligea* L. ♀gd., daselbst. 24) *Melitaea Athalia* Rott ♀gd., daselbst. 25) *Pieris napi* L. ♀gd., Fuchsmühl (Fichtelgebirge) 26/7 73.

(358.) *Senecio Jacobaea* L. (S. 398.) Weitere
Besucher (Juli 73, N. B.):

A. Diptera: Conopidae: 41) *Zodion cinereum* F. ♀gd. Muscidae: 42) *Gymnosoma rotundata* L. 43) *Phasia analis* F. 44) *Ph. crassipennis* F. Syrphidae: 45) *Cheilosia barbata* Loew. sgd. und Pfd. (21) *Eristalis arbustorum* L. Pfd. 46) *Paragus tibialis* Fallen sgd. und Pfd. (24) *Syritta pipiens* L. Pfd. **B. Hymenoptera:** Apidae: 47) *Andrena dorsata* K. ♀ Psd. (7) *Halictus cylindricus* F. ♀ sgd. 48) *H. longulus* Sm. ♂ sgd. 49) *H. malachurus* K. ♀ Psd. 50) *H. villosulus* K. ♀ sgd. und Psd. 51) *H. zonulus* Sm. ♀ Psd. (16) *Heriades truncorum* L. ♀ Psd. 52) *Nomada Jacobaeae* Pz. ♂ sgd., in Mehrzahl. **C. Lepidoptera:** Rhopalocera: 53) *Melitaea Athalia* L. sgd.

558. *Senecio vulgaris* L. (S. 399.) Besucher:

A. Diptera: Syrphidae: 1) *Syritta pipiens* L. sgd. und Pfd., an mehreren Stöcken nach einander. Lippstadt 18/5, 21/5 73 und später wiederholt. **B. Hemiptera:** 2) Eine *Pyrocoris aptera* L., sah ich andauernd Senecio vulgaris sgd., den Rüssel in die einzelnen Röhrchen steckend. Sie besuchte die verschiedenen Köpfchen desselben Stockes, bewirkte aber keine Kreuzung getrennter Stöcke. Lippstadt 10/4 77. **C. Hymenoptera:** Apidae: 3) *Halictus morio* F. ♀ Psd. N. B., 16/5 73. 4) *Heriades truncorum* L. ♂ sgd. N. B., 30/8 75.

559. *Senecio viscosus* L. Besucher:

Hymenoptera: Apidae: 1) *Panurgus calcaratus* Scop. ♂ ♀ sgd. und Psd. N. B., 18/8 76.

560. *S. silvaticus* L. Besucher:

Diptera: Muscidae: 1) *Echinomyia magnicornis* Zett. Pfd., bairische Oberpfalz 22/7 73. Syrphidae: 2) *Melithreptus scriptus* L. Pfd., daselbst.

(359.) *Senecio nemorensis* L. (S. 399; Alpenblumen S. 440.) Weitere Besucher (auf dem Waldstein im Fichtelgebirge 28/7 73):

A. Diptera: Conopidae: 2) *Conops scutellatus* Mgn. sgd. Leptidae: 3) *Leptis tingaria* L. sgd. Muscidae: 4) *Aricia spec.* 5) *Echinomyia fera* L. sgd. (?) Syrphidae: 6) *Eristalis pertinax* Mgn. Pfd. 7) *Volucella inanis* L. Pfd. 8) *Xylota spec.* Pfd. **B. Hymenoptera:** Apidae: 9) *Bombus hypnorum* L. ♂ sgd. 10) *B. muscorum* L. ♀ ☿ sgd. 11) *B. pratorum* L. ♀ ☿ sgd. 12) *Halictus cylindricus* F. ♂ sgd. 13) *H. lucidus* Schenck ♀ ♂ sgd. 14) *Psithyrus quadricolor* Lep. ♂ sgd. 15) *Ps. vestalis* Fourcr. ♂ sgd. Vespidae: 16) *Vespa rufa* L. ☿. **C. Lepidoptera:** Rhopalocera: 17) *Erebria Ligea* L. sgd.

(360.) *Pulicaria dysenterica* Gaertn. (S. 399). Weitere Besucher:

Diptera: Syrphidae: 14) *Syritta pipiens* L. Pfd., 5/9 72.

561. *Inula hirta* L. Eine dunkelgelbe Scheibe von 13—15 mm Durchmesser, gebildet aus etwa 200 röhrigen, in schmale Glöckchen erweiterten Blüthen, ist umgeben von den 15 mm langen, goldgelben, bandförmigen Strahlen von etwa 40 Randblüthen, so dass der ganze Blüthenstand sich als goldgelber Stern von 40—45 mm Durchmesser mit dunkelgelber Mitte aus weiter Entfernung bemerkbar macht. Die Röhren der Scheibenblüthen sind 3—3¹/₃ mm, ihre Glöckchen, bis in welche der Honig emporsteigt, bis zu den 1 mm langen, aufrechtstehenden, dreieckigen Zipfeln nur 2 mm lang, bei noch nicht 1 mm Weite. Der Honig ist daher auch sehr kurzrüsseligen Insekten, sofern nur ihr Rüssel nicht zu dick ist, zugänglich. Die Randblüthen sind rein weiblich. Bei den (zwitterigen) Scheibenblüthen ragt der Griffel nur mit seinen beiden 1 mm langen Aesten aus dem Staubbeutelcylinder hervor und spreizt dann dieselben unter einem Winkel von 45—60 Grad auseinander. Besucher (Thüringen 8. bis 10/7 73):

A. **Coleoptera:** Cerambycidae: 1) *Strangalia bifasciata* Müll., Antheren fressend. B. **Diptera:** Empidae: 2) *Empis spec.* sgd. Muscidae: 3) *Aricia spec.* sgd. C. **Hymenoptera:** Apidae: 4) *Coelioxys conoidea* Ill. (Gerst.) ♂ sgd. 5) *Megachile centuncularis* L. ♂ sgd. 6) *Nomada ruficornis* L. ♀ sgd. 7) *Osmia spinulosa* K. ♀, eifrig Psd., höchst zahlreich. 8) *Stelis breviuscula* Nyl. ♂ sgd. Tenthredinidae: 9) *Tarpa cephalotes* F. sgd., häufig. D. **Lepidoptera:** Rhopalocera: 10) *Coenonympha Pamphilus* L. sgd. 11) *Melitaea Athalia* L. sgd., sehr häufig, oft zwei auf einem Köpfchen. 12) *Thecla ilicis* Esp. sgd.

562. *Inula Helenium* L. Besucher (N. B.):

A. **Diptera:** Syrphidae: 1) *Eristalis arbustorum* L. Pfd., 14|8 75. 2) *Volucella inanis* L. Pfd., 8|73. B. **Hymenoptera:** Apidae: 3) *Andrena minutula* K. ♀ sgd., 7|73. 4) *Anthidium manicatum* L. ♂ sgd. (?), 14|8 75. 5) *Chelostoma nigricorne* Nyl. ♂ sgd., 8/7 73. 6) *Coelioxys rufescens* Lep. ♀ ♂ sgd. 7) *Epeolus variegatus* L. sgd., 25/8 75. 8) *Halictus leucopus* K. ♂ sgd., 2/7 73. 9) *H. sexcinctus* F. ♀ ♂ Psd. und sgd., 8|73. 10) *H. tetrazonius* Kl. ♀, desgl. 11) *Megachile centuncularis* L. ♀ ♂ sgd. und Psd., 8/7 73. 12) *Osmia interrupta* Schenck ♀ Psd. und sgd. 13) *Stelis aterrima* Pz. ♀ ♂ sgd., sehr zahlreich, 8|7 73. 14) *St. phaeoptera* K. ♀ sgd., einzeln; 8/7 73.

563. *Inula britannica* L. Besucher (18. bis 25/8 75, N. B.):

A. Diptera: Syrphidae: 1) *Eristalis arbustorum* L. Pfd. **B. Hymenoptera**: Apidae: 2) *Anthidium manicatum* L. ♂ **s**gd. 3) *Epeolus variegatus* L. ♀ ♂ **s**gd. 4) *Panurgus calcaratus* Scop. ♀ ♂ **s**gd. und Psd.

(364.) *Solidago canadensis* L. (S. 401.) Weitere Besucher (Lippstadt 6/9 73):

A. Coleoptera: Phalacridae: 6) *Phalacrus corruscus* Pk., einzeln. **B. Diptera**: Muscidae: 7) *Calliphora erythrocephala* Mgn. 8) *Lucilia caesar* L. 9) *L. cornicina* F. 10) *Musca corvina* F. 11) *M. domestica* L. Syrphidae: 12) *Cheilosia scutellata* Fallen. 13) *Eristalis pertinax* Scop. 14) *E. tenax* L. 15) *Helophilus floreus* L. 16) *H. pendulus* L. **C. Hymenoptera**: Apidae: 17) *Halictus cylindricus* F. ♂, zahlreich. 18) *H. zonulus* Sm. ♀ ♂ sgd., Pfd. und Psd., sehr zahlreich. 19) *Sphecodes gibbus* L. ♀ ♂ sgd. und Pfd., sehr zahlreich. Formicidae: 20) *Formica fusca* L. ☿, sehr zahlreich. Sphegidae: 21) *Ammophila sabulosa* L. ♀ sgd. 22) *Pompilus niger* F. ♀ sgd. **D. Neuroptera**: 23) *Panorpa communis* L., in Mehrzahl.

(365.) *Bellis perennis* L. (S. 401, Alpenblumen S. 445.) Weitere Besucher (bei Lippstadt):

A. Coleoptera: Phalacridae: 28) *Olibrus spec.*, 2/4 73. . **B. Diptera**: Muscidae: 29) *Zophomyia tremula* Scop. Pfd., 1/6 73. Syrphidae: 30) *Ascia podagrica* F. Pfd., 15/5 72. **C. Hymenoptera**: Apidae: 31) *Andrena nitida* K. ♀, flüchtig probirend, 5/73. 32) *Halictus albipes* F. ♀ sgd., 4/73. **D. Lepidoptera**: Rhopalocera: 33) *Polyommatus Dorilis* Hfn., flüchtig sgd., 2/6 73. Tineidae: 34) *Adela violella* Tr. ♂ sgd., 18/5 73.

564. *Petasites officinalis* Moench. Besucher: **A. Diptera**: Muscidae: 1) *Anthomyia spec.* Pfd. **B. Hymenoptera**: Apidae: 2) *Apis mellifica* L. ☿ sgd. Beide Lippstadt 2/4 79, Nachmittags 2 Uhr bei schönem Sonnenschein.

(369.) *Eupatorium cannabinum* L. (S. 403, 404, Fig. 150, Alpenblumen S. 450). Weitere Besucher (N. B): **Lepidoptera**: Bombycidae: 19) *Callimorpha dominula* L. sgd. Rhopalocera: (18) *Argynnis Paphia* L. sgd. (12) *Vanessa Jo* L. sgd.

(370.) *Hieracium umbellatum* L. (S. 404—406, Fig. 151.) Weitere Besucher (bei Lippstadt im August 1873): **A. Coleoptera**: 21) *A. Coccinella quinquepunctata* L. **B. Diptera**: 22) *Eristalis nemorum* L. sgd. 23) *Syrphus ribesii* L. Pfd. **C. Hymenoptera**: Apidae: 24) *Halictus cylindricus* F. ♂ sgd. 25) *H.*

zonulus Sm. ♀, auf den Blüthenkörbchen übernachtend. 26) *Sphecodes gibbus* L. ♂ sgd. C. **Lepidoptera**: Rhopalocera: 27) *Lycaena Icarus* Rott sgd. 28) *Pieris rapae* L. sgd. 29) *Polyommatus Dorilis* Hfn. sgd.

(371.) *Hieracium pilosella* L. (S. 406, Alpenblumen S. 460.) Weitere Besucher:

A. **Coleoptera**: Buprestidae: 19) *Anthaxia nitidula* L. N. B., 6/73. Chrysomelidae: (17) *Cryptocephalus Moraei* L., bairische Oberpfalz 22/7 73. Oedemeridae: 20) *Oedemera lurida* Gylh. Pfd. N. B., 6/73. B. **Diptera**: Conopidae: 21) *Sicus ferrugineus* L. sgd., bairische Oberpfalz 22/7 73. C. **Hymenoptera**: Apidae: 22) *Andrena cyanescens* Nyl. ♀ sgd. und Psd. N. B., 6/73. (3) *A. fulvago* Chr. ♀ sgd. und Psd., in Mehrzahl. N. B., 3/6 73. 23) *Ceratina callosa* F. ♀ sgd., daselbst. (7) *C. caerulea* Villa ♂ ♀ sgd., daselbst. 24) *Halictus cylindricus* F. ♀ sgd., bairische Oberpfalz 22|7 73. 25) *H. leucopus* K. ♀ sgd. und Psd. N. B., 2/6 73. (4) *H. leucozonius* K. ♀ Psd., bairische Oberpfalz 22/6 73. 26) *H. maculatus* Sm. ♀ sgd. und Psd., daselbst. (6) *H. nitidus* Schenck ♀, desgl., daselbst. 27) *H. tetrazonius* Kl. ♀ sgd. N. B., 2/6 73. (5) *H. villosulus* K. sgd. und Psd., daselbst. 28) *Osmia aenea* L. ♂ sgd., daselbst. 29) *Panurgus Banksianus* Latr. ♂ ♀ sgd. und Psd.; bairische Oberpfalz, Thüringen 7/73. 30) *Prosopis armillata* Nyl. ♀ sgd. und Pfd., daselbst. 31) *Sphecodes gibbus* L. ♀ sgd., bairische Oberpfalz 23/7 73. D. **Lepidoptera**: Rhopalocera: 32) *Polyommatus Dorilis* Hfn. sgd. N. B., 2,6 73.

(372.) *Hieracium vulgatum* L. (S. 406.) Weitere Besucher:

A. **Diptera**: Syrphidae: 10) *Eristalis tenax* L. Pfd., bairische Oberpfalz 22/7 73. B. **Lepidoptera**: Rhopalocera: 11) *Epinephele Hyperanthus* L. sgd., daselbst. 12) *E. Janira* L. sgd., daselbst. 13) *Erebia Ligea* L. sgd., Fichtelgebirge 27/7 73. 14) *Melitaea Athalia* Esp. sgd., Thüringen 6|7 72.

565. *Hieracium murorum* L. Besucher:

Hymenoptera: Apidae: 1) *Andrena Listerella* K. ♀ Psd. Tekl. B. 2) *Halictus albipes* F. ♂ sgd. N. B., 7|8 75. 3) *H. tetrazonius* Kl. ♀ sgd. N. B., 6:7 75.

(373.) *Crepis biennis* L. (S. 406.) Weitere Besucher:

A. **Coleoptera**: Chrysomelidae: 32) *Cryptocephalus sericeus* L., Antheren fressend; Thüringen 13/7 73. B. **Diptera**: Muscidae: 33) *Gonia capitata* Fall. sgd., daselbst. C. **Hymenoptera**: Apidae: 34) *Andrena zonalis* K. ♂ sgd., daselbst. (1) *Apis mellifica* L. ♀ sgd., daselbst. 35) *Halictus leucopus* K. ♀ Psd. N. B., 28/6 75. (12)

H. maculatus Sm. ♀ sgd. und Psd., Thüringen 12⟨7 73. 36) *H. sexcinctus* F. ♀ sgd., daselbst. 37) *H. villosulus* K. ♀ sgd. und Psd., sehr zahlreich, daselbst. 38) *H. zonulus* Sm. ♀ Psd., daselbst. (21) *Osmia spinulosa* K. ♂ ♀ sgd. und Psd., häufig, daselbst. (3) *Panurgus Banksianus* K. ♀ sgd., daselbst. 39) *Stelis breviuscula* Nyl. ♂ sgd., Thüringen 10/7 73. 40) *St. phaeoptera* ♀ ♂ sgd., Thüringen 6., 7|72. Tenthredinidae: 41) *Tarpa cephalotes* F. sgd., häufig, Thüringen 10 7 73. D. Lepidoptera: Rhopalocera: 42) *Argynnis Latonia* L. sgd., bairische Oberpfalz 23|7 73. 43) *Epinephele Janira* L. sgd., Thüringen 12.7 73. 44) *Lycaena spec.* (entwischt) sgd., Thüringen 9|7 72. 45) *Melitaea Athalia* Esp. sgd., daselbst. 46) *Thecla. spec.* (entwischt) sgd., daselbst. Sphingidae: 47) *Zygaena lonicerae* Esp. sgd., daselbst.

(374.) *Crepis tectorum* L. (S. 407.) Weitere Besucher:

A. Diptera: Syrphidae: 11) *Eristalis sepulcralis* L. Pfd. N. B., 12/7 75. **B. Hymenoptera:** Apidae: 12) *Andrena chrysopyga* Schenck Pfd., Thüringen 14/7 70. 13) *Halictus malachurus* K. ♀ sgd. und Psd. N. B., 7 73.

(375.) *Crepis virens* Vill. (S. 407.) Weitere Besucher:

A. Diptera: Conopidae: 19) *Occemyia atra* F. sgd., Lippstadt 6,9 73. **B. Hymenoptera:** Apidae: 20) *Andrena fulvago* Chr. ♀ sgd. und Psd. N. B., 6|7 73. 21) *A. xanthura* K. ♀ Psd., daselbst. 22) *Chelostoma campanularum* L. ♀ sgd., daselbst. (4) *Dasypoda hirtipes* F. ♂, nicht selten, daselbst. (3) *Dufourea vulgaris* Schenck ♀ ♂ sgd. und Psd., bairische Oberpfalz 24 7 73. (8) *Halictus cylindricus* F. ♀ Psd., daselbst. 23) *H. lucidus* Schenck ♀ sgd., 8/73 N. B. 24) *H. morio* F. ♂, daselbst. 25) *H. Smeathmanellus* K. ♀ sgd. und Psd., daselbst. 26) *H. zonulus* Sm. ♀ Psd., daselbst. (1) *Panurgus calcaratus* Scop. ♂, daselbst. 27) *Prosopis propinqua* Nyl. ♀ sgd. N. B., 8|73. 28) *Stelis aterrima* Pz. ♀ sgd., daselbst. **D. Lepidoptera:** Rhopalocera: 29) *Pieris rapae* L. sgd., bairische Oberpfalz 23|7 73.

566. *Crepis paludosa* Mnch. Besucher (N. B., 6/73):

Hymenoptera: Apidae: 1) *Andrena fulvago* Chr. ♀ sgd. 2) *Halictus leucozonius* K. ♀. 3) *H. quadricinctus* F. (quadristrigatus Latr.) ♀ sgd. und Psd. 4) *H. tetrazonius* Kl. sgd. und Psd. 5) *Osmia aenea* L. ♂ sgd. 6) *O. rufa* L. ♀ sgd.

(376.) *Taraxacum officinale* L. (S. 407, Alpenblumen S. 464.) Weitere Besucher:

A. Coleoptera: Chrysomelidae: 94) *Gastrophysa polygoni*

L., in Paarung auf den Blüthen, Lippstadt 7|5 73. Elateridae:
95) *Corymbites haematodes* F. mit dem Kopfe tief in die Blüthen
gesenkt. Volkmarsen 1/6 73, H. M. 96) *Limonius cylindricus*
Payk, desgl. Lippstadt 7/5 73. Malacodermata: 97) *Malachius
elegans* Oliv. ♂ Pfd., Lippstadt 11|5 73. Nitidulidae: (89) *Me-
ligethes*, bisweilen in grösster Menge in den Blüthen; aus einem ein-
zigen Köpfchen schüttelte ich 43 Exemplare. Lippstadt 11|5 73.
B. Diptera: Muscidae: 98) *Cyrtoneura hortorum* Fall. ♀ sgd. und
Pfd. 99) *Pollenia Vespillo* F. Pfd. 100) *Sarcophaga carnaria* L.,
desgl.; alle drei Lippstadt 9|5 73. Syrphidae: 101) *Melithreptus
menthastri* L. Pfd., Lippstadt 7|5 73. **C. Hymenoptera:** Apidae:
102) *Andrena flavipes* K. ♀ sgd und Psd., Lippstadt 7|5 73. 103)
Halictus leucozonius K. ♀ sgd. und Psd., häufig; N. B. 4 73. 104)
H. malachurus K. ♀ sgd., Lippstadt 21/4 73. 105) *H. Smeath-
manellus* K. ♀ sgd. und Psd., einzeln. N. B., 4 73. 106) *Megachile
centuncularis* L. ♂ sgd. N. B., 20|6 75. 107) *Osmia aenea* L. ♂
sgd. N. B., 13|6 73. 108) *O. aurulenta* Pz. ♀ sgd. Jena 5|75, H.
M. (58) *O. fusca* Christ. ♀ Psd., daselbst. 109) *Stelis aterrima*
Pz. ♂ sgd. N. B., 20|6 75. 110) *St. minuta* Lep. ♂ sgd. N. B.,
15|6 75. Formicidae: 111) *Lasius niger* L. ♀, häufig; ganz in die
Blüthen kriechend. Sphegidae: 112) *Oxybelus uniglumis* L., sich
tief in die Blüthen wühlend. Lippstadt 22|6 73. Tenthredini-
dae: 113) *Cephus pallipes* Kl. N. B., 19|6 75. Vespidae: 114)
Odynerus parietum L. ♂, mit dem Kopfe tief in die Blüthen ge-
senkt. Lippstadt 9 5 73. **D. Thysanoptera:** 115) *Thrips*, häufig.

567. *Prenanthes purpurea* L. Das ganze Blüthenkörbchen besteht aus nur 4—6 Blüthen, deren Fruchtknoten und röhrenförmige Theile von einer 12—14 mm
langen Körbchenhülle von nur 2 mm Durchmesser umschlossen werden, während ihre purpurrothen bandförmigen
Lappen von etwa 10 mm Länge und 3—4 mm Breite, am
Ende in fünf lineale Zipfel zerspalten, strahlig auseinander
gebreitet aus der Körbchenhülle hervorragen. Obwohl einzeln stehend fallen diese Körbchen an den zahlreichen
weit auseinander gebreiteten dünnen Zweigen der Pflanze
von weitem in die Augen.

Aus jeder Corolla ragt, mit 3 mm langen Staubfäden
an dieselbe angeheftet, eine 5—6 mm lange, kaum ³/₄ mm
dicke Antherenröhre hervor, aus welcher bei weiterer Entwickelung der Griffel 7 mm lang hervorwächst. Er ist auf
der ganzen Aussenseite mit spitzen, schräg aufwärts gerichteten Fegehaaren besetzt, die den Pollen zwischen sich

aufnehmen. Die obersten 3 mm des hervorwachsenden Griffelstückes sind in zwei auf der ganzen Innenseite mit Narbenpapillen besetzte Aeste gespalten, die sich auseinander breiten und bis zu 1½ bis 2 Umläufen zurückrollen, so dass die Papillen des oberen Theils der Griffeläste mit Fegehaaren eines tiefer liegenden Theils derselben in Berührung kommen und, falls diese bei ausgebliebenem Insektenbesuche noch mit Pollen behaftet geblieben sind, spontane Selbstbestäubung erfahren. Besucher (bairische Oberpfalz 22/7 73):

A. Coleoptera: Buprestidae: 1) *Agrilus coeruleus* Rossi, mit dem Kopf zwischen die Blüthen gesenkt. **B. Diptera:** Muscidae: 2) *Sarcophaga carnaria* L. Pfd. **C. Hymenoptera:** Apidae: 3) *Andrena denticulata* K. ♀. 4) *Apis mellifica* L. ♀ sgd. und Psd., sehr zahlreich.

568. *Prenanthes muralis* L. Besucher (Waldstein im Fichtelgebirge 28/7 73):

A. Diptera: Muscidae: 1) *Echinomyia grossa* L. Pfd. **B. Hymenoptera:** Apidae: 2) *Halictes albipes* K. sgd.

569. *Sonchus asper* Vill. Besucher (N. B.):

A. Diptera: Muscidae: 1) *Anthomyia spec.* Pfd., 27|6 73. **B. Hymenoptera:** Apidae: 2) *Chelostoma campanularum* L. ♂ sgd. 27/6 75. 3) *Coelioxys rufescens* Lep. (umbrina Sm.) ♂ sgd. 27/6 73. 4) *Halictus morio* F. ♂ sgd., 19|6 75. 5) *H. Smeathmanellus* K. ♀ sgd., 19|6 75. 6) *Prosopis armillata* Nyl ♂ sgd., 15|7 73. 7) *Stelis aterrima* Pz. ♀ sgd., 21|6 75.

(379.) *Picris hieracioides* L. (S. 408, 409.) Weitere Besucher:

Hymenoptera: Apidae: 30) *Dasypoda hirtipes* F. ♀ ♂ Psd. und sgd. N. B., 8|73. (7) *Halictus cylindricus* F. ♂, daselbst. (6) *Halictus maculatus* Sm. ♀ Psd. N. B., 7|73. 31) *Osmia leucomelaena* K. ♀ sgd., Thüringen 12|7 73. (1) *Panurgus calcaratus* Scop. ♀ ♂ Psd. und sgd. N. B., 7/73. Vespidae: 32) *Vespa silvestris* Scop. (holsatica F.) ☿, mit dem Kopf tief in die Blüthen wühlend, Thüringen 8|7 73.

(380.) *Leontodon autumnalis* L. (S. 409, Fig. 152.) Weitere Besucher:

A. Hymenoptera: Apidae: 29) *Bombus muscorum* L. ♀ sgd., Lippstadt 13|9 73. 30) *Dufourea vulgaris* Schenck ♀ ♂ Psd. und sgd., bairische Oberpfalz 24|7 73. 31) *Halictus villosulus* K. ♀, dgl. daselbst. 32) *Panurgus Banksianus* K. ♀ Psd., daselbst. (4) *P. calcaratus* Scop. ♀ ♂. N. B., 8|73. 33) *Sphecodes gibbus* L. ♀ ♂

sgd. und Pfd., Lippstadt. **B. Lepidoptera**: Rhopalocera: 34) *Argynnis Aglaja* L. sgd., häufig, Lippstadt.

(382.) *Thrincia hirta* Roth (S. 410, 411). Weitere Besucher:

A. Coleoptera: Buprestidae: 20) *Anthaxia quadripunctata* L., in Paarung auf den Blüthen, bairische Oberpfalz 22/7 73. **B. Diptera**: Syrphidae: 21) *Eristalis sepulcralis* L. Pfd., Lippstadt 6/9 73. **C. Hymenoptera**: Apidae: 22) *Bombus tristis* Seidl. ♂ sgd., Liebenau bei Schwiebus 30/8 80. 23) *Dasypoda hirtipes* F. ♂ sgd., daselbst. (3) *Dufourea (Rhophites) vulgaris* Schenck ♀ ♂ Psd. und sgd., bairische Oberpfalz 24/7 73. 24) *Halictus sexcinctus* F. ♀ sgd. und Psd., daselbst. Sphegidae: 25) *Cerceris variabilis* Schrk. ♀ sgd., daselbst. **D. Lepidoptera**: Rhopalocera: 26) *Pieris napi* L. sgd., Lippstadt 6/9 73.

(384.) *Hypochoeris radicata* L. (S. 411.) Weitere Besucher:

A. Diptera: Muscidae: 29) *Ocyptera brassicariae* F. sgd. N. B., 8/7 73. **B. Hymenoptera**: Apidae: (10) *Andrena fulvescens* Sm. ♀ sgd. und Psd., bairische Oberpfalz 22/7 73. (8) *A. xanthura* K. ♀ sgd. und Psd. N. B., 6/73. (3) *Dasypoda hirtipes* F. ♀, daselbst. 30) *Halictus quadricinctus* F. (quadristrigatus Latr.) ♀ sgd. und Psd., daselbst. 31) *H. sexcinctus* F. ♀ sgd. und Psd., daselbst. (5) *Panurgus Banksianus* K. ♂ sgd., bairische Oberpfalz 21/7 73. (4) *P. calcaratus* Scop. ♀ ♂. N. B., 8/73. Sphegidae: 32) *Lindenius albilabris* F. sgd. N. B., 12/6 73. **C. Lepidoptera**: Rhopalocera: 33) *Rhodocera rhamni* L. sgd. Fichtelgebirge (Waldstein) 28/7 73.

(385.) *Cichorium Intybus* L. (S. 411.) Weitere Besucher:

Hymenoptera: Apidae: 14) *Chelostoma campanularum* L. ♀. N. B., 7/73. 15) *Dasypoda hirtipes* F. ♂ sgd. Kitzingen 17/7 73. 16) *Halictus cylindricus* F. ♀ sgd. N. B., 7/73. 17) *H. interruptus* Pz. ♀ sgd., Thüringen 14/7 70. 18) *H. leucozonius* Schr. ♂ sgd. N. B., 7/73. 19) *H. Smeathmanellus* K. ♀ sgd., bairische Oberpfalz (Parkstein) 24/7 73. 20) *H. tetrazonius* Kl. ♀ sgd., daselbst. 21) *Osmia adunca* K. ♂ sgd., Kitzingen 17/7 73. 22) *Prosopis propinqua* Nyl. ♂ sgd., in Mehrzahl, bairische Oberpfalz (Parkstein) 24/7 73.

(386.) *Lapsana communis* L. (S. 412.) Weitere Besucher (N. B. 6/73):

A. Diptera: Syrphidae: 4) *Ascia podagrica* F. Pfd. 5) *Syrphus arcuatus* Fallen sgd. **B. Hymenoptera**: Apidae: 6) *Halictus*

7

leucozonius Schr. ♀ Psd. 7) *H. morio* F. ♂ sgd. 8) *H. Smeath-manellus* K. ♀ sgd.

Valerianeae.

(387.) *Valeriana officinalis* L. (S. 415, Alpen-blumen S. 469.) Weitere Besucher:

A. Coleoptera: Elateridae: 23) *Adrastus pallens* Er., unthätig auf den Blüthen, bairische Oberpfalz 23/7 73. **B. Diptera:** Conopidae: 24) *Conops quadrifasciatus* Deg. sgd., Kitzingen 17/7 73. 25) *C. scutellatus* Mgn. sgd., Lippstadt 29/6 72. Muscidae: 26) *Anthomyia spec.* Pfd. N. B., 17/6 75. 27) *Echinomyia fera* L. sgd., bairische Oberpfalz 23/7 73. Syrphidae: (8) *Eristalis arbustorum* L. sgd. N. B., 18/8 75. 28) *E. tenax* L. sgd., bairische Oberpfalz 23/7 73. 29) *Volucella inanis* L, sgd., daselbst. 30) *V. pellucens* L. sgd. und Pfd, daselbst. **C. Hemiptera:** 31) *Pentatoma spec.* sgd., daselbst. **D. Hymenoptera:** Apidae: 32) *Chelostoma nigricorne* Nyl. ♂ sgd. N. B., 9/7 73. 33) *Halictus malachurus* K. ♀. N. B., 18/8 76. 34) *Sphecodes gibbus* L. sgd. N. B., 9/7 73. Sphegidae: 35) *Crabro vexillatus* v. d. L. ♀ sgd., Lippstadt 29/6 72. **E. Lepidoptera:** Rhopalocera: 36) *Epinephele Hyperanthus* L. sgd., bairische Oberpfalz 22/7 73.

570. *Valerianella olitoria* Mnch. (Fig. 142—144.)
Die oberständige Blumenkrone der winzigen Blüthen besteht aus einer Röhre, die im untersten, etwa ⅓ mm langen Theile (b Fig. 142, 143) kaum ¼ mm weit ist, dann aber plötzlich zu dreifacher Weite anschwillt, sich mit schwacher Erweiterung noch 1 mm lang fortsetzt und endlich in einen fünf- (Fig. 142) oder sechs- (Fig. 143), selten siebenlappigen Saum von etwa 2 mm Durchmesser ausbreitet. Die einzelne Blüthe ist daher sehr unscheinbar und ganz winzig das Honigtröpfchen, welches der Grund ihrer Röhrenerweiterung (n Fig. 142, 143) absondert. Viele dieser Blüthchen sind aber, eine dicht gedrängte Scheindolde bildend, in eine wagerechte Ebene zusammengedrängt, deren Augenfälligkeit sich noch dadurch steigert, dass die nach aussen stehenden Saumlappen der Corolla (p Fig. 142) in der Regel etwas grösser sind als die übrigen. So vereint machen sich daher die winzigen Blüthen hinreichend bemerkbar und bieten in dem Pollen der frei hervorstehenden Staubgefässe und in der grossen

Zahl leicht erreichbarer Honigtröpfchen hinreichende Ausbeute dar, um unter besonders günstigen Umständen eine
grosse Mannigfaltigkeit verschiedener Besucher anzulocken.
In der Regel jedoch sind die Blüthenstände, die nicht
allein der Massenanlockung, sondern, wenn Insektenbesuch eintritt, auch der Massenbefruchtung dienen, nur
äusserst spärlich von Insekten besucht, so dass sie vielleicht noch häufiger durch spontane Selbstbefruchtung als
durch Kreuzung sich fortpflanzen. Kurz nach dem Oeffnen
der Blüthe sieht man die drei Staubgefässe (a Fig. 142)
ringsum mit Blüthenstaub bedeckt, gerade aus der Blüthe
hervorstehen und die tiefer stehende, ebenfalls bereits
völlig entwickelte, dreilappige Narbe (Fig. 144) mit einzelnen herabgefallenen Pollenkörnern, die auch schon
Schläuche treiben (ps Fig. 144), behaftet. Allmählich
streckt sich nun der Griffel so, dass seine Narbe in gleiche
Höfe mit den nun entleerten und nur noch mit einzelnen
Pollenkörnern behafteten Staubgefässen zu stehen kommt
(s t Fig. 143).

Während der ganzen Blüthezeit ist also Fremdbestäubung bei eintretendem Insektenbesuche möglich, spontane Selbstbestäubung aber in jedem Falle unausbleiblich.

Besucher: A. Coleoptera: Chrysomelidae: 1) *Lema cyanella*
L., Lippstadt 2/6 73. Elateridae: 2) *Limonius cylindricus* Payk,
desgl. Nitidulidae: 3) *Meligethes*, sehr zahlreich, daselbst. Staphylinidae: 4) *Philonthus spec.*, daselbst; Nr. 1, 2 und 4 in je
einem Exemplar ohne Ausbeute auf dem Blüthenstande, Nr. 3 Pfd.
B. Diptera Brachycera: Empidae: 5) *Empis pennipes* L. sgd., überwiegend häufig, Lippstadt 11/5 73. 6) *E. trigramma* Mgn. sgd., in
Mehrzahl, daselbst. 7) *Hilara sp.* sgd.. in Mehrzahl, daselbst.
Lonchopteridae: 8) *Lonchoptera punctum* Mgn., Lippstadt 18/5
73. Muscidae: 9) *Aricia incana* Wiedem. sgd., häufig. Lippstadt 2/6 73. 10) *Cyrtoma spuria* Fallen, daselbst 11/5 73. 11)
Lucilia spec., wiederholt, daselbst. 12) *Onesia sepulcralis* Mgn., daselbst. 13) *Pollenia Vespillo* F. hld., daselbst 2/6 73. 14) *Psila
fimetaria* L. sgd. 15) *Scatophaga stercoraria* L. ♀ ♂, in grosser
Zahl sgd.; beide Lippstadt 2/6 73. 16) *Sepsis spec.*; marschirt, mit
den Flügeln schwingend und ab und zu den Kopf in eine Blüthe
steckend, auf den Blüthenständen umher; daselbst. 17) *Siphona geniculata* Deg. sgd., Lippstadt 2/6 73. Syrphidae: 18) *Ascia
podagrica* F. sgd. und Pfd., sehr häufig, daselbst. 20) *Syritta*

pipiens L., desgl. **Nematocera:** Bibionidae: 21) *Dilophus spec.*, daselbst. Mycetophilidae: 22) *Sciara spec.*, daselbst 18|5 73. C. **Hemiptera:** 23) *Strachia oleracea* L. sgd.? Lippstadt 22|5 73. D. **Hymenoptera:** Apidae (vom 16. bis 23. Mai 1873 von Dr. Buddeberg bei Nassau beobachtet; sämmtlich des Morgens, kein einziges Exemplar des Nachmittags): 24) *Andrena albicans* K. ♀ sgd. 25) *A. Collinsonana* K. ♀ sgd. 26) *A. convexiuscula* K. ♀ sgd. 27) *A. Gwynana* K. ♀ sgd. 28) *A. nitida* K. ♀ sgd. 29) *A. parvula* K. ♀ sgd. 30) *A. Smithella* K. ♀ sgd. 31) *Halictus politus* Schenck ♀ sgd. 32) *Nomada spec.* sgd. 33) *Prosopis signata* Pz. ♂ sgd. 34) *Sphecodes gibbus* L. ♂ sgd. E. **Lepidoptera:** Noctuidae: 35) *Euclidia Mi* L. flüchtig sgd. Lippstadt 15 5 75. Rhopalocera: 36) *Polyommatus Dorilis* Hfn., desgl. 2|6 73.

571. Valerianella dentata DC. Besucher:

Hymenoptera: Apidae: *Halictus longulus* Sm. ♂ sgd., 2/7 73.

Die auffallende Thatsache, dass Dr. Buddeberg von Nassau als Besucher der beiden Valerianellaarten mir nur Bienen eingesandt hat, während ich die V. olitoria nach Blumenfarbe, Blüthenbau und thatsächlichem Insektenbesuche als kleinen Dipteren angepasst betrachten muss, erklärt sich in einfachster Weise daraus, dass derselbe überhaupt hauptsächlich auf Bienen gefahndet hat. Er hat deshalb auch V. olitoria nur an einem sonnigen bienenreichen Standorte überwacht und nur von Bienen besucht gefunden; während die von mir bei Lippstadt (am Kanaldamm) beobachteten Exemplare schattiger standen und vorzugsweise von Dipteren besucht wurden.

101

Erklärung der Abbildungen.

In allen Figuren bedeutet:

a = Anthere, Staubbeutel.	ov = Ovarium, Fruchtknoten.
br = Bractea, Blüthendeckblatt.	p = Petala, Blumenblätter.
ca = Calyx, Kelch.	pe = Perigonblätter.
co = Corolla, Blumenkrone.	po = Pollen, Blüthenstaub.
fi = Filamentum, Staubfadon.	s = sepala, Kelchblätter.
gr = Griffel.	sd = Saftdecke.
h = Honig (Nektar).	sh = Safthalter.
n = Nektarium (Saftdrüse).	st = Stigma, Narbe.

81—83. *Cuscuta Epithymum* L. (Lippstadt).
  81. Blüthe gerade von oben gesehen (7:1).
  82. Dieselbe, nach Entfernung der vorderen Hälfte des Kelches und der Blumenkrone, von der Seite gesehen.
  83. Stempel.

84—87. *Cerinthe minor* L. (Lippstadt, Garten).
  84. Blüthe von der Seite gesehen (3:1).
  85. Dieselbe, nach Entfernung des Kelches, im Längsdurchschnitt.
  86. Einzelnes Staubgefäss, nach dem Aufspringen, von der Innenseite (7:1).
  87. Querdurchschnitt durch die Blüthe in der Höhe der Linie AB, Fig. 84 (7:1).

88—90. *Anchusa officinalis* L. (Mühlberg in Thüringen).
  88. Blüthe von oben gesehen (3:1).
  89. Dieselbe im Längsdurchschnitt.
  90. Stempel nebst Nektarium, von der Seite gesehen.

91—92. *Solanum nigrum* L. (Lippstadt).
  91. Blüthe von der Seite gesehen ($3^1/_2$:1).
  92. Staubgefäss von der Innenseite (7:1).

93—96. *Atropa Belladona* L. (Münster, botanischer Garten).
  93. Blüthe im ersten Stadium, im Längsdurchschnitt. Staubgefässe noch geschlossen, Narbe entwickelt.
  94. Die einwärts gebogenen Enden der Filamente nebst den Antheren derselben Blüthe vergrössert.
  95. Blüthe im zweiten Stadium, von vorn gesehen. Die Staubgefässe, mit Ausnahme des zuletzt aufspringenden untersten, haben sich geöffnet. Die Narbe ist noch aufnahmefähig.
  96. Blumenkrone, etwas über der Saftdecke quer durchgeschnitten, um diese deutlich zu zeigen.

97.—99. Linaria minor Desf.

97. Blüthe von der Seite gesehen (3½ : 1).
98. Eben entfaltete Blüthe, nach Wegschneidung der Unterlippe, von unten gesehen (3½ : 1). Die Antheren der längeren Staubgefässe sind bereits vollständig aufgesprungen und lassen ihren Pollen hervorquellen; dieser steht im Begriffe, die Narbe zu bedecken.
99. Staubgefässe und Stempel derselben Blüthe (7 : 1).

100—103. Veronica agrestis L.

100. Im Sonnenschein geöffnete Blüthe, gerade von vorn gesehen (3½ : 1).
101. Eingang derselben mit Saftdecke, Staubgefässen und Stempel (7 : 1).
102. Staubgefässe und Stempel einer in spontaner Selbstbestäubung begriffenen Blüthe, gerade von vorn gesehen (7 : 1).
103. Blütheneingang einer im Sonnenschein geöffneten Blüthe, schräg von oben gesehen, so dass Staubgefässe und Griffel fast in voller Länge erscheinen (7 : 1).

104—108. Melampyrum silvaticum L.

104. Blüthe von rechts vorne gesehen (4 : 1).
105. Dieselbe nach Entfernung des Kelches von der Seite gesehen.
106. Blütheneingang, gerade von vorn gesehen (4 : 1).
107. Blüthe von unten und vorne gesehen (4 : 1).
108. Staubgefässe in ihrer natürlichen Lage, die pollenbedeckte Seite gerade nach vorn gekehrt, von vorn gesehen (7 : 1).

109—112. Verbena officinalis L.

109. Blüthe von der Seite gesehen (7 : 1).
110. Dieselbe, gerade von vorne gesehen.
111. Frucht, des Kelches entkleidet.
112. Blüthe, nach Entfernung der rechten Hälfte des Kelches und der Blumenkrone,' von der rechten Seite gesehen (7 : 1).

113—115. Stachys recta L.

113. Ovarium und Nektarium (7 : 1).
114. Blüthe im ersten, männlichen Zustande (2⅔ : 1).
115. Blüthe im zweiten, weiblichen Zustande „

116—121. Nepeta nuda L.

116. Jüngere Blüthe von der Seite gesehen (3 : 1).
117. Aeltere Blüthe von rechts vorn gesehen „
118. Nektarium und Ovarium (7 : 1).

119. Oberlippe und Befruchtungsorgane der jüngeren Blüthe
Fig. 116 (7 : 1).

120. Desgl. einer älteren Blüthe von der Seite gesehen (7 : 1).

121. Desgl. der Blüthe Fig. 117 (7 : 1).

122—124. Coleus spec.

122. Kelch mit Nektarium und Ovarium (7 : 1).

123. Blüthe von der Seite gesehen, nachdem die rechte Hälfte
der hier als Schiffchen fungirenden Oberlippe zum
grössten Theile weggeschnitten ist, um die darin liegenden Befruchtungsorgane zu zeigen ($1^{1}/_{2}$: 1).

124. Blumenkrone schräg von oben gesehen, so dass man in
die als Schiffchen fungirende Oberlippe gerade hinein-
sieht ($1^{3}/_{2}$: 1).

125—126. Lavendula vera DC.

125. Aeltere Blüthe im Längsdurchschnitt ($3^{1}/_{2}$: 1).

126. Stempel und Nektarium einer jüngeren Blüthe (7 : 1).

127—129. Statice Armeria L. (7 : 1).

127. Ein Stück der Corolla nebst Nektarium und zwei gerade
in voller Entwickelung begriffenen, d. h. rings mit Pollen bedeckten Staubgefässen.

128. Stempel derselben Blüthe. Die mit Narbenpapillen besetzten Enden der fünf Griffeläste (von denen hier nur
drei vollständig dargestellt wurden) sind verschrumpft
und braun gefärbt.

129. Knospe mit schon hervorragenden entwickelten Narben.

130—133. Sherardia arvensis L. (7 : 1).

130. Kleinhüllige, rein weibliche Blume von der Seite.

131. Dieselbe gerade von oben gesehen.

132. Grosshüllige, zweigeschlechtige Blume, im zweiten, weiblichen Zustande, von der Seite gesehen.

133. Eine andere grosshüllige, zweigeschlechtige Blume im
ersten, männlichen Stadium, von oben gesehen.

*134—136. Asperula tinctoria L. Remberg bei Mühlberg in
Thüringen (7 : 1).*

134. Eine vierzählige Blüthe, von der Seite gesehen.

135. Dieselbe nach Entfernung des vorderen Theils der Corolla.

136. Eine dreizählige Blüthe, gerade von oben gesehen.

137—138. Asperula azurea ($3^{1}/_{2}$: 1). Lippstadt, Garten.

137. Blüthe von der Seite gesehen.

138. Dieselbe im Aufriss.

139—141. Bidens cernua L.

139. Blüthe im ersten, männlichen Zustande, von der Seite gesehen (8 : 1).

140. Ende des Griffels derselben Blüthe, der aus der Staub-

beutelröhre herausgenommen ist und seine beiden Aeste
auseinander gebreitet hat, von den Pollenkörnern be-
freit (36 : 1).
141. Griffel einer älteren Blüthe, soweit auseinander gebreitet
als er es überhaupt thut (36 : 1).
142—144. *Valerianella olitoria* Mönch.
142. Kürzlich geöffnete Blüthe, schräg von oben gesehen (7 : 1).
Die Staubbeutel sind reichlich mit Pollen bekleidet. Die
Narbe steht tiefer, kaum den Blütheneingang überragend, ist aber schon mit von den Antheren herabgefalle
nen Pollenkörnern behaftet, wie die vergrösserte Abbildung der Narbe derselben Blüthe (Fig. 144) zeigt.
143. Etwas ältere Blüthe, schräg von oben gesehen (7:1). Die
Staubbeutel sind ziemlich entleert, nur noch mit einzelnen Pollenkörnern behaftet. Der Griffel hat sich
noch gestreckt, so dass seine Narbe in gleicher Höhe
mit den Antheren mitten über dem Blütheneingange
steht. (Die Staubgefässe stehen in diesem Entwickelungsstadium oft weiter auseinander, als es diese Figur
darstellt.)
144. Narbe der Blüthe Fig. 142. po Pollenkörner, ps Pollen-
schlauch.